COLLECTION
FOLIO ESSAIS

Martin Bojowald

L'univers en rebond

AVANT LE BIG-BANG

Traduit de l'allemand
par Jean-Paul Hermann

Gallimard

Né en 1973 en Allemagne, Martin Bojowald enseigne à l'Institut de physique et de géométrie gravitationnelles de l'université de Pennsylvanie. Physicien mondialement reconnu, il a reçu de nombreux prix pour son important travail théorique sur la gravitation quantique à boucles.

PROLOGUE

... et s'il ne le fait pas uniquement pour son propre plaisir, il n'est pas vraiment un artiste[1].

Oscar WILDE,
L'Âme de l'homme sous le socialisme.

Pour un scientifique, il existe de nombreuses raisons de rédiger un livre de vulgarisation, autant que de raisons de ne pas l'écrire. La priorité de toute activité scientifique est la recherche : c'est ce qui fait une carrière et apporte des distinctions. Les autres activités ne font que consommer un temps précieux — c'est du moins ce que pensent de nombreux collègues susceptibles de vous évaluer.

Mais à quoi sert un progrès scientifique si l'on ne peut le partager ? Pouvons-nous dire que nous comprenons réellement notre monde si nous ne pouvons l'expliquer simplement ? Trop souvent, pour saisir un sujet complexe, il faut accepter les conclusions

1. « *... and if he does not do it solely for his own pleasure, he is not an artist at all.* »

fondamentales et s'initier à des méthodes de calcul. Le meilleur test de compréhension est de communiquer son savoir à un non-initié. Ainsi, par exemple, on s'aperçoit que la mécanique quantique, malgré tous ses succès et ses applications technologiques, n'est pas réellement comprise (ce sujet sera abordé au deuxième chapitre). Écrire un livre de vulgarisation peut donc être aussi, pour un scientifique, un exercice utile à ses propres recherches.

De plus, un livre scientifique populaire est le support approprié pour démontrer l'unité de la science, de la littérature et de l'art ; dans tous ces domaines, on se crée une représentation du monde et l'on cherche à la partager. Cette unité n'est bien entendu qu'un idéal, mais un livre dont l'ambition est d'être compris par tous se doit de tendre vers cet idéal.

À propos d'art, Gianni Caravaggio mérite des remerciements pour les œuvres représentées ici et les discussions éclairantes auxquelles il a participé. Mes remerciements vont aussi à Rüdiger Vaas : nos échanges m'ont aidé à comprendre certains points, et il fut l'un des premiers à s'intéresser aux résultats de mes recherches et à considérer que leur diffusion présentait de l'intérêt. Bien d'autres, que l'on ne peut tous nommer ici, m'ont constamment, fût-ce par un bref courriel, obligé à sortir de la tour d'ivoire de la science. Je voudrais tout de même mentionner Hartmut Schneeweiß de l'association astronomique de Weikersheim.

Ce livre n'aurait pas vu le jour sans la proposition de Jörg Bongs des éditions S. Fischer et le soutien ultérieur d'Alexander Roesler pendant sa rédaction. Je souhaite remercier particulièrement le département de physique de l'Université d'État de Pennsylvanie, qui sait offrir à ses membres une atmosphère de travail agréable et stimulante. Sans qu'ils le sachent, leur proposition d'un semestre de congé m'a bien aidé !

Je remercie Elisabeth et Stefan Bojowald pour leur relecture critique et leurs nombreuses suggestions, concernant notamment les images circulaires tirées de l'égyptologie. Bien des passages de ce livre sont redevables d'une excursion reposante autour du massif de l'Eifel.

State College, Pennsylvanie,
avril 2008.

INTRODUCTION

> Plus abstraite est la vérité que tu veux enseigner, plus il te faudra séduire les sens en sa faveur[1].
>
> Friedrich NIETZSCHE,
> *Par-delà le bien et le mal.*

La recherche physique a fait de grands progrès au siècle dernier et a produit un édifice théorique dominant : la théorie quantique et la relativité générale, qui permettent de comprendre les phénomènes naturels à grande et à petite échelle. Cela va de l'univers, grâce à la cosmologie, aux simples molécules et atomes, voire aux particules élémentaires, grâce à la théorie quantique. L'ensemble autorise une description précise et une intime compréhension de phénomènes multiples, avec, à la clé, de spectaculaires confirmations expérimentales, tout particulièrement dans la cosmologie de l'univers primordial.

Cette recherche a un impact dans la vie quoti-

1. « *Je abstrakter die Wahrheit ist, die Du lehren willst, desto mehr musst Du noch die Sinne zu ihr verführen.* »

dienne, mais elle vient aussi bousculer certaines visions relevant traditionnellement de la philosophie. (Selon le physicien et philosophe Abner Shimony, on peut légitimement, si l'on assume le paradoxe, parler de « métaphysique expérimentale ».) Depuis Aristote, le but d'une approche théorique est la connaissance générale de la matière et de ses fondements, bien au-delà d'une collection de savoirs individuels. D'un autre côté, la philosophie recherche les bases ou les principes les plus profonds de l'être. En ce sens, la fusion de questions physiques et de questions philosophiques est un outil du progrès scientifique. Quand la physique se heurte à ces questions, elle doit faire appel à des concepts plus généraux et de plus grande portée. Si l'on combine cosmologie et théorie quantique, la question cruciale regarde la création et les premiers instants de l'univers, question qui a troublé l'humanité depuis les débuts de la philosophie et même bien avant.

D'autres questions portent, tant dans le domaine de la théorie quantique que dans celui de la relativité générale, sur le rôle de l'observateur dans le monde et le problème de l'observable et du non-observable. En cosmologie, la mise en œuvre de méthodes physiques permet d'élaborer des modèles d'univers vérifiables par l'expérience. Le modèle du big-bang repose sur le concept d'espace-temps de la relativité générale et de la gravitation, ainsi que sur la théorie quantique, importante pour une connaissance des propriétés de la matière dans l'univers primordial. Cette théorie mène à une modélisation spectaculaire de la création à partir d'un état extrêmement chaud, concernant d'abord des noyaux atomiques puis des atomes, et ainsi jusqu'aux galaxies.

Le modèle universel classique montre alors ses limites. Malgré tous les succès obtenus, la relativité générale associée à la théorie quantique actuelle ne fournit pas une description complète de l'univers. En effet, si l'on résout les équations mathématiques de la relativité générale pour calculer l'évolution temporelle de l'univers, on arrive nécessairement à la singularité du big-bang où la température de l'univers est infinie. Il n'est pas surprenant que l'univers primordial ait été très chaud car, dans la phase initiale, l'univers en expansion était bien plus petit et plus comprimé qu'aujourd'hui, ce qui implique un échauffement énorme. Mais trouver un résultat infini dans une théorie signifie seulement qu'on lui en demande trop : ses équations n'ont aucun sens en ce point ; dans le cas du big-bang cela ne signifie pas la prédiction du début du monde, contrairement à ce qu'on entend souvent dire. Un instant où une équation donne un résultat infini n'indique ni un début ni une fin, c'est simplement un point où la théorie montre ses limites. Malgré tous ses succès dans d'autres domaines, cette combinaison de la relativité générale et de la théorie quantique doit donc être remaniée.

Le problème trouve son origine dans l'incomplétude de la révolution qui a eu lieu dans la recherche physique au siècle dernier. La théorie quantique est adaptée à une description de la matière dans l'univers mais pas à la gravitation, ni même à l'espace-temps, domaine de la relativité générale qui, justement, n'est pas quantique. Une combinaison étendue à l'espace-temps de la théorie quantique et de la relativité générale pourrait élargir de manière significative la théorie actuelle. Une telle théorie, la gravitation quantique, est essentielle notamment pour décrire la phase initiale ultrachaude de l'univers et permettrait, on l'espère, d'expliquer ce qui s'est passé au point infini de la singularité : était-ce réellement l'origine du monde et du temps, ou bien y avait-il quelque chose avant, et si oui, quoi ?

La gravitation quantique est malheureusement extrêmement compliquée. La relativité générale et la théorie quantique firent chacune appel à leurs débuts à des objets mathématiques spécifiques, des méthodes mathématiques irréconciliables. Une combinaison de ces théories physiques exige une unification des objets mathématiques de base, ce qui oblige à faire table rase de bien des concepts. C'est pourquoi on ne dispose toujours pas à ce jour d'une gravitation quantique complètement formulée, malgré des décennies de recherche et de durs efforts. Ce que nous avons tout de même vu apparaître ces dernières années, ce sont des prédictions et des indices nombreux qui peuvent être analysés. Comme souvent dans la recherche, la situation ressemble au commencement d'un puzzle, quand on peut deviner partiellement l'image, mais que l'on peut aussi se fourvoyer. L'image actuelle indique ce que fournirait une théorie complète : elle nous permettrait de voir ce qui a pu se passer pendant et même avant le big-bang. Nous entrevoyons les premiers instants de notre univers et nous pourrions commencer à analyser comment il est apparu.

Dans ce livre, nous présenterons les derniers résultats de la théorie, ainsi que les expériences planifiées dans un futur proche, et nous montrerons de quelle manière radicale ces résultats peuvent changer notre vision du monde. En particulier, grâce à la gravitation quantique à boucles, une des variantes utilisées comme combinaisons de la relativité générale et de la théorie quantique, on a trouvé les prémisses d'une description du big-bang sans singularités (valeurs infinies) ; dans ce cadre, l'univers existait déjà avant le big-bang et l'on arrive à estimer grossièrement comment ses propriétés ont pu différer de celles d'aujourd'hui. L'observation de l'expansion cosmique, qui continue à se dérouler, dévoile cette histoire primitive de l'univers, approche que l'on exposera, ainsi qu'un traitement des trous noirs qui montrent des effets fascinants. Les derniers chapitres aborderont des questions en cours qui concernent une compréhension du monde, dont la cosmogonie, l'énigme du temps et de sa direction, et le graal de la « théorie du tout ». Comme la vision scientifique du monde, les chemins de la connaissance sont éclairés par des exemples issus de la recherche moderne, ce qui fera l'objet d'une approche personnelle.

Bien que la théorie soit très mathématique, de nombreux calculs peuvent être compris intuitivement. L'intuition n'est pas seulement utile pour la recherche en territoire inconnu, elle éclaire aussi les phénomènes connus. Telle est l'ambition de ce livre : se passer de formalisme mathématique (sauf l'équation de la page 130 au chapitre 4), conformément au mot de Nietzsche cité en tête de cette introduction. Quoique l'on ne puisse faire abstraction des mathématiques lors de la découverte et de l'examen de ces effets, ces derniers peuvent être raisonnablement compris à peu de frais. On ne sait pas forcément toujours pourquoi les choses sont ainsi et pas autrement, mais, en faisant confiance au guide, on peut saisir un peu de leur cohérence.

Un avertissement s'impose : de nombreux secteurs de la recherche en gravitation quantique doivent encore être considérés comme spéculatifs. Contrairement à ce qui se passait dans la première moitié du XXe siècle, lors du développement de la relativité générale et de la théorie quantique, il n'existe pas (pas encore !) d'observations pouvant servir d'appui direct à la formulation théorique de la gravitation quantique. Ce qui anime actuellement la recherche, c'est la volonté de combler les lacunes reconnues de la relativité générale, ainsi qu'une exigence de cohérence dans la formulation des équations. Il n'est, par exemple, pas garanti que la combinaison de certaines méthodes mathématiques utilisées en relativité et en physique quantique donne accès à une description fiable de l'univers. En fait, les méthodes mathématiques que ces sciences emploient sont si restrictives que l'élaboration d'une théorie avec des solutions plausibles serait déjà un immense succès. Qu'il existe d'autres théories réalisant la même chose est une autre question, peu abordée encore. On voit sur quelles bases fragiles repose la gravitation quantique à ce jour ; l'optimisme prévaut cependant car de nombreux indices indépendants, comme ceux présentés dans ce livre, pointent dans la même direction. De plus, et c'est très important, on attend prochainement des observations cosmologiques que l'on espère être en accord avec les prédictions de la gravitation quantique. Ces observations, dont il sera aussi question ici, feraient de la gravitation quantique une théorie validée par l'expérience.

L'état de la gravitation quantique en est aux prémisses d'un nouveau domaine. Les mathématiques sont pionnières, elles fixent les domaines avec des frontières claires. Dans notre cas, ces frontières sont justement celles de l'univers et du temps. Les mathématiques servent aussi à explorer ces territoires nouvellement conquis, mais seule l'observation peut apporter des certitudes dans une science empirique comme la physique. C'est une charge pour la gravitation quantique, qui ressemble à un territoire plein de dangers où il n'est que trop facile de se perdre ou de s'enfoncer dans les marais de la spéculation.

Une telle zone réclame du respect pour la nature, ce qui n'a pas toujours été évident. Même si le langage des physiciens au sujet de la nature est souvent péremptoire (et parfois peut-être prétentieux), il faut retenir le propos de Rudolf Carnap : « Elle [une loi physique] peut être précise, mais aussi erronée. Si elle n'est pas précise, le responsable est le scientifique, pas la nature[1]. » Un physicien établit des lois naturelles, mais il est responsable quand elles sont violées : personne n'est au service du physicien, et sûrement pas la nature, et c'est particulièrement vrai pour des approches théoriques comme la gravitation quantique. Entre-temps, avant que des observations montrent que la nature a quelque respect pour les lois qu'on lui impose et qui sont décrites ici, l'intuition sert de guide en pays inconnu, dans le voyage aventureux du retour avant le big-bang.

1. Traduit de Rudolf CARNAP, *An Introduction to the Philosophy of Science*, éd. Martin Gardner, Mineola (N. Y.), Dover Publications, 1995.

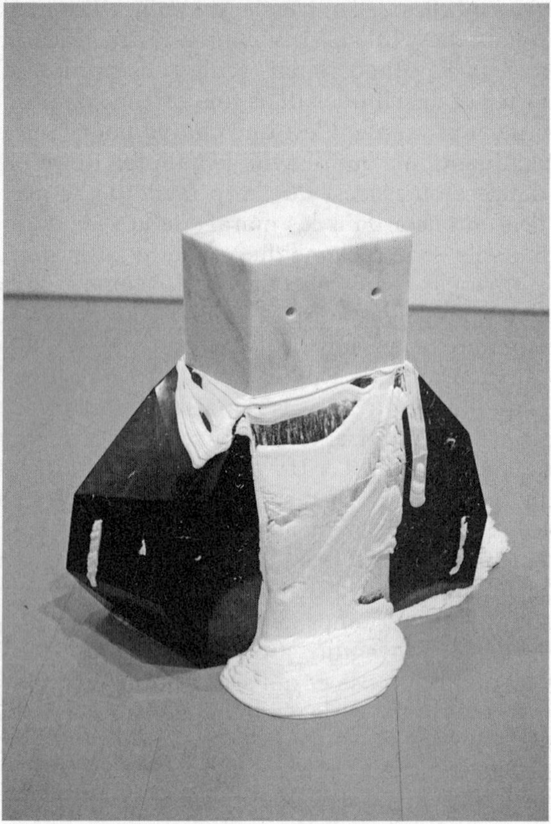

Fig. 1 : la pierre du sage s'écoule — ce qui était un savoir reconnu peut s'avérer nécessiter des corrections. L'exploitation de résultats ou de promesses de la science doit toujours prendre en compte ses limites. Celles-ci sont souvent plus importantes que les résultats établis, parce qu'elles montrent le chemin vers de nouvelles connaissances.

(Sculpture de Gianni Caravaggio : *Spreco di energia assoluta* [Gaspillage d'énergie absolue], 2006, marbre noir de Maquina, marbre du buste, crème, lentille noire, 50 × 70 × 80 cm, photo : Roberto Marossi.)

Chapitre premier

LA GRAVITATION

Quand quelque chose choit de ma fenêtre,
(fût-ce la plus infime des choses),
comme la loi de la pesanteur assaille alors
avec la violence d'un vent de mer
cette balle ou cette baie
pour l'enfouir dans le noyau du monde[1].

Rainer Maria RILKE,
Le Livre des heures.

La gravitation est l'une des quatre forces qui s'exercent entre particules, mais elle ne peut être écrantée par des charges de signe opposé, comme c'est le cas des forces électriques ; elle a une longue portée, à la différence des interactions faible et forte qui lient les particules du noyau. Ces forces de gravitation existent là où se trouvent des masses ou des concentrations d'énergie, donc partout. Elles régissent

1. « *Wenn etwas mir vom Fenster fällt/ (und wenn es auch das Kleinste wäre),/ wie stürzt sich das Gesetz der Schwere/ gewaltig wie ein Wind vom Meere/ auf jeden Ball und jede Beere/ und trägt sie in den Kern der Welt.* »

notre vie quotidienne aussi bien que la cosmologie, elles conditionnent l'évolution de l'univers et c'est précisément le thème de ce livre.

LA LOI DE LA GRAVITATION DE NEWTON

Isaac Newton avait bâti la première loi générale de la gravitation en s'appuyant sur les observations assez précises d'astronomes comme Tycho Brahe, Johannes Kepler et Nicolas Copernic, qui avaient élaboré le modèle du système solaire tel que nous le concevons aujourd'hui : les planètes tournent autour du Soleil avec des trajectoires sensiblement elliptiques. Il y avait joint des observations terrestres et posé le problème de la force nécessaire au maintien des trajectoires des planètes, combinant ainsi de manière très fructueuse problèmes fondamentaux et instrumentation.

Newton pressentait que le même type de force gouverne la chute des corps et l'attraction des planètes. Il ne cherchait pas l'origine de cette force par un argument anthropomorphe, mais par le rapprochement de phénomènes apparemment indépendants mais mettant en évidence un mécanisme unique : une loi physique. Cette description compacte présentait l'avantage de permettre des modélisations et donc des prédictions ultérieures, allant de la découverte de nouvelles planètes *via* les perturbations qu'elles exercent sur leurs voisines à la planification des vaisseaux spatiaux modernes.

L'essence même de ce modèle simple et explicatif

n'est accessible qu'à des initiés au moyen de formules mathématiques, mais ses applications concrètes sont à la portée de chacun.

La force d'attraction gravitationnelle entre deux corps croît proportionnellement aux deux masses et en raison inverse du carré de leur distance ; elle est donc plus forte entre objets plus massifs, et plus faible entre objets plus éloignés. La formule contient une constante, dite « d'attraction universelle », qui a pu être mesurée par la très faible attraction de deux masses sur la Terre, la première fois par Henry Cavendish en 1797-1798. On suppose que cette constante est la même pour des objets de laboratoire et pour des galaxies, ce qui permet, par exemple, de calculer les masses des planètes.

Newton a introduit une force de gravitation dépendant de la distance mais pas du temps, ce qui est logique pour une loi physique universelle ; il séparait ainsi l'espace et le temps, en accord avec ce que nous dicte l'intuition : les objets se déplacent dans l'espace, mais le temps s'écoule immuablement. De plus, l'action de la gravitation est instantanée, quelle que soit la distance entre les objets.

Malgré ses succès immédiats, la théorie de Newton présentait un défaut qui mérite analyse ; il paraît d'ailleurs que Newton lui-même était chagriné par le fait que « sa » loi de la gravitation montrait des tendances « animalières » : de même qu'un animal est attiré par la nourriture, de même un corps massif est attiré par un autre sans que l'on comprenne bien le mécanisme de cette action à distance, différente des actions communes par contact. Le défi était donc d'introduire des interactions gravitationnelles de proximité se propageant à une vitesse finie, sans compromettre les succès astronomiques de la théorie de Newton. Cela devait nécessiter l'abandon radical de la représentation spatio-temporelle de Newton, la mise en œuvre de moyens mathématiques puissants et plusieurs siècles d'efforts, jusqu'à ce que la théorie d'Einstein lève enfin le défaut de celle de Newton.

LA RELATIVITÉ DE L'ESPACE ET DU TEMPS

> Tout cela dura longtemps, ou bien très peu de temps : car, véritablement, il n'y a *pas* de temps sur la terre pour de pareilles choses[1].
>
> Friedrich NIETZSCHE,
> *Ainsi parlait Zarathoustra.*

Le premier jalon de la contestation newtonienne fut planté par Einstein avec la relativité restreinte : l'espace[2] et le temps ne sont pas des concepts indépendants mais des dimensions complémentaires d'un même objet, l'espace-temps. On peut en donner une image dans notre espace familier. Celui-ci a trois dimensions, et nous pouvons nous déplacer selon trois directions : largeur, profondeur, hauteur, qui ne

1. Trad. Geneviève Bianquis, Raleigh (Caroline du Nord), Hayes Barton Press, 1950. « *Dies alles dauerte eine lange Zeit, oder eine kurze Zeit : denn, recht gesprochen, gibt es für dergleichen Dinge auf Erden* keine *Zeit.* »

2. Contrairement à l'anglais et au français, l'allemand dispose de deux mots différents pour l'espace à trois dimensions et pour l'espace des cosmonautes. Une certaine vigilance s'impose donc au lecteur *(N.d.T.)*.

présentent pas de caractère absolu. Nous pouvons « convertir » ces dimensions simplement en tournant la tête, la hauteur d'un cube devenant sa largeur, par exemple ; il ne s'agit évidemment pas d'une mutation, mais d'un simple changement de point de vue, ou bien de conventions, comme le fait d'appeler « hauteur » la direction perpendiculaire à la surface terrestre. C'est pourquoi on parlera d'un espace tridimensionnel plutôt que de trois directions d'espace.

Avec la dimension temporelle, la conversion est moins aisée car, pour convertir de l'espace en temps, il faut faire intervenir une grandeur à la fois spatiale et temporelle : la vitesse, qui est le rapport entre la distance parcourue et le temps nécessaire pour la parcourir.

La relativité restreinte considère que si, lors d'une expérience, nous nous déplaçons plus rapidement qu'un autre observateur, les distances spatio-temporelles seront différentes. De même qu'un changement de point de vue mélange les dimensions spatiales, de même un changement de vitesse de l'observateur convertit des distances spatiales en distances temporelles et *vice versa*. De ce fait, la différenciation entre distances de type espace ou de type temps dépend du point de vue (ou, plus exactement, de la « trajectoire de vue » quand nous nous déplaçons) ; elle n'a pas de réalité physique indépendante de l'observateur. Au lieu de percevoir un espace et un temps, nous vivons dans un milieu qui les combine : l'espace-temps.

Le fait que deux observateurs ayant des vitesses différentes ne mesurent pas les mêmes distances spatiales et temporelles entre deux événements n'implique pas de manière évidente que du temps se transforme en espace : si le rapport entre deux grandeurs change, cela ne signifie pas que l'une se transforme en l'autre, pas plus que, si le taux de natalité d'un pays change, cela n'implique que des habitants deviennent des nouveau-nés. Cependant, les lois physiques écrites par les deux observateurs doivent être les mêmes et l'expérience confirme sans ambiguïté la « convertibilité » de temps en espace et *vice versa*, conformément à la relativité restreinte. Le concept d'un espace rigide et d'un temps indépendant doit donc être abandonné.

Cependant, et cela explique les longs succès de la théorie de Newton, une conversion significative d'espace en temps ne peut s'observer que pour des vitesses proches de celle de la lumière dans le vide (300 000 km/s), ce qui la rend inobservable dans la vie courante[1]. Pour observer une telle conversion, il faut soit faire des mesures très précises à des vitesses relativement faibles, soit atteindre de grandes vitesses. Ces deux voies ont été explorées au siècle dernier ; la première grâce à des mesures de temps très précises au moyen d'horloges atomiques qui mettent en évidence les conversions d'espace-temps même aux vitesses des avions de ligne. (Comme les avions volent à une certaine altitude, d'autres effets apparaissent par suite d'une réduction de la pesanteur qui agit sur les horloges, nous en reparlerons.) À des vitesses comparables à celle de la lumière, les conversions sont impressionnantes : le temps

1. Elle a cependant des conséquences sur la vie ordinaire, car sans eux l'irradiation naturelle de la Terre serait moindre : les muons, dont il sera question plus loin, se désintégreraient dans la haute atmosphère au lieu de contribuer à l'irradiation au niveau du sol.

se convertissant presque entièrement en espace, il s'écoule bien plus lentement. Si l'on atteint la vitesse de la lumière, ce qui n'est possible que pour des objets sans masse, les écarts temporels disparaissent pour un observateur qui chevaucherait l'un de ces objets. Aucun signal ne peut se propager plus vite que la lumière car la dimension « temps » a déjà été totalement absorbée. (Cette vitesse limite est celle de la lumière dans le vide ; dans des matériaux transparents comme l'eau, la lumière se propage plus lentement que dans le vide, et il peut donc exister des signaux qui se propagent plus vite que la lumière dans ces milieux, mais pas plus vite que la lumière dans le vide.)

La seconde manière de mettre en évidence des conversions entre espace et temps consiste à utiliser des émissaires très rapides, non pas des horloges atomiques, mais des horloges naturelles : la Terre est en permanence bombardée par des particules cosmiques de haute énergie, lancées à des vitesses proches de celle de la lumière[1] ; la plupart n'atteignent pas le sol mais réagissent avec des noyaux atomiques dans la haute atmosphère en créant de nouvelles particules, dont des muons. Les muons sont une variété lourde d'électrons, dont ils diffèrent par leur masse et le fait qu'ils ne sont pas stables : un muon au repos se désintègre en un millionième de seconde en un électron et deux autres particules stables, appelées neutrinos. Cette durée de vie peut devenir un étalon de temps, certes moins

1. L'origine des particules de haute énergie n'est pas absolument éclaircie : celles-ci semblent provenir du rayonnement de galaxies en dehors de la Voie lactée.

précis qu'une horloge atomique, mais on peut accélérer des muons bien plus aisément que l'on accélérerait des horloges atomiques, et la nature les fournit gratuitement par les rayons cosmiques.

Même aux grandes vitesses avec lesquelles les muons sont créés dans la haute atmosphère, une durée de vie d'un millionième de seconde ne suffirait pas pour qu'ils atteignent le sol, et pourtant on détecte beaucoup de muons qui le font, alors même qu'ils auraient dû s'être désintégrés depuis longtemps. Cela tient au fait qu'un millionième de seconde, temps de désintégration d'un muon vu par un observateur lié au muon, paraît bien plus long quand il est vu par un observateur immobile au sol. Pour ces muons rapides, tellement d'espace est converti en temps qu'ils peuvent atteindre le sol avant de se désintégrer, ce qui ne serait pas possible sans cette dilatation du temps.

Einstein, qui ne disposait pas de mesures par les horloges atomiques ou les muons, a écrit les équations relativistes décrivant les conversions d'espace-temps sur la base de réflexions concernant la théorie de la lumière élaborée en 1861 par James Clerk Maxwell, mais cela n'expliquait pas pourquoi deux masses s'attirent au lieu de rester éloignées, ni quel est le mécanisme d'interaction à distance.

Cette lacune, déjà perçue par Newton, mais qui n'invalidait pas sa théorie, devient critique en relativité restreinte car la loi de Newton est incohérente dans ce cadre relativiste. En effet, la force gravitationnelle de Newton dépend de la distance spatiale entre deux corps, sans intervention du temps. Si l'on tient compte des conversions d'espace-temps, une application cohérente de la loi ferait alors dépendre la force de gravité de l'état de mouvement de l'appareil de mesure, un changement de vitesse devant convertir l'espace en temps et provoquer une dépendance temporelle de la loi de Newton. Une moindre distance spatiale devrait être compensée par une plus grande distance temporelle pour que l'observateur mesure la bonne force. Newton n'a pas pris ce mécanisme en considération ; il nous faut donc élargir sa théorie.

La théorie de l'électromagnétisme rencontre une situation comparable : la loi de Coulomb d'attraction (ou de répulsion) électrostatique entre deux corps chargés, établie par Charles de Coulomb, est très similaire à la loi de Newton d'attraction gravitationnelle : il suffit de remplacer les masses par les charges et la constante d'attraction universelle par un paramètre électrique similaire. (De plus, il faut inverser le signe de la force car deux charges de même signe se repoussent, tandis que deux masses — toujours positives — s'attirent.) La variation de la force avec la distance est analogue et ne fait pas non plus intervenir de temps de propagation. Dans ce cas, et pour d'autres raisons fondées sur les relations entre phénomènes électriques et magnétiques, Maxwell avait trouvé une formulation qui, à son insu, se montra plus tard compatible avec la capacité de conversion entre espace et temps.

Élargir la relativité restreinte, comme les équations de Maxwell l'avaient fait pour les phénomènes électriques, devait se révéler une tâche ardue qui demanda dix ans à Einstein pour en élaborer la forme définitive, la relativité générale ; le résultat n'était pas seulement une loi de la gravitation compatible avec la relativité restreinte, mais un changement radical dans la compréhension de l'espace et du temps, et une fondation mathématique de la cosmologie. Dans ce chapitre, nous allons nous intéresser avant tout à la structure de l'espace et du temps puis, dans le chapitre 8 traitant de la cosmogonie, nous reviendrons sur leur rôle dans le comportement de l'univers entier.

LA THÉORIE DE LA RELATIVITÉ GÉNÉRALE

> Sans peine, et par la force seule de l'esprit,
> Il donne le branle à toutes choses.
>
> XÉNOPHANE DE COLOPHON,
> Fragment 25.

La relativité générale inclut une loi de la gravitation compatible avec la relativité restreinte. Elle n'est pas seulement une forme étendue et compliquée de la loi de Newton, elle fait de l'espace-temps un objet physique. Ce qui est vu comme espace et comme temps ne dépend pas seulement du point de vue de l'observateur, mais est aussi soumis à des processus physiques : la forme de l'espace-temps est déterminée par la matière. De même qu'en relativité restreinte de grandes vitesses sont requises pour la mise en évidence d'écarts relativistes, de même l'influence de la matière sur l'espace-temps est faible. Avec les objets usuels, il n'est pas possible de créer cette influence (même avec des hypothèses hasardeuses comme les trous de vers, la propulsion supraluminique, « *warp drive* », ou les mini-trous noirs).

En revanche, en astrophysique ou en cosmologie, on a souvent affaire à des objets tellement massifs que, pour une description précise, on doit tenir compte de l'espace-temps et pas seulement de la matière contenue, ce qui permet de nombreuses vérifications expérimentales de la relativité générale et, comme on le verra, de nouvelles représentations du monde par la cosmologie.

En l'absence de données expérimentales, le raisonnement d'Einstein de 1915, comme celui de la relativité restreinte, était fondé sur la recherche d'une formulation cohérente des interactions et il devait aboutir à une théorie à l'élégance inégalée. Par des principes généraux et une approche géométrique héritée de la science grecque, après un travail ardu, Einstein parvint à une théorie conforme aux plus hautes exigences mathématiques et capable d'expliquer ce que la théorie de Newton laissait dans le flou.

Même comprise par peu de physiciens de son temps, la théorie d'Einstein eut un grand retentissement — intérêt malheureusement devenu malédiction ces dernières décennies car il se répand une opinion chez certains physiciens selon laquelle la relativité générale est totalement éclaircie et validée par l'expérience ; certains en profitent même pour arrêter les recherches sur ce sujet et licencier les chercheurs dans ce domaine. Il n'est évidemment jamais possible de valider parfaitement une théorie et c'est pourquoi on ne devrait jamais renoncer à de nouveaux tests expérimentaux de la relativité générale. Certes, un test ne peut embrasser tous les phénomènes possibles ; une théorie validée par l'expérience est couronnée de succès dans un cadre limité et l'on ne peut jamais être certain qu'elle décrive correctement tous les phénomènes auxquels, en principe, elle s'applique. De même que la théorie de Newton s'est longtemps accordée avec les observations avant de ne plus être qu'un cas limite de la relativité générale, de même la relativité générale pourrait n'être plus qu'un cas limite d'une théorie encore à créer. Même d'un point de vue théorique, la relativité n'est qu'imparfaitement comprise et il reste d'innombrables questions en suspens dont l'élucidation serait d'importance cruciale en cosmologie. Là encore se fait ressentir un besoin de recherche et l'on verra plus loin la nécessité de compléter la relativité générale, ce qui pourrait prendre des décennies et mobiliser de nombreux physiciens, théoriciens ou expérimentateurs. C'est le cas aussi des théories actuellement en phase d'élaboration, comme la physique des particules élémentaires ou la gravitation quantique, thème de ce livre. La mécanique quantique a longtemps évolué ainsi avant d'atteindre son stade présent (il reste des questions fondamentales encore ouvertes mais, pour ce qui est des applications, on peut considérer la mécanique quantique comme comprise). Les résultats, tels qu'ils figurent dans les manuels scolaires, n'ont souvent plus rien à voir avec les premiers développements, parce que certaines contributions historiques se sont révélées sans importance, ou trop compliquées, voire fausses. Parmi les théories en cours d'élaboration, on ne saurait dire si certaines aboutiront à une nouvelle vision du monde, de nombreuses branches de la physique pouvant n'être finalement que des culs-de-sac.

Einstein publia seul les travaux décisifs sur la relativité générale, soutenu par quelques amis comme Marcel Grossmann, et en concurrence ouverte avec le mathématicien David Hilbert. Malgré quelques contestations et quelques errements, Einstein arriva assez rapidement à son résultat final, en brillant accord avec les observations, d'où la tentation de considérer que le débat est clos[1].

En fait, on ne comprend que les solutions les plus simples de la relativité générale, ce qui, par chance, suffit pour résoudre de nombreux problèmes physiques, car les solutions même les plus simples et les plus symétriques permettent de fournir des explications impressionnantes en cosmologie et dans l'étude des trous noirs. Mais, dès que l'on veut aller plus loin, on se heurte à d'énormes difficultés à cause de la complexité de la théorie sur laquelle les mathématiciens travaillent encore. Il existe aussi des questions ouvertes, comme celle de la prédictibilité[2], qui touchent aux bases de la physique.

Même une résolution numérique des équations d'Einstein — souvent le dernier recours quand une résolution analytique est trop difficile — se révèle délicate, depuis les premières tentatives des années 1970 jusqu'à la confiance excessive des années 1990. Il vaudrait mieux, en particulier, comprendre les collisions entre étoiles massives ou trous noirs qui seraient de fortes sources d'un nouveau phénomène, les ondes gravitationnelles, que l'on espère détecter dans les années à venir, non seulement pour encore tester la relativité générale, mais aussi pour créer

1. Ce raisonnement accompagne peut-être l'arrière-pensée selon laquelle on peut s'épargner l'étude de cette théorie compliquée, qui n'apparaît plus guère dans les cursus universitaires.

2. Mentionnée p. 227.

une nouvelle branche de l'astronomie. On analyserait ainsi l'univers non plus par ses rayonnements électromagnétiques (ondes radio, lumière, rayons gamma...), mais au moyen d'ondes gravitationnelles, ce qui reviendrait à ne plus contempler seulement le ciel, mais aussi au-delà.

Pour mettre en place des détecteurs, il faut d'abord savoir ce que l'on cherche, donc connaître la nature et la variation temporelle des ondes de gravitation nées d'une collision et qui se sont propagées dans le cosmos jusqu'à nous. Les méthodes numériques divergent trop facilement pour pouvoir donner des résultats vraiment intéressants — un peu comme si l'on voulait écrire un long texte avec un programme qui « planterait » à chaque mot. Ce n'est qu'après un travail soutenu et intensif que quelques équipes (de taille bien modeste par rapport à celles des spécialistes des particules élémentaires ou même de la physique des solides) ont réussi, Frans Pretorius le premier en 2005, à faire une percée dans l'élaboration de programmes donnant au moins des éclaircissements sur les collisions. Cela vient à point car la construction de détecteurs d'ondes gravitationnelles comme LIGO aux États-Unis ou GEO600 près de Hanovre avance bien[1], ce qui pourrait concrétiser le rêve d'une astronomie d'ondes gravitationnelles, couronnement de la relativité générale.

Retour à l'historique : Einstein connaissait les petits écarts de trajectoire des planètes, notamment Mercure, dont les axes de l'ellipse tournent de 43 secondes d'arc (un centième de degré) par siècle en plus

1. On aurait aussi pu mentionner le programme européen VIRGO *(N.d.T.)*.

de la rotation prévue par les lois de Newton, et ce sous l'influence de Vénus, la planète la plus proche de Mercure, les irrégularités de forme du Soleil n'apportant pas d'explication satisfaisante. Einstein a pu rendre compte de cet écart de trajectoire grâce aux équations de mouvement de la relativité générale.

Fort heureusement, d'autres données incompatibles avec la loi de Newton furent bientôt disponibles, données qu'Einstein avait déjà prévues correctement. Il s'agit des infimes déviations de la lumière des étoiles quand elle passe au voisinage du Soleil, déviations mesurées en 1919 par Arthur Eddington lors d'une éclipse totale de Soleil et qui constituèrent la première confirmation spectaculaire de la relativité générale. (Depuis on a effectué des mesures similaires mais plus précises, au moyen des ondes radio émises par des quasars. Les premiers à le faire furent Edward Fomalont et Richard Sramek en 1976.) Si l'accord n'avait pas été aussi bon, la théorie d'Einstein serait vite tombée dans l'oubli, malgré l'adage de son auteur : « Si la nature ne s'accorde pas avec la théorie, tant pis pour la nature. »

Le premier test purement terrestre de la relativité générale fut réalisé en 1960 par Robert Pound et Glen Rebka. Ces derniers mesuraient une conversion du temps à diverses altitudes, donc à différentes positions de l'espace-temps ; plus loin du centre de la Terre, la pesanteur est moindre, ce qui, mathématiquement, implique un changement de l'espace-temps, comme on le verra bientôt. De ce fait, en altitude, le temps passe un peu plus vite qu'au niveau du sol ; dans la vie courante, cet effet est imperceptible mais, par des mesures précises, on peut le mettre en évidence. Pound et Rebka utilisèrent l'effet Mössbauer, selon lequel certains cristaux peuvent émettre ou capter une fréquence électromagnétique très précise : la matière peut émettre et absorber la lumière à certaines longueurs d'onde, par exemple dans les tubes fluorescents ou les lasers, ce qui est une manifestation de la nature quantique de la matière que nous examinerons au chapitre suivant. Quand les atomes ou molécules mesurés sont contenus dans un gaz, du fait de l'agitation thermique, émission et absorption concernent des atomes ayant des vitesses différentes ; comme le déroulement du temps et, de ce fait, le nombre d'oscillations de l'onde électromagnétique par unité de temps dépend de la vitesse en vertu de la relativité restreinte, la lumière n'est pas émise/absorbée à une fréquence unique mais selon une raie élargie. Dans le cas de l'effet Mössbauer pour des corps solides à basse température, l'émission/absorption n'est pas le fait d'atomes isolés, mais d'un cristal entier qui, en tant qu'entité macroscopique, bouge bien moins que les atomes d'un gaz ; la relativité restreinte ne prédit alors aucun écart entre les fréquences d'émission et d'absorption ; mais quand un cristal émetteur de lumière et un cristal absorbant sont placés à des hauteurs différentes, c'est la relativité générale qui prend le relais. Le temps dans le cristal émetteur haut s'écoule autrement que dans le cristal récepteur bas, si bien que le cristal récepteur est désaccordé par rapport à l'émetteur. Cela peut se mesurer sans même recourir à de grandes altitudes : un immeuble de quelques étages suffit.

Des mesures similaires concernant la relativité, reposant non sur l'effet Mössbauer, mais sur la précision des horloges atomiques, furent menées en 1971 par Joseph C. Hafele et Richard Keating au moyen d'horloges embarquées dans des avions. Ici interviennent tant la relativité restreinte par l'effet de la vitesse que la relativité générale par l'effet de l'altitude. Cette expérience ne fit pas l'unanimité. Le 23 juin 1977 fut lancé le satellite NTS-2, le premier à être équipé d'une horloge atomique à césium. Cette horloge atomique était munie d'un système de compensation des effets relativistes de la vitesse, quoique les responsables ne fussent pas totalement convaincus de la nécessité de ces corrections, si bien que l'on avait prévu un appareil additionnel permettant de décaler la fréquence de l'horloge à sa vraie valeur. Après vingt jours en orbite, on détecta un écart par rapport aux horloges fixes, écart totalement conforme aux prédictions de la relativité générale et que l'on put heureusement corriger en actionnant le décalage de fréquences.

La confirmation la plus spectaculaire à ce jour de la relativité générale résulte sans doute d'observations d'étoiles doubles à pulsars : deux étoiles en orbite rapprochées dont l'une (un pulsar) envoie des impulsions radioélectriques à intervalles réguliers. Il peut s'agir, par exemple, d'étoiles à neutrons en rotation rapide qui, tels des phares, envoient des signaux dans l'espace vers la Terre. Selon la position du pulsar de l'étoile double par rapport à nous, les signaux sont retardés ou avancés parce qu'ils doivent parcourir des chemins différents, ce qui permet de mesurer de manière très précise la rotation et ses éventuels changements. En particulier, la relativité générale prédit que la rotation doit s'accompagner de l'émission d'ondes gravitationnelles, d'où une perte d'énergie du système, ce qui entraîne un rapprochement détectable des deux étoiles.

La perte d'énergie est maximale quand les étoiles sont proches l'une de l'autre, chacune étant soumise à l'intense champ gravitationnel de l'autre, ce qui renforce les effets de la relativité générale. En 1974, Joseph Taylor et Russell Hulse purent identifier un double pulsar composé de deux étoiles à neutrons très rapprochées orbitant l'une autour de l'autre en un tiers de jour terrestre, leur distance n'étant que de 10 000 kilomètres ! C'était là un cas idéal pour un test de modification de trajectoire prévue par la relativité générale. De fait, les observations, qui continuent encore aujourd'hui, concordaient exactement avec les prédictions. L'importance de ces mesures fut reconnue en 1993 par l'attribution du prix Nobel à Hulse et Taylor. (Notons que, dans ce système comme pour Mercure, on observe un changement de trajectoire sans changement de distance ; avec quatre degrés par an, il est notablement plus grand que pour Mercure et peut servir à calculer la masse des étoiles à neutrons.) Depuis, on a découvert d'autres étoiles à neutrons doubles avec des trajectoires différentes, qui permettent une multitude de tests.

Une des expériences les plus récentes est celle qu'emporte le satellite Gravity Probe-B lancé le 20 avril 2004 et prévu pour seize mois de mesures ; l'idée remontait à 1959 mais le développement des technologies requises fut une tâche longue et difficile, menée sous la direction de Francis Everitt. La mise en évidence d'un effet d'entraînement de l'espace-temps au voisinage de la Terre en rotation exigeait des gyroscopes ultraprécis. Pour éviter les effets des imperfections qui auraient brouillé les effets faibles, ces gyroscopes comportaient les sphères les plus parfaites jamais fabriquées par l'homme ou par la nature : seules quelques étoiles à neutrons extraordinairement denses sont plus lisses en proportion. Les premiers résultats datent du début de l'année 2007 et confirment de nouveau la relativité générale.

L'espace-temps courbe

La relativité générale affirme que la forme de l'espace-temps est conditionnée par la matière contenue ; c'est ainsi que naît la force de gravitation, qui est donc liée de manière intime à la structure de l'espace-temps, ce qui n'est pas le cas pour les autres forces physiques. Mathématiquement, on décrit cela par un espace-temps courbe, où le taux de conversion d'espace et de temps dépend de la position.

L'exemple le plus simple d'un espace courbe est la surface bidimensionnelle d'une sphère ; dans ce cas, la courbure la replie sur elle-même ; mais ce que la surface de la sphère montre clairement, c'est que, vues de l'extérieur à trois dimensions, les lignes sur cette surface apparaissent courbes pour rester sur la sphère. Toute droite de l'espace qui partirait de cette surface la quitterait immédiatement, justement à cause de la courbure. Pour généraliser cette constatation, l'espace-temps quadridimensionnel demanderait à être vu d'un espace à plus de dimensions. Mathématiquement, sans regarder cet espace-temps « de l'extérieur », Einstein a pu décrire toutes les conséquences de la courbure, élément décisif de la formulation de la relativité générale.

Si nous revenons à l'image du ballon sphérique immergé dans un espace à trois dimensions, nous trouvons là une autre conséquence importante de la courbure : si nous nous déplaçons sur la sphère, comme nous le faisons communément à la surface de la Terre, alors, vus de l'extérieur, nous avons forcément tourné. Cela n'est pas sensible pour nous parce que, d'une part, la Terre est très grande et que, d'autre part, nous avons rarement ce point de vue extérieur ; mais nous pouvons aisément nous le représenter sur un globe : la tête d'une personne en Europe ne pointe pas dans la même direction que celle d'une personne en Amérique, quoique l'une et l'autre se tiennent verticales. Que cela soit une conséquence de la courbure est évident : cela ne se produirait pas sur une surface plane comme une table.

L'espace-temps est donc courbé par la matière présente et devrait montrer ce genre d'effet. On a un peu plus de mal à se le représenter car il s'agit d'un espace à quatre dimensions qui implique le temps. L'analogie précédente montre cependant la conséquence essentielle, en rapport direct avec la force gravitationnelle : la conversion réciproque entre espace et temps est liée aux changements de vitesse, de même que la conversion des dimensions spatiales est liée à des changements angulaires. Si un déplacement sur une surface courbe dans l'espace implique une rotation, de même un déplacement dans un espace-temps courbe doit provoquer un changement de vitesse. La physique dit que des changements de vitesse ou des accélérations sont toujours dus à des forces ; la courbure de l'espace-temps crée donc une force qui, selon la relativité générale, est précisément la force gravitationnelle.

Par cet artifice étonnant, Einstein a pu élargir la théorie de Newton et, du même coup, lever son péché originel ; dans la gravitation d'Einstein n'existent pas directement d'interactions bizarres entre objets éloignés. Par intégration de l'espace et du temps — vus non pas comme un cadre rigide et imposé comme chez Newton, mais comme un objet variable et structurellement soumis à des interactions —, cette action à distance disparaît. Les masses courbent l'espace-temps qui les entoure, si bien que d'autres masses subissent une force gravitationnelle du fait de cette courbure. Il ne s'agit pas d'une interaction à distance : en déplaçant la première masse, on change la force gravitationnelle sur les autres masses. Comme le montre la relativité générale, cela n'est pas instantané : le changement de courbure doit d'abord se propager dans l'espace-temps avant d'atteindre les masses distantes. Les interactions physiques sont donc toujours locales et le point faible de la théorie de Newton est évacué.

De plus, la relativité prédit que des vibrations peuvent se propager dans l'espace-temps comme des vagues sur la mer ou comme des ondes électromagnétiques. Ces ondes gravitationnelles déjà évoquées jouent un grand rôle dans les recherches actuelles sur la gravitation, mais les conséquences les plus spectaculaires de la courbure de l'espace-temps se rencontrent en cosmologie, où la relativité générale détermine l'évolution temporelle de l'univers.

Fig. 2 : les objets se déplacent sur leurs trajectoires de l'espace-temps mais l'espace-temps est lui-même variable. (*Orbita*, 2007, plâtre, lentille rouge, 43 × 45 × 45 cm, projet et photo : Gianni Caravaggio.)

Les frontières de l'espace-temps

> Gardez-vous de demander du temps : le malheur n'en accorde jamais.
>
> MIRABEAU,
> *Discours à l'Assemblée constituante.*

L'espace-temps passant de simple point d'observation à un objet physique de la théorie de la relativité (voir figure 2) est une innovation révolutionnaire, d'abord par le jeu des échanges — la matière courbe l'espace et, en retour, son mouvement est lui-même influencé par la courbure. Cette vision a des conséquences fondamentales sur notre compréhension des événements physiques et, avant tout, de l'univers lui-même.

Ce rôle ainsi rendu physique de l'espace-temps a pu être comparé à un roman où le livre serait l'écrivain ; un tel roman serait certainement surprenant, voire difficilement imaginable. Heureusement, les mathématiques permettent une approche fiable du rôle physique de l'espace-temps indépendamment de toute intuition. Comme nous le verrons, ce rôle a de lourdes conséquences, ainsi que le suggère la comparaison avec le roman.

Avant d'en arriver là, considérons encore la relation entre la force gravitationnelle et la conversion entre espace et temps : la vitesse de l'observateur influe non seulement sur la répartition entre espace et temps, mais aussi sur la gravitation créée par la matière. Ainsi le temps passe plus vite en altitude car la distance à la Terre est plus grande. Encore une fois, ces changements sont infimes mais significatifs en technologie : les meilleures horloges atomiques varient quand on les monte de 10 m et l'on doit en tenir compte quand on teste les effets relativistes de la vitesse au moyen d'horloges atomiques embarquées dans des avions. (L'effet gravitationnel est dans ce cas supérieur et antagoniste à l'effet de vitesse : à plus grande vitesse, les horloges ralentissent, en altitude, elles accélèrent.)

Le système de navigation par satellite GPS (Global Positioning System) est un exemple de technologie appliquée où l'on ne peut négliger les effets relativistes. Il s'agit d'un ensemble de vingt-quatre satellites contenant chacun une horloge atomique. Ils sont placés sur des orbites telles qu'en chaque point de la Terre (ou presque) on en voie au moins quatre.

Chaque satellite émet des signaux réguliers codant sa position et l'heure qu'il mesure ; par comparaison des signaux de plusieurs satellites en un point du globe, on peut calculer la position du récepteur à 5 ou 10 cm près. (Le système avait été originellement développé pour des applications militaires et est encore piloté par le ministère américain de la Défense. Aux débuts, les signaux accessibles au public étaient altérés pour limiter la précision à 100 m. Le temps passant, des applications toujours plus lucratives ont vu le jour, ce qui a amené en mai 2000 le président Clinton à suspendre le brouillage.)

Si, lors de la mesure des temps de propagation des signaux des satellites, on négligeait la relativité, les positionnements seraient erronés et inutilisables ; après une journée, les dérives se monteraient à 10 km. La relativité générale joue donc un rôle crucial dans l'exploitation de ce système mais elle est complexe et, pendant longtemps, on ne l'a pas bien comprise. Les premiers satellites ont été lancés en 1978, 1979, 1985 puis enfin en 1995 — date de mise en service officielle —, et l'on a organisé des conférences pour discuter du rôle de la relativité générale dans le GPS. Des erreurs ont encore été signalées en 1996. On a examiné le rôle de la synchronisation et de la comparaison des horloges et une possible influence de l'attraction solaire qui varie selon que le satellite est au jour ou dans la nuit. Ce dernier effet s'est révélé négligeable, compte tenu de la précision des horloges à l'époque (horloges atomiques au rubidium qui ne fluctuent que d'une demi-nanoseconde, soit un demi-milliardième de seconde en dix jours). Il faut bien entendu prendre en compte les variations du champ de pesanteur de la Terre et les irrégularités de sa forme, notamment son aplatissement, et l'on peut se demander si les corrections de relativité restreinte ou celles de relativité générale sont prédominantes. À une altitude de 27 500 km, les effets de la relativité générale sont les plus importants. Il en ira de même avec le projet européen Galileo dont les satellites croiseront à 30 000 km.

Les applications du GPS sont chaque jour plus nombreuses ; ainsi, dans les pays musulmans, une fonction des téléphones portables indique la direction de La Mecque. Les applications militaires ont laissé la place aux applications civiles : par exemple, des récepteurs GPS légers placés au cœur de tempêtes tropicales mesurent les température et pression barométrique locales. On peut même suivre avec précision la dérive des continents du fait de la tectonique des plaques et peut-être pourra-t-on un jour prévoir les tremblements de terre. En raison de la très grande précision des relevés, il est possible de mesurer les déformations des bâtiments ou des ponts sous charge ; dans le domaine de l'agriculture, le GPS sert à doser les engrais et les pesticides ; les archéologues l'emploient pour découvrir et cartographier de vieilles cités. Le GPS sert même à la recherche sur la relativité générale en fournissant une définition mondiale de l'heure, qui a servi à la détermination précise des trajectoires de pulsars doubles par Hulse et Taylor.

On a là une implication technologique de la relativité dont les effets sont généralement faibles mais ne peuvent être négligés du fait de la sensibilité des applications en cause. Plus considérables sont ses conséquences aux échelles cosmologiques. Dans des cas extrêmes, la relativité générale prédit même que l'influence de la matière sur l'espace-temps est si considérable que le temps s'arrête ou que l'espace bute sur une frontière impénétrable. D'après la relativité, il en était ainsi lors du big-bang, ou encore dans les trous noirs. La gravité devient alors si forte que les distances spatiales ou temporelles sont de plus en plus petites et finalement s'annulent. Quand il n'existe plus de distance temporelle entre deux événements, c'est que le temps s'est arrêté, ainsi que toute évolution. Cela est vrai pour tous les corps comme pour l'univers : rien ne peut sortir d'une telle situation. Que se passe-t-il alors exactement ? Pour le comprendre, il faut résoudre les équations de la relativité générale qui décrivent justement la structure de l'espace et du temps. Les équations différentielles d'Einstein établissent la nature de l'espace-temps autour d'un point matériel, plus précisément la densité d'énergie et la pression. Les équations représentent une image continue, comme celle d'un linge froissé, mais en quatre dimensions. Contrairement à un vrai tissu fait de fils tissés entourant des trous, l'espace-temps de la relativité générale, même vu à la loupe, ne montre pas de structure, d'où les équations différentielles qui expriment les évolutions de l'espace-temps jusqu'aux plus petites échelles, plus petites même que les atomes, arbitrairement petites en fait ; elles sont une idéalisation du continuum.

La solution d'une équation différentielle peut être visualisée par un champ des vitesses où l'on dessine en chaque point un vecteur donnant le sens et l'ampleur de l'évolution. En relativité générale, l'image la plus simple est un plan montrant en chaque point le temps et l'extension de l'univers. Une solution de l'équation différentielle, obtenue sous la forme d'une fonction ou de valeurs numériques, sera une courbe dans ce plan qui suit la vitesse. On peut souvent faire une représentation graphique comme dans la figure 3.

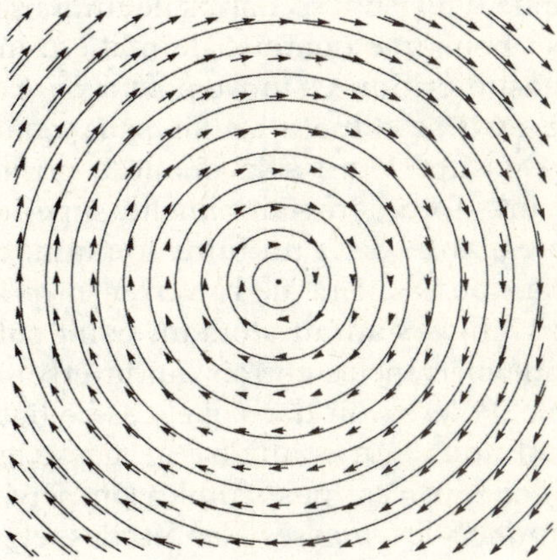

Fig. 3 : l'évolution de la plupart des systèmes physiques est représentable par une équation différentielle ; les changements sont représentés par des flèches qui dessinent des courbes, solutions des équations. Le champ de vitesses dessine ici un tourbillon circulaire autour d'un cœur.

La construction graphique ne donne pas le champ des vitesses de manière univoque, car elle indique seulement en chaque point vers où l'on doit se déplacer. Encore faut-il savoir d'où l'on part, connaître l'état initial. Celui-ci connu, on obtient le plus souvent une solution univoque, même si l'état initial est plus complexe qu'un simple point.

En cosmologie, le champ des vitesses est donné par la répartition de la matière. Si l'on se déplace un tant soit peu dans l'espace-temps, les petites évolutions seront déterminées par la densité d'énergie et la pression de la matière. Selon la vision actuelle de l'état initial de l'univers, on devrait trouver une solution où l'univers est en expansion et où sa densité diminue. Plusieurs scénarios de futurs sont alors possibles : pour une quantité de matière inférieure à une densité critique, l'univers sera en expansion indéfinie et il se diluera ; mais si la quantité de matière est supérieure à la quantité critique, elle exercera une force gravitationnelle supérieure qui s'avérera capable, dans un futur lointain, d'arrêter cette expansion et même de l'inverser jusqu'à l'effondrement. L'univers aurait alors un point culminant, comme une pierre jetée en l'air qui inverse sa vitesse et retombe. Pour savoir dans quel cas de figure nous sommes, il nous faut connaître la masse exacte de l'univers, ce qui n'est pas simple. On peut estimer et additionner les masses des étoiles et des gaz dans et entre les galaxies mais, comme on le verra plus loin dans le chapitre sur la cosmologie, il existe d'autres matières et énergies difficiles à estimer. Leur origine exacte reste inconnue, mais les observations suggèrent une densité d'énergie très proche de la valeur critique, si bien que nous ignorons si notre univers va poursuivre son expansion ou s'effondrer.

Le futur étant par nature incertain, il vaut mieux s'interroger sur le passé. À cause de l'expansion qui est un fait, l'univers à ses débuts était plus petit qu'aujourd'hui et, il y a très longtemps, il était plus chaud que tout objet actuel sur Terre ou même dans les étoiles. On ne connaît guère le comportement de la matière dans de telles conditions, mais cela ne change pas grand-chose pour l'univers : ce que disent les équations d'Einstein, c'est qu'au moment du big-bang (ou dans les trous noirs), certaines des extensions spatiales ou temporelles étaient arbitrairement petites, ce que l'on peut représenter dans le champ des vitesses de la figure 4 où la courbe qui illustre la solution tend vers un point de volume nul.

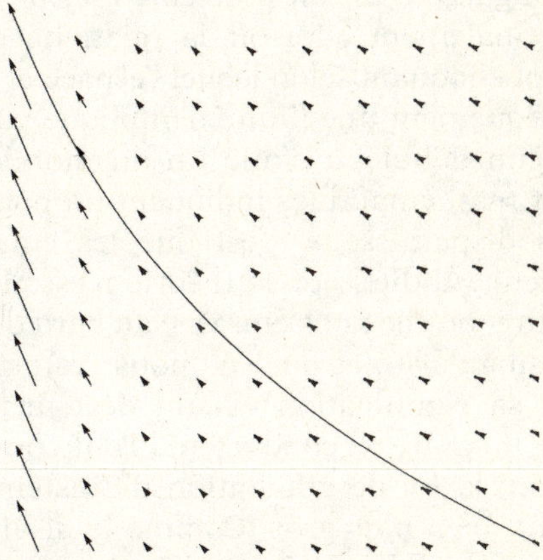

Fig. 4 : l'équation différentielle de la cosmologie est représentée par son champ de vitesses, selon les équations d'Einstein. On a porté horizontalement le volume de l'univers, verticalement la densité de sa matière. Plus on évolue vers la gauche, où le volume s'annule sur la frontière, plus les flèches sont longues ; toutes les courbes représentant les solutions sont inéluctablement attirées par cette frontière. De plus, la densité de matière croît et devient infinie quand le volume s'annule.

La densité d'énergie d'une matière de masse donnée devient infinie quand le volume s'annule. Cette densité d'énergie infinie n'est pas seulement un problème physique mais aussi une question mathématique d'importance qui mène à l'effondrement des équations d'Einstein : si nous choisissons d'ignorer le problème des densités d'énergie infinies, alors les équations d'Einstein disent que la forme de l'espace-temps peut changer très rapidement pour des déplacements spatiaux ou temporels arbitrairement petits. Si l'on revient à l'image du linge, ce n'est plus un tissu mais une déchirure en un point singulier.

Cette singularité est un problème majeur qui nous obligera finalement à revoir la relativité générale. Le concept choquant selon lequel l'espace et le temps ont théoriquement une limite n'implique pas la prédiction d'un début ou d'une fin du monde ; si les équations mathématiques indiquent un point où les distances disparaissent, c'est que les équations y perdent leur validité, que la théorie n'est plus fiable ni prédictive, qu'elle nous emmène au bord du gouffre de cette singularité et qu'il ne nous reste plus qu'à imaginer sa signification et son devenir ; il nous faut donc un autre fil conducteur. Tout comme celle de Newton, la loi de gravitation d'Einstein a aussi son défaut, bien plus gros. Comme le disait le physicien John Wheeler, la relativité générale contient le germe de sa propre destruction. (Ce que Nietzsche affirmait sur la grandeur : « Toutes les grandes choses vont d'elles-mêmes à leur perdition par un acte d'autodestruction[1]... ») Dans l'allégorie du

1. Friedrich NIETZSCHE, *Contribution à la généalogie de la morale*, trad. Angèle Kremer-Marietti, Paris, L'Harmattan, 2006.

roman, cela veut dire que le roman n'est pas seulement l'écrivain mais aussi l'action.

Les théories catastrophistes de cette envergure sont inhabituelles en physique, et l'on ne doit pas s'étonner si les conséquences en ont été mésestimées[1]. Einstein lui-même pensait que les frontières de l'espace et du temps, appelées singularités générales, n'apparaissent que dans des cas spécifiques. À l'époque, une telle estimation n'était pas forcément irréaliste car on ne savait pas encore grand-chose sur les diverses solutions de la relativité générale. (D'ailleurs Einstein s'était trompé en essayant de montrer le non-réalisme des singularités.) Ce n'est qu'après les travaux de Stephen Hawking, Roger Penrose et d'autres que l'on comprit que les frontières de l'espace-temps sont inévitables en relativité générale. Toutes les solutions mathématiques, dont on exige la compatibilité avec la forme actuelle de l'univers, présentent au moins une singularité, une frontière de l'espace-temps, où la relativité générale perd sa validité.

Le manque de forces antagonistes

> Nous avons vu cela dans le phénomène le plus simple de la nature, la pesanteur, effort interminable et qui tend vers un point central

1. Un exemple extrême, mais très répandu sous sa forme adoucie, est l'affirmation du physicien Frank Tipler dans une émission de CBS le 9 mai 2007 : « Dieu est la singularité cosmologique. Je ne blasphème pas, je ne fais que suivre la vieille tradition selon laquelle la science apporte un support expérimental aux enseignements religieux et que Dieu existe. »

sans étendue, qu'il ne pourrait atteindre sans s'anéantir et la matière avec lui[1].

Arthur SCHOPENHAUER,
Le Monde comme volonté et comme représentation.

Ce comportement singulier a une origine physique ; comme dans la théorie de Newton, la force de gravitation d'Einstein est toujours attractive. (Dans la relativité générale, si la pression est suffisamment négative, il peut exister des forces répulsives, comme nous le verrons, mais ces forces ne sont jamais suffisantes pour compenser totalement l'attraction.) Comme toujours, il faut d'autres forces antagonistes pour arriver à une situation stable. Ainsi, pour nager ou voler à hauteur constante, il faut des forces motrices ; pour rester stable sur Terre malgré l'attraction terrestre, la force gravitationnelle doit être compensée par la réaction du sol ou par un montage. La Terre elle-même ne s'effondre pas car elle est faite de matière solide en surface, ou bien liquide en son cœur. Si elle était plus massive, la pression interne et la température augmenteraient et mèneraient à une fusion ou une vaporisation partielles, comme les planètes gazeuses géantes Jupiter et Saturne, mais, même là, il subsiste des forces répulsives entre atomes de gaz, dont la pression compense l'attraction de pesanteur. Si la masse continue à croître, la pression gravitationnelle croît aussi, le gaz est

1. Trad. Auguste Burdeau, Paris, PUF, 2004. « *Wir sahen dies an der einfachsten aller Naturerscheinungen, der Schwere, die nicht aufhört zu streben und nach einem ausdehnungslosen Mittelpunkt, dessen Erreichung ihre und der Materie Vernichtung wäre, zu drängen, nicht aufhört, wenn hoche schon das ganze Weltall zusammengeballt wäre.* »

encore plus comprimé jusqu'à ce que la pression suffise pour rapprocher assez quatre noyaux d'hydrogène et qu'ils fusionnent en un noyau d'hélium. La planète devient une étoile qui, par fusion, produit suffisamment d'énergie pour briller mais aussi pour résister à la pression de gravitation grâce à sa température élevée.

Si la masse continue à croître, cette pression thermique ne suffit plus ; d'abord intervient une force d'origine quantique qui domine dans les naines blanches. Cette force provient du fait que l'on ne peut indéfiniment comprimer un gaz d'électrons, même si les protons présents compensent la répulsion électrique. Cette force a aussi ses limites car, à haute pression, les électrons commencent à réagir avec les noyaux ; la pression gravitationnelle croît toujours jusqu'au point où les atomes sont si comprimés que les protons du noyau fusionnent avec les électrons du nuage atomique, ce qui engendre une étoile à neutrons avec un cœur composé de purs neutrons. Un tel matériau est extrêmement dense car il abolit les distances entre le noyau et le nuage atomique, mais il ne peut se rencontrer que dans des conditions de très forte gravité, autrement la plupart des neutrons se décomposeraient de nouveau en protons et en électrons. Nous évoquerons ce sujet dans le chapitre sur les trous noirs.

Mais même ce mécanisme ne résiste pas aux pressions encore plus élevées. Il n'existe plus de force connue capable de résister à cette escalade de la guerre gravitationnelle ; plus d'équilibre possible : les éléments s'attirent toujours plus, la matière se comprime en un trou noir : l'effondrement sans retenue crée des densités toujours plus fortes et, du fait de l'action de la matière sur l'espace-temps, mène à une disparition du temps quand toute la substance de l'ancienne étoile s'est effondrée.

La nature seulement attractive de la gravitation sans forces antagonistes suffisantes est la raison physique des singularités en relativité générale. La transition hardie de la relativité à partir de la physique de Newton au moyen de la structure de conversions entre l'espace et le temps paraît de plus en plus risquée car elle soumet l'espace-temps à un objet physique et à des équations mathématiques qui n'ont qu'exceptionnellement des solutions définies en tout point. La plupart des solutions, y compris les plus réalistes, perdent leur validité au bout d'un temps fini, ce qui provoque la fin de l'espace-temps modélisé. Ces singularités apparaissent parce que la relativité générale résout le problème de l'action à distance de Newton mais, comme elle conserve le comportement d'une force de pure attraction, elle laisse le champ libre à la gravitation dans l'espace-temps sans forces antagonistes protectrices qui pourraient empêcher un effondrement total. Pour éviter le problème de base qui n'est pas seulement esthétique, il faut, encore une fois, un élargissement de la théorie.

On connaît des cas comparables, où des théories mènent à des singularités qui peuvent être levées par des modifications de ces théories. Par exemple, on peut souvent étudier des écoulements de fluides comme l'eau par une répartition continue et ignorer la nature moléculaire du liquide. Problème : si l'eau goutte par un robinet entrouvert, cette description ne tient plus, le filet d'eau d'abord continu se brisant en gouttes séparées. Du point de vue d'une description continue, l'éclatement ressemble à une singularité car certains phénomènes comme la tension superficielle, qui étaient négligeables, ne le sont plus, si bien que les équations continues perdent leur validité. Dans ce cas, nous savons où est le problème, il ne se passe rien de violent lors de la séparation en gouttes, nous devons simplement considérer que le liquide est composé de molécules qui interagissent et, quand la pesanteur devient plus grande que la cohésion des molécules, l'eau se sépare en gouttes. Il faut donc élargir le modèle continu par une théorie qui inclut la nature moléculaire. Cette théorie est certes mathématiquement plus complexe, mais les solutions ne mènent pas à des singularités, elles peuvent même décrire l'éclatement en gouttes individuelles. Cette vision est, de plus, réaliste car elle intègre la structure atomique de la matière, qui est justement une réalité.

Il existe de grandes différences entre la gravitation et cette analogie de l'eau, notamment du fait du rôle de l'espace-temps dans la relativité générale, mais cette analogie reste instructive : aucun chemin évident ne mène à une extension de la relativité générale, les singularités montrent les limites d'une théorie et, pour comprendre leur rôle, on doit mettre sur pied une théorie plus vaste qui décrit ces singularités. Ce n'est qu'ensuite que l'on peut examiner si les frontières comme celles des trous noirs ou du big-bang sont de vraies frontières de l'espace-temps ou de simples frontières de la théorie. Nous en sommes au même point qu'Einstein quand il a établi la relativité générale : nous disposons d'une théorie de la gravitation couronnée de succès, jamais contredite par l'observation, et pourtant nous savons que cette théorie n'est pas complète et que nous devons en rechercher une extension fondée sur des idées générales. Nous sommes apparemment moins heureux que ne l'était Einstein qui, dix ans après avoir saisi que la loi de gravitation de Newton n'était pas compatible avec les conversions d'espace-temps, avait su formuler la relativité générale. Des singularités isolées apparurent dès 1916 dans l'étude par Karl Schwarzschild d'un trou noir sans rotation, puis dans d'autres solutions au cours des années 1960. Malgré les efforts d'un bien plus grand nombre de théoriciens qu'entre 1905 et 1915, personne n'a jamais pu formuler une théorie complète qui conserverait les avantages de la relativité générale sans qu'apparaissent des singularités.

On dispose cependant d'un indice sur lequel se concentre l'essentiel de la recherche : outre la relativité, la théorie quantique est le second pilier sur lequel s'appuie la physique depuis le XXe siècle. La théorie quantique est incontournable pour une description correcte de la matière et elle aussi a accumulé les succès. Comme on l'a déjà évoqué, la nature quantique de la matière induit dans certains cas de nouveaux états stables, comme les naines blanches et les étoiles à neutrons, qui reposent sur des forces antagonistes de nature quantique. Mais ce qui est complètement occulté, c'est la nature quantique de la gravitation et de l'espace-temps, en plus de celle de la matière. Si l'on avait négligé la théorie quantique de la matière, les naines blanches et les étoiles à neutrons auraient été instables, car il n'existe pas de forces antagonistes classiques dans ces domaines de densité ; il y aurait eu conflit avec les observations puisque l'existence de ces objets dans l'espace est prouvée.

On néglige dans ces développements la théorie quantique de la gravitation parce qu'une telle théorie n'existe pas encore ; de plus, les aspects mathématiques connus sont si complexes que l'on ne peut résoudre les cas observés des étoiles à neutrons ou des trous noirs. On trouve des situations en cosmologie qui suggèrent fortement l'existence de forces antagonistes dans la théorie quantique de la gravitation, forces qui pourraient évacuer les singularités et même expliquer l'avant-big-bang et l'intérieur des trous noirs. Mais avant d'aborder ces développements, il convient d'exposer les concepts fondamentaux de la théorie quantique.

Chapitre II

LA THÉORIE QUANTIQUE

La théorie quantique est incontournable pour une description correcte de la physique atomique ; sa pertinence a été vérifiée de multiples façons et, comme pour la relativité générale, on n'a, à ce jour, jamais montré d'écarts entre ses prédictions et les observations. Et pourtant ces deux théories ne sauraient fournir une image complète de la physique parce qu'elles sont inconciliables dans leurs formulations présentes, ce qui est particulièrement important dans des situations extrêmes qui nécessiteraient une théorie quantique de la gravitation, comme au moment du big-bang ou dans des trous noirs.

On se heurte là aux spécificités de la théorie quantique, comme le changement instantané de l'état d'un système lors d'une mesure ou l'impossibilité d'une parfaite connaissance d'un état à cause des principes d'incertitude : la fonction d'onde qui décrit un état doit changer brutalement lors d'une mesure, ce qui la condamne à des aveux incomplets du fait de la relation d'incertitude. Et pourtant cette théorie mérite que l'on s'y arrête car la théorie quantique a aussi des conséquences heureuses, notamment en ce qui concerne les singularités.

LA STABILITÉ ATOMIQUE

D'un point de vue conceptuel, sinon historique, la théorie quantique rencontre à ses débuts un problème de stabilité similaire à celui de la gravitation. Un atome d'hydrogène est composé d'un proton chargé positivement et d'un électron chargé négativement dans une orbitale atomique. Un électron a une masse deux mille fois moindre que celle d'un proton, ce qui permet classiquement de représenter l'atome comme un électron orbitant autour d'un proton fixe. Par attraction électrique, l'électron se voit imposer une trajectoire circulaire analogue à celle de la Lune autour de la Terre du fait de la force de gravitation. Le rayon de la trajectoire a pu être assimilé au rayon de l'atome d'hydrogène, soit 50 milliardièmes de millimètre.

Cette représentation pose un problème important : une charge dont la trajectoire n'est pas rectiligne doit rayonner des ondes, en vertu de la théorie électromagnétique de Maxwell. Cela est analogue au rayonnement d'ondes de gravitation dans un pulsar double, dont la distance se réduit du fait de la dissipation d'énergie, ce qui, comme on l'a vu au chapitre précédent, permet des tests impressionnants de la relativité générale. Dans le cas du rayonnement électromagnétique de l'électron, on a affaire à des phénomènes plus familiers : rayons X, téléphones portables...

Le rayonnement d'ondes signifie, ici aussi, que l'électron perd de l'énergie cinétique et que sa trajectoire se rapproche du proton. L'énergie perdue est rayonnée par l'atome sous forme de lumière visible ou d'autres ondes électromagnétiques invisibles. Les équations de Maxwell permettent de calculer la perte d'énergie et de prédire que le rayonnement est bien plus efficace que pour des ondes gravitationnelles : l'électron devrait avoir rayonné toute son énergie en une fraction de seconde et percuter le proton. À l'opposé du rapprochement des pulsars doubles, on observe là une contradiction flagrante avec l'expérience : l'hydrogène est indéfiniment stable. L'image classique échoue non seulement pour l'atome d'hydrogène, mais pour tous les atomes. La matière soumise aux lois classiques ne saurait être stable car les atomes ne subsisteraient qu'une fraction de seconde. Nous avons là un problème aussi important que celui des singularités de la relativité générale, où l'espace et le temps atteignent leurs limites et, *stricto sensu*, ne peuvent plus exister ; mais ce problème est plus concret puisqu'une instabilité de la matière nous concernerait très directement.

La théorie quantique résout la question de la stabilité des atomes d'une manière élégante mais malheureusement non intuitive. Pour l'expliquer, il nous faut regarder les principes généraux de la théorie quantique.

La fonction d'onde

Qu'en est-il donc de la théorie quantique ? Selon elle, les protons, électrons et autres particules ne sont pas de nature classique, représentables comme des points ou des billes massives. Au lieu de cela, ce que nous appelons particule correspond à une fonction d'onde, donc un objet étendu et flou du fait de son caractère ondulatoire : on ne peut lui attribuer une limite nette comme pour une boule, car cette limite s'estompe progressivement hors de la zone centrale où la fonction d'onde est grande. De même qu'une vague s'élargit progressivement sans que l'on puisse dire quand, exactement, elle dépasse un nageur, de même les fonctions d'onde de la théorie quantique n'ont pas de bords nets. Leurs ramifications, même de très faible amplitude, peuvent s'étendre loin du centre où l'on attendrait la particule classique. Il en résulte des phénomènes apparemment étranges, mais que l'on peut réellement observer.

Une spécificité est l'interaction entre objets différents décrits par des fonctions d'onde. Alors que l'on peut placer des particules classiques comme des boules de billard à divers endroits, les animer de diverses vitesses puis suivre leurs mouvements et leurs collisions, ici la fonction d'onde occupe tout l'espace. Même si, loin d'un noyau, elle n'a qu'une amplitude minuscule, elle n'est cependant pas nulle ; si l'on établit une deuxième fonction d'onde n'importe où dans l'espace, alors son environnement sera différent de celui en l'absence de la première fonction d'onde, et cela est vrai même si les pics des fonctions sont suffisamment éloignés pour que l'on puisse négliger toutes les forces attractives ou répulsives. La simple présence de la première fonction d'onde a une certaine influence sur l'autre fonction d'onde.

Il est étonnant que des états totalement différents d'un objet puissent se superposer et coexister. Poussant le raisonnement, Erwin Schrödinger, un des pionniers de la mécanique quantique, a évoqué l'expérience de pensée dite « du chat de Schrödinger ». Selon cette idée, un chat est enfermé dans une cage opaque contenant une installation barbare : une substance radioactive qui peut, *via* un détecteur, libérer un marteau qui casse une fiole contenant un gaz toxique. La substance radioactive est dosée pour n'émettre qu'un très faible rayonnement et ne déclencher que très rarement le détecteur et le dispositif mortel.

Savoir si et quand le rayonnement déclenche le détecteur est régi par la mécanique quantique, comme l'est tout le monde des atomes ; des objets macroscopiques comme le chat lui-même doivent aussi, en fin de compte, suivre les lois de la mécanique quantique, même si cela n'apparaît pas à notre échelle dans la vie courante. Et c'est pourquoi la physique classique a si bien pu décrire le monde jusqu'à ce que des mesures précises dévoilent les vraies finesses du monde quantique. Cependant, par l'artifice du marteau et du poison, les fantaisies de la substance radioactive se transposent directement dans le monde macroscopique du chat, qui dépend sans recours des lois de la mécanique quantique. Il n'existe pas de loi donnant l'instant de désintégration d'une substance radioactive, seulement la probabilité de cette désintégration. Selon la mécanique quantique, cela signifie que les atomes qui la composent ne sont pas dans un état désintégré ou non désintégré, mais dans les deux à la fois ! Les atomes sont dans une superposition des deux possibilités et donc le chat se trouve dans une combinaison mort-vivant, comme un zombie. Ce n'est qu'après une mesure constatant le destin du chat qu'un état s'établit clairement. Dans le langage de la mécanique quantique, le paquet d'ondes subit une réduction, passant d'un état de superposition à un état pur compatible avec la mesure.

Le résultat est de toute façon indéterminé. Quand le paquet d'ondes est réduit, une nouvelle inspection ne montrera pas un autre état — si le chat est trouvé mort, un nouvel examen ne le ramènera pas à la vie. Après la mesure, le résultat est définitif mais, tant que l'on n'a pas fait cette mesure, on ne peut parler que de probabilités de résultat. Si l'on recommençait l'expérience avec cent chats dans ce montage mortifère, la mécanique quantique dirait combien de chats vivants et combien de chats morts on trouverait au bout d'un temps donné, mais pas lesquels survivraient. Plus les possibilités indéterminées sont multiples, tandis que la théorie classique n'en voit qu'une, plus la mécanique quantique jouera un rôle. On parle alors de fortes fluctuations quantiques parce que, d'une mesure à l'autre, le résultat peut beaucoup changer : il fluctue.

Le monde classique ne nous habitue pas aux superpositions. En effet, nous avons parfois des doutes quand il s'agit de passer d'un soupçon à une certitude absolue ; nous sommes convaincus qu'une possibilité précise s'est réalisée, simplement nous ne savons pas laquelle. En mécanique quantique, il en va autrement : là aussi il existe des incertitudes, mais on peut montrer mathématiquement que, du fait des superpositions, une nouvelle propriété intervient. Il a été prouvé par des mesures et il ne fait aucun doute que des objets microscopiques existent dans des superpositions d'états. On ne l'a cependant jamais observé pour des objets macroscopiques comme un chat, même si ce serait concevable théoriquement ; simplement, plus un objet est gros, plus il est difficile de réaliser et maintenir des superpositions d'états, d'où le fait que nous n'en voyons jamais dans notre vie quotidienne et que ce concept dérange fortement notre vision du monde. Le texte qui suit présente une autre représentation de superposition avec la réduction finale :

Elle était une petite araignée. Avec son fil elle avait tissé une toile et elle avait faim. Qu'aurait-elle pu faire d'autre ? Elle se tenait tapie dans un coin et attendait, les pattes étendues devant elle et les yeux braqués vers le haut à travers la toile. Elle ne pensait pas à grand-chose car, pour dire la vérité, elle ne savait pas à quoi une araignée peut penser. Elle passait simplement son temps à attendre cet événement irremplaçable qui devait calmer sa faim.

Après un moment, quelque chose lui passa par la tête, pas une pensée, non, parce qu'elle ne savait toujours pas à quoi une araignée peut penser. Pour une raison indéterminée, elle se souvint que les araignées mangent parfois leurs semblables, mâles ou femelles. Elle frissonna. Au moins elle était du côté des gagnants, elle avait même remarqué que sa faim augmentait.

Elle ne savait pas depuis combien de temps elle avait attendu dans sa position confortable, son appréciation du temps n'était pas très précise. Elle avait le sentiment instinctif que les choses évoluaient — son estomac était souvent vide mais un festin arrivait assez régulièrement —, mais pas pour autant une notion du temps. Qu'est-ce qui était le plus ennuyeux : attendre ici ou bien que le temps n'existe pas ? Quelle sotte idée, elle s'endormit presque.

Finalement son attention fut totalement réveillée ; elle avait entendu un bruit aigu qu'elle pressentait venir de la toile. Ce son, si familier et pourtant étranger à son petit monde, ne l'avait dérangée que brièvement parce qu'il troublait sa tranquillité. Pourtant, comprenant sa signification, elle bondit : bientôt elle n'aurait plus faim. Sans trop savoir comment, elle connaissait la signification de ce bruit : « C'est servi ! » La petite araignée mourut, oubliée, et elle courut se mettre à table.

L'apparente contradiction de la dernière phrase lève la superposition de « elle » (une petite fille qui joue les araignées) et de « l'araignée » ; de même, une mesure faite sur un système quantique met celui-ci dans un état définitif par réduction du paquet d'ondes.

Les superpositions jouent un grand rôle dans la théorie quantique et ses applications. Par exemple, on s'efforce de les utiliser pour créer un ordinateur quantique où les bits porteurs d'informations élémentaires sont remplacés par des bits quantiques (en abrégé : Qbits). Il s'agit de superpositions quantiques d'états permettant plus de combinaisons que des bits classiques. Si l'on parvient un jour à une réalisation fiable conservant les superpositions suffisamment longtemps, on pourra faire des calculs bien plus rapidement qu'avec un ordinateur classique. Des contributions différentes de fonctions d'onde superposées pourraient, dans une certaine mesure, travailler simultanément au lieu de le faire séquentiellement comme dans un ordinateur classique, ce qui ouvrirait de nouvelles perspectives pour le calcul.

En plus des possibilités de superpositions d'états, la théorie quantique présente d'autres différences importantes par rapport aux principes de la physique classique qui l'ont précédée. Contrairement à une particule classique, un objet quantique décrit par une fonction d'onde ne peut se voir attribuer une position et une vitesse précises. Les mesures de position et de vitesse sont liées par une imprécision impossible à éliminer, même en améliorant l'instrument de mesure. Lors d'une mesure unique de la position, on peut trouver en principe n'importe quelle valeur, pourvu que la fonction d'onde y soit non nulle. Si l'on renouvelle la mesure, on trouvera généralement une autre position ; si l'on effectue de nombreuses mesures, la fréquence d'un résultat de mesure est alors donnée par la valeur de la fonction d'onde (son carré, en fait). Bien entendu, on ne s'attend pas à trouver souvent une onde loin de son centre mais, dans la mesure où la fonction d'onde n'y est pas nulle, même une position éloignée doit être acceptée. Contrairement à une vague sur l'eau que l'on peut embrasser du regard, les mesures de fonctions d'onde posent des problèmes fondamentaux. Si l'on devait étudier la vague par palpation, avant qu'on l'ait mesurée suffisamment souvent pour connaître sa position exacte, elle se serait déjà propagée ou bien aurait changé sa forme, ne serait-ce que du fait de la palpation.

L'amplitude de la fonction d'onde à un endroit indique donc, selon la théorie quantique, le nombre de fois où la particule peut y être trouvée. Mathématiquement, cette fréquence est une probabilité, la probabilité du résultat : « position = x » est donnée par le carré du module de la fonction d'onde. Si la fonction d'onde a une plus grande amplitude en un endroit qu'en un autre, alors la palpation devrait trouver la particule plus souvent à cet endroit. Il est donc raisonnable de dire que la particule se trouve en cet endroit. De même, on peut établir des probabilités pour d'autres mesures, comme la vitesse ou toute autre grandeur intéressante. On pourrait penser qu'il est possible de déterminer toute la fonction d'onde en mesurant la position suffisamment souvent et en déduisant la fonction d'onde des fréquences de mesure des divers points. Si l'on porte chaque mesure sur un graphique, on voit des domaines sombres là où l'on a souvent trouvé la particule, et des zones claires où elle se trouve rarement. On obtient ainsi des contours flous mais intéressants que l'on pourrait assimiler à la forme de l'objet mesuré.

Mais c'est encore une image trop classique d'une onde qui ne convient plus en théorie quantique. Ces mesures seraient si délicates que le processus physique de mesure modifierait l'état décrit par la fonction d'onde. Après une mesure, de position par exemple, la fonction d'onde a changé. Pour la plupart des mesures peu précautionneuses, la mesure détruit la fonction d'onde, comme le « Lit Merveille » de Gauvain :

> Il [Gauvain] s'avança dans une salle dont le parquet était lisse et brillant comme du verre. Là se trouvait le Lit Merveille. [...] Il tenta sa chance. Mais comme il s'approchait du lit, celui-ci s'éloignait et changeait de place. [...] Il pensait en son for intérieur : « Comment puis-je parvenir à toi si tu m'évites ? Peut-être en sautant sur toi ? » Et comme le lit se trouvait juste devant lui, il sauta et se jeta en son milieu. Personne ne peut s'imaginer à quelle vitesse le lit s'écartait de-ci, de-là. [...] Alors le bourdonnement s'interrompit soudainement et le lit prestigieux s'immobilisa sur le parquet, à égale distance de tous les murs[1].

1. Wolfram VON ESCHENBACH, *Parzifal*.

Il nous est donc impossible de déterminer toute la fonction d'onde par des mesures répétées sur un objet. Il existe des procédés de mesure plus délicats qui traitent la fonction d'onde avec plus de précautions, mais on ne peut totalement éviter les influences. Il s'agit là d'un problème de principe qui ne peut se résoudre par une meilleure technologie, car n'importe quelle mesure doit interagir avec l'objet à mesurer, ne serait-ce que pour recueillir une information.

Dans la vie courante, on peut examiner la forme et la rugosité des surfaces en les touchant. Cela n'abîme pas les objets robustes, mais les objets délicats peuvent être affectés, voire détruits par la palpation, donc par le processus de mesure lui-même, et ne peuvent être étudiés de manière fiable. Au lieu des doigts, on peut bien entendu employer des moyens de mesure plus sensibles, optiques par exemple, mais même la lumière porte de l'énergie et doit interagir avec l'objet examiné, donc échanger de l'énergie, pour connaître utilement ses propriétés. Pour les fragiles fonctions d'onde de la physique atomique, même une lumière extrêmement faible contient trop d'énergie pour ne pas les affecter. Chaque mesure modifie donc l'objet, ce qui induit une limitation fondamentale dans l'acquisition d'information. Ce que l'on peut atteindre par des moyens techniques raffinés, c'est une détermination aussi complète des propriétés de la fonction d'onde que le permet la mécanique quantique. Ces mesures délicates sont appelées « Quantum non-demolition » car elles essaient de ne pas détruire la fonction d'onde ; mais, même dans ce cas, il est impossible de déterminer complètement cette dernière : elle n'est donc pas au sens strict un objet physique que l'on pourrait observer parfaitement dans ses détails, mais plutôt une description mathématique des propriétés accessibles.

L'impact des mesures sur l'objet mesuré a une conséquence bien connue et extrêmement importante : les relations d'incertitude de Heisenberg. Les relations d'incertitude interviennent quand on considère des mesures de diverses grandeurs, dites « conjuguées ». La meilleure illustration est la position et la vitesse d'une particule décrite par une fonction d'onde. On peut alors visualiser la relation d'incertitude par un processus de mesure explicite, quoique idéalisé. On peut par exemple déterminer la position au moyen d'un microscope dans lequel la diffusion de la lumière renseigne sur la position. Cette diffusion, indispensable à la réalisation de la mesure, est une interaction qui influence l'objet. La lumière est porteuse d'énergie et la diffusion modifie le mouvement de la particule. Si cette dernière est au repos au départ, elle va légèrement bouger après la diffusion ; cela ne peut se voir sur des objets macroscopiques de la vie courante mais joue un rôle décisif pour des objets microscopiques comme des électrons.

Lors de mesures très précises de position, la vitesse de la particule change inévitablement : ce sont des grandeurs conjuguées. L'influence sur la vitesse croît d'autant plus que l'on veut mesurer la position plus précisément : une mesure de position plus précise demande une plus grande énergie de la lumière, ce qui est clair quand on passe d'un microscope optique à un microscope électronique. Mais une lumière plus énergétique influence davantage la vitesse, si bien que les mesures de vitesse sont de moins en moins exactes quand les mesures de position deviennent plus précises. Il s'agit là de la relation d'incertitude de grandeurs conjuguées : si l'on veut mesurer l'une avec plus de précision, ce sera aux dépens de la précision sur la grandeur conjuguée. Ces relations jouent un rôle non seulement en physique atomique mais aussi en cosmologie, comme on le verra.

La relation d'incertitude est une loi naturelle de la théorie quantique et ne peut être contournée si cette théorie est valable[1]. Malgré ces limites peu souhaitées sur les mesures, les fonctions d'onde de la mécanique quantique ont un effet très positif sur la stabilité des atomes : la fonction d'onde d'un électron, contrairement à la représentation classique d'une particule tournant autour d'un noyau atomique, procure un état stable, comme on le verra plus loin. La stabilité de la matière est ainsi assurée par la théorie ; de plus, des calculs concrets montrent que les fonctions d'onde d'un électron dans un atome ne peuvent exister que pour des valeurs définies de l'énergie, contrairement à l'électron classi-

1. C'est un problème crucial pour l'idée du traitement par ondes, rendu populaire par la série télévisée *Star Trek*, où un objet, ou un individu, est complètement mesuré, annihilé pour être reconstruit ailleurs. Déjà la première étape, la mesure complète, est rendue impossible par la relation d'incertitude — la seconde étape d'annihilation est, en comparaison, bien plus simple. Le créateur de la série a dû rencontrer un « compensateur de Heisenberg » qui inverse la relation d'incertitude. On dispose malheureusement de peu d'informations à ce sujet — interrogé sur le fonctionnement du compensateur de Heisenberg, un directeur technique a simplement répondu : « Il fonctionne très bien, merci. »

que. En mécanique quantique, un électron lié à un noyau est décrit par une fonction d'onde souvent sphérique, de taille déterminée. Si l'on tire une telle onde autour du noyau en créant des creux et des bosses, alors la forme se réarrangera pour redevenir sphérique. Le sommet de la vague ne revient pas exactement en place, ce qui se renouvelle à chaque tour, et finalement une bosse tombera exactement sur un creux ; alors les valeurs négatives des creux compenseront les valeurs positives des bosses et toute l'onde disparaîtra par interférence destructrice. Ce n'est qu'exceptionnellement, pour des écarts bien précis, que la vague évolue dans une harmonie telle qu'à chaque révolution les bosses coïncident avec les bosses et qu'il n'y a pas de destruction. Ce sont, pour les électrons, les distances « permises » à partir du noyau, discrètes et qui ne sauraient être trop proches les unes des autres. Ce caractère discret, conséquence inévitable de la nature ondulatoire de l'électron, est responsable de nombreux effets de la théorie quantique.

Il en résulte pour l'atome des états excités séparés, qui créent le spectre atomique déjà évoqué. Parmi ces états, l'état stable, dit « fondamental », a la plus basse énergie, les autres étant plus énergétiques, donc excités ; dans le schéma classique, on aurait pu avoir n'importe quelle énergie en ajustant le rayon de la trajectoire. À partir des états excités, l'électron peut rayonner de l'énergie, à la suite de quoi il occupe un état d'énergie moindre. Du fait du caractère discret des niveaux d'énergie, les énergies rayonnées ne peuvent prendre que des valeurs déterminées, données par la différence des énergies d'excitation, ce que l'on peut observer directement par les propriétés de la lumière émise et comparer avec les prédictions de la théorie quantique, qui a souvent été testée et a toujours tenu bon.

Ces données étaient déjà disponibles avant l'élaboration de la théorie quantique au début du XXe siècle car on savait bien mesurer les spectres d'absorption ou d'émission. Expliquer ces observations fut une motivation importante des chercheurs aux commencements de la théorie quantique. Contrairement à la relativité générale, la mécanique quantique disposait de très bonnes données expérimentales, inexplicables par la physique classique. Les chercheurs avaient donc des indications importantes sur ce qu'il fallait changer à la physique classique. Sans cela, jamais la théorie quantique et ses remarquables conséquences n'auraient été découvertes et encore moins acceptées.

Limite classique et forces effectives

L'extension d'une théorie déjà établie doit permettre d'expliquer de nouvelles données expérimentales, mais elle ne doit pas pour autant entrer en conflit avec des phénomènes déjà expliqués par la théorie existante. Cela n'est pas facile à mettre en œuvre car, du fait des progrès gigantesques accomplis depuis Galilée, les théories établies sont extraordinairement fécondes et éclairent de multiples phénomènes, remplissant des livres et même des bibliothèques. Il est donc impossible de reprendre à neuf toutes les interprétations existantes et de montrer explicitement qu'il n'apparaît pas de contradiction. Au lieu de cela, il est habile de se servir du fait que les généralisations d'une théorie impliquent usuellement un nouveau paramètre, une nouvelle constante naturelle. Seuls des phénomènes expliqués par la nouvelle théorie permettent d'estimer la valeur de ce paramètre en comparant les prédictions de la théorie avec les mesures. L'ancienne théorie devient alors un cas limite de l'extension, quand le nouveau paramètre prend une valeur déterminée, incompatible avec les nouvelles interprétations, souvent zéro (ou l'infini, ce qui est acceptable dans un tel cas limite).

Pour la relativité, ce nouveau paramètre est la vitesse de la lumière, infiniment grande dans la physique de Newton. De là provenait la malencontreuse action à distance de la loi de Newton car, sans limite supérieure de la vitesse de propagation (celle de la lumière), une masse peut agir instantanément et sans retard sur des masses arbitrairement éloignées. Pour la théorie quantique, ce nouveau paramètre est la constante de Planck, qui fixe la taille des sauts d'énergie discontinus. (Elle fut introduite à l'origine par Max Planck en relation avec le rayonnement du corps noir, comme on le verra.) Ce paramètre peut être calculé à partir des spectres d'émission des atomes, qui reflètent le caractère discret des niveaux excités. Si l'on annule la constante de Planck, tous les niveaux se tassent et l'on obtient comme cas limite la physique classique et ses niveaux d'énergie quelconques. On peut ainsi, mathématiquement et à peu de frais, montrer que l'on ne perd rien de l'ancienne théorie (ici la théorie classique), car ses prédictions ne concernent que des situations où la discrétisation des énergies n'intervient pas.

Il est possible de montrer que certaines fonctions d'onde tendent vers un comportement classique, ce qui est important car, bien que la théorie quantique s'applique à tous les phénomènes, il en est de nombreux concernant des objets macroscopiques que la théorie classique explique avec une grande précision. Un gardien de but doit veiller à beaucoup de choses lors d'un tir de penalty, mais il n'a pas à craindre que le ballon apparaisse soudain à un endroit imprévu à cause de l'imprécision de sa fonction d'onde. Il doit donc exister des fonctions d'onde décrivant des objets macroscopiques et ne montrant pas les phénomènes surprenants de la théorie quantique ; de telles fonctions d'onde sont dites « semi-classiques » car elles sont quantiques, quoiqu'elles montrent des tendances nettement classiques.

L'état fondamental d'un atome n'est pas un tel état car son comportement est nettement quantique, sinon il ne serait pas stable. Il en va de même des états suivants où les sauts quantiques sont nets. Mais si l'on passe à des états d'énergie encore supérieurs, donc à de plus fortes excitations, les sauts d'énergie deviennent moindres ; cela tient au fait que le nombre d'états est infini mais qu'il suffit d'une énergie finie pour chasser l'électron de l'atome. On peut effectivement ioniser un atome en lui fournissant suffisamment d'énergie, et chasser un ou même plusieurs électrons du nuage, ce qui laisse un ion chargé positivement. Les niveaux d'énergie en nombre infini n'occupent donc qu'un domaine d'énergie fini et doivent s'accumuler sur une valeur (figure 5). Près de celle-ci, les distances entre niveaux voisins sont de plus en plus faibles, ce qui correspond déjà mieux au comportement classique.

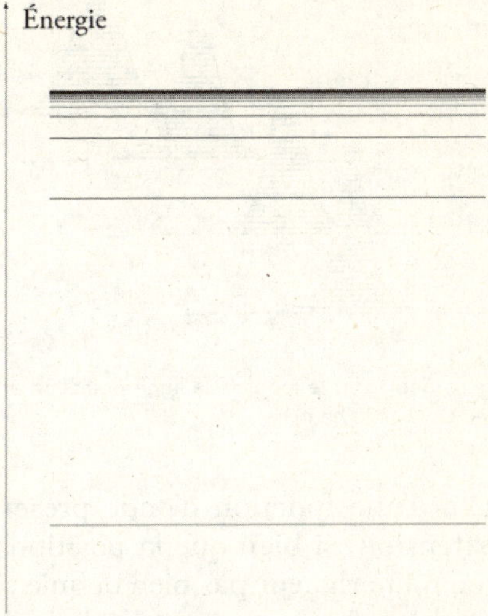

Fig. 5 : il existe un nombre infini de valeurs d'énergie permises pour l'électron lié d'un atome d'hydrogène, mais sur une étendue limitée et c'est pourquoi elles s'accumulent en un endroit où la répartition discrète apparaît continue. Pour ces valeurs, les propriétés spécifiques de la théorie quantique ne sont guère perceptibles — à l'opposé des basses énergies qui présentent de fortes distances entre valeurs permises.

Les fonctions d'onde qui décrivent l'atome dans un état avec une telle énergie présentent un caractère semi-classique. Comme on le voit sur la figure 6, on peut se représenter une de ces fonctions d'onde comme un seul pic dont le maximum est très accentué et qui suit une trajectoire dans l'espace donnée déjà par les équations classiques pour la position d'un électron.

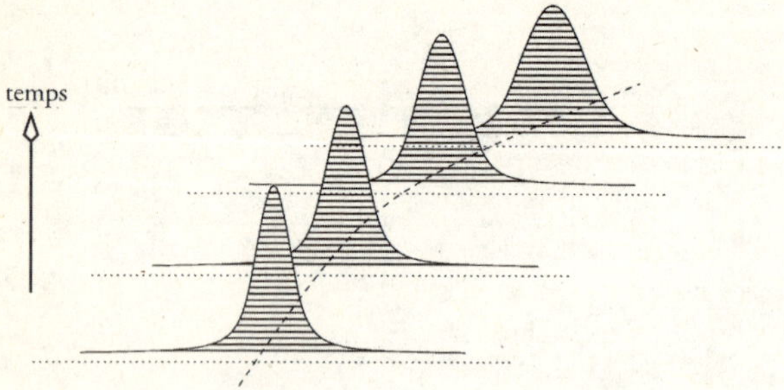

Fig. 6: onde se déplaçant le long de la ligne pointillée et s'élargissant au cours du temps (vers le haut).

Il s'agit là d'une fonction d'onde présentant une certaine extension, si bien que la position de l'électron n'est en toute rigueur pas bien définie ; si l'on n'y regarde pas de trop près, on peut négliger l'extension de la fonction d'onde et identifier son maximum avec la position de l'électron. Ainsi la théorie classique apparaît comme un cas limite de la théorie quantique universelle.

Mais si l'on y regarde de près, on voit que même des pics semi-classiques ne suivent pas exactement les équations classiques du mouvement. Quand on observe l'évolution d'une fonction d'onde semi-classique sur des temps assez longs, on remarque qu'elle s'écarte de plus en plus de la trajectoire classique. L'évolution temporelle de la fonction d'onde obéit à l'équation de Schrödinger (encore une équation différentielle qui donne l'évolution de la fonction d'onde pour des variations infinitésimales du temps). Ainsi, non seulement la position du pic change, mais aussi sa largeur et sa forme. Il arrive exceptionnellement que le pic suive exactement la trajectoire classique, mais, en général, la fonction d'onde s'écarte de la trajectoire classique du fait d'une déformation du paquet d'ondes, comme pour des vagues pour lesquelles un sol inégal influence différemment la vitesse des parties de la vague. D'un côté du pic, la fonction poursuit le maximum et l'on dirait que la pente s'émiette ; ainsi, le pic bouge par déformation de la courbe en plus de son mouvement d'ensemble, ce qui est représenté sur la figure 7.

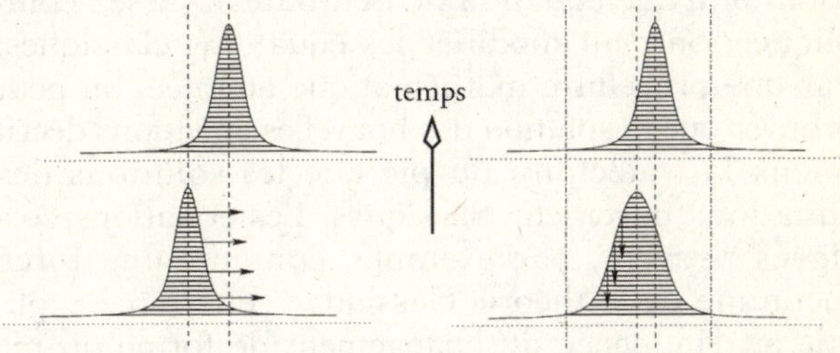

Fig. 7 : selon la nature du fond, une onde peut se déplacer en bloc sans changement de forme (à gauche) ou bien changer sa hauteur différemment en diverses positions. L'onde de droite s'émiette à sa gauche, ce qui donne l'impression que son maximum se déplace vers la droite. De telles évolutions, qui concernent des parties de la fonction d'onde, n'apparaissent pas en physique classique et pourtant elles changent la position du maximum. Pour décrire exactement cette position, des corrections quantiques doivent être apportées aux équations classiques, sous forme de forces effectives.

Pour une fonction d'onde semi-classique, les écarts sont très faibles à chaque instant ; on croit que la trajectoire classique est bien suivie, mais les écarts s'accumulent avec le temps, ce qui nécessite des corrections pour une bonne description mathématique. Les écarts par rapport à la trajectoire classique permettent souvent d'établir les effets de la théorie quantique.

Tant que les corrections ne représentent que de petits écarts de trajectoire (par exemple en comparaison avec le rayon atomique dans cet état), on peut employer des méthodes mathématiques approchées, dites « théories des perturbations » : l'écart est traité comme une petite perturbation de la trajectoire classique et peut être calculé plus facilement. Au lieu de calculer ces perturbations directement à partir d'un paquet d'ondes semi-classique comme solution d'une équation de Schrödinger assez compliquée, on peut modifier les équations classiques. Par une procédure mathématique adaptée, on peut prouver que la solution des nouvelles équations décrit mieux la trajectoire du pic que les solutions des équations purement classiques. Les équations corrigées peuvent, par exemple, contenir une force inconnue de la théorie classique ; cette force expliquerait l'influence du changement de forme du pic sur la position de son maximum.

Les modifications des équations du mouvement sont appelées « corrections quantiques » et incluent la constante de Planck, contrairement à la formulation classique. Si l'on annule cette constante, alors les corrections quantiques disparaissent — montrant encore que la théorie classique est un cas limite de la théorie quantique. Les équations avec corrections quantiques sont souvent très utiles et non seulement elles permettent un calcul simplifié de nombreuses grandeurs, mais elles donnent une image intuitive des phénomènes quantiques : on utilise indirectement la fonction d'onde dans l'évaluation des corrections quantiques et ensuite on n'a plus besoin de tenir compte de ses propriétés, ce qui supprime les difficultés liées aux relations d'incertitude position-vitesse. Ces difficultés sont déjà intégrées dans l'écriture des termes correctifs. Ces équations, dites « équations effectives », ont joué un grand rôle dès les débuts de la mécanique quantique et, plus récemment, en cosmologie quantique.

Dans des applications semi-classiques de la théorie quantique apparaissent souvent, comme on l'a déjà dit, des effets analogues aux vagues sur la mer. La crête de la vague correspond à la position de la particule mais une vague a forcément une extension, ce qui signifie que la position de la particule n'est pas bien définie. À cause de son extension, la vague est sensible à des irrégularités en divers endroits du fond — y compris en des endroits où la particule ne se trouverait jamais si elle suivait la physique classique ; par exemple, des ramifications de la vague peuvent atteindre des régions peu profondes du rivage, même si sa crête en est éloignée. Dans des zones peu profondes, la vague s'étale autrement qu'en zone profonde car la vitesse des vagues des ramifications dépend de la profondeur locale, si bien que la direction du mouvement de l'ensemble de la vague et de ses ramifications dépendra du profil du fond. Une conséquence connue est le déferlement des vagues perpendiculairement au rivage car leur direction est affectée par la diminution de la profondeur.

Le déferlement d'une vague est bien plus qu'une perturbation dans une simple équation du mouvement ; avant qu'il se produise, la position du maximum bouge légèrement sous l'effet du fond, ce que l'on pourrait considérer comme une correction par rapport à une profondeur constante, mais de plus la vague s'étend toujours davantage et envoie ses ramifications dans de nouvelles régions. À cause des vitesses de propagation différentes selon les profondeurs, les contributions individuelles se décalent dans le temps, ce qui disperse la vague encore plus. (Elles pourraient aussi, à l'occasion, la concentrer localement, ce qui nécessiterait une cohérence de toutes les ramifications, après quoi les ramifications se sépareraient de nouveau.)

L'image des vagues illustre non seulement la nécessité des corrections de la trajectoire d'une particule représentée de manière imprécise par le pic, mais aussi la grande portée des effets quantiques : des régions éloignées qui ne jouent aucun rôle en physique classique ont une influence sur la position de l'onde. Pour une description exacte, il faut connaître toute l'onde et pas seulement la position du maximum. En plus, l'extension augmente avec le temps, ce qui change encore la position du maximum. Outre la position et l'extension, il existe d'innombrables paramètres nécessaires à la description exacte de la forme d'onde ; il faudrait un nombre infini de paramètres pour décrire complètement une fonction d'onde car il conviendrait de connaître la réduction de l'onde en un nombre infini de points. À cause de leurs influences mutuelles, tous ces paramètres sont soumis à un jeu complexe d'interactions dans le temps. En général, on ne peut parvenir à un résultat mathématiquement correct que grâce à l'équation de Schrödinger et sa résolution complète. Fort heureusement, on ne s'intéresse habituellement pas à toute l'onde mais à quelques paramètres, comme la position de son pic et sa largeur. Si l'extension n'est pas trop grande, comme c'est le cas pour des objets semi-classiques, on peut se contenter de quelques chiffres ; ces équations effectives sont la procédure mathématique que cela implique.

De telles méthodes approchées se rencontrent partout en physique. On les retrouve par exemple en physique des particules, où l'on peut décrire des interactions complexes entre particules élémentaires pas trop énergétiques à l'aide des équations effectives. En physique des hautes énergies, en revanche, on parle de création de paires particule-antiparticule plutôt que de largeur de la fonction d'onde. Ce mécanisme repose sur un autre aspect du principe d'incertitude : l'énergie est elle aussi imprécise et peut, pendant un bref instant, servir à la création d'une particule et de son antiparticule, à condition que cette paire s'annihile rapidement en restituant l'énergie empruntée. Là encore, la fonction d'onde s'élargit quand deux nouvelles particules apparaissent.

De même que l'élargissement des vagues dans la mer dépend de la forme du fond, de même le processus de création de particules dépend du contexte (ici la forme de l'espace-temps). Nous en rencontrerons les effets plus loin en cosmologie et avec les trous noirs. Les phénomènes peuvent être importants, comparables à un tsunami après un tremblement de terre quand un fond rapidement changeant induit de grandes vagues en surface. Quand l'espace-temps s'étend, surtout de façon accélérée, il peut créer des vagues qui prennent la forme d'une nouvelle matière. L'univers s'étend de manière non périodique, contrairement au fond de l'océan lors d'un tremblement de terre, ce qui rend les conséquences moins dramatiques. L'important est l'accélération du fond. Comme il apparaîtra dans un chapitre ultérieur sur la cosmologie observable, on accepte l'idée de ce que l'on appelle l'« inflation cosmique », une extension accélérée de l'univers primordial. Si cette représentation se confirmait, alors l'extension accélérée suffirait juste pour créer l'ensemble de la matière comme un tsunami issu du vide.

Jusqu'à présent, nous n'avons considéré qu'une seule onde dans toute son extension mais, dans l'univers comme en mer, il existe de nombreuses vagues différentes qui se superposent. Par cette superposition, les vagues s'influencent mutuellement dans leur mouvement, ce qui n'implique aucun contact, contrairement au modèle classique de particules dures. Même quand les particules se retrouvent ultérieurement fort écartées, elles peuvent conserver la mémoire de l'interaction — un phénomène que Erwin Schrödinger appelait « intrication ». En mécanique quantique, cela a des conséquences surprenantes : une action sur une onde — comme le déferlement sur le rivage ou un processus de mesure quantique — peut encore fortement influencer l'autre onde au large. Pour des vagues sur la mer, un effet aussi fort contredit toute attente ; en mécanique quantique, il est rendu possible par les non-linéarités du processus de mesure : de petits changements dans un système non linéaire peuvent avoir des conséquences disproportionnées.

Mais alors pourquoi les objets macroscopiques de la vie courante ne sont-ils pas intriqués de cette manière ? Dans ces cas habituels, il ne peut y avoir influence que par contact direct ou, au moins, par transmission d'un signal. Il se trouve que l'intrication de fonctions d'onde est très sensible aux petites perturbations normalement insensibles. Même des molécules d'air, la lumière ou, dans un vide obscur, le rayonnement thermique influencent tant les fonctions d'onde que, par un processus appelé « décohérence », comparable à une explosion de joie, elles oublient leur précédente intrication.

Là aussi, on peut utiliser l'image d'un lac, mais sous la pluie. On voit encore de grosses vagues et l'on peut suivre longtemps leur extension mais chaque goutte de pluie engendre une nouvelle petite vague. Dans ce déluge de perturbations irrégulières, les détails des corrélations intriquées s'estompent. De la même façon, le monde apparaît classique à grande échelle parce que les fluctuations et les intrications se détruisent aisément. Mais, à petite échelle, en physique microscopique ou dans des expériences très soigneuses, les perturbations peuvent souvent être tenues en échec suffisamment longtemps pour que le monde inhabituel de la physique quantique se dévoile.

On résout ainsi le problème du chat de Schrödinger : un être vivant est le siège de tant de processus qu'il apparaît toujours des perturbations dans les superpositions quantiques. Même quand on ne fait pas de mesures sur l'appareillage ou sur le chat, la superposition entre désintégration et non-désintégration de la substance radioactive — ou vie et mort du chat — passe très rapidement à un état déterminé. Pendant quelque temps, du fait de la très faible radioactivité, la probabilité de désintégration est très faible et le chat est vivant. Strictement parlant, les atomes de la substance sont bien en superposition, mais la contribution de l'état désintégré est très petite ; les perturbations au système mènent alors rapidement cette superposition à un état définitivement non désintégré ; mais à un moment donné, la probabilité de désintégration est suffisante pour que la superposition soit définitivement enregistrée comme désintégrée et… le petit chat est mort.

Les forces quantiques antagonistes

Revenons à la stabilité des atomes : nous allons relier les importantes contributions de la théorie quantique et la nécessité de forces antagonistes pour un état stable. En même temps, cela conduit à une autre vision de la signification de la fonction d'onde. Pour stabiliser l'atome d'hydrogène, il faut une nouvelle force qui vienne contrer la perte classique d'énergie par rayonnement ; cette force résulte de l'extension de la fonction d'onde, quand la distance entre son centre et le proton est inférieure à sa largeur. Alors la plus grosse part de la fonction d'onde est concentrée d'un côté du proton, avec une part non négligeable de l'autre côté.

Comme la fonction d'onde décrit la probabilité de position de l'électron, il est possible que sa localisation passe d'un côté à l'autre du proton. Là, il subit toujours l'attraction électrostatique vers le proton mais la force est dirigée en direction opposée, comme on le voit sur la figure 8. Il en résulte une force antagoniste en plus de l'attraction purement classique entre deux particules, et qui peut participer à la stabilisation de l'atome.

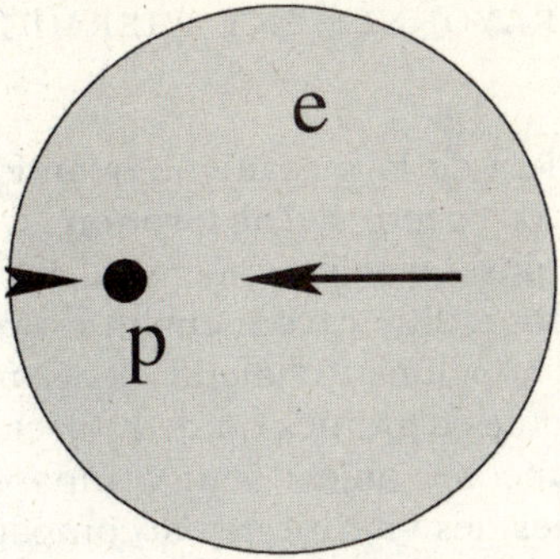

Fig. 8 : la fonction d'onde étendue d'un électron fait qu'à un instant donné il ne se trouve pas rigoureusement d'un côté du proton. Du fait de la nature quantique, l'attraction électrostatique des autres côtés induit alors clairement des forces antagonistes (flèches opposées) qui assurent la stabilité des atomes.

La force antagoniste est maximale quand la fonction d'onde de l'électron a la forme d'une boule centrée sur le proton, que la mécanique quantique assigne à l'état fondamental. (Bien entendu, le proton n'est pas non plus une particule classique ponctuelle et il est décrit par une fonction d'onde, dont l'extension est moindre que celle de l'électron à cause de sa plus grande masse et qui ne joue aucun rôle ici : le lourd proton ne bouge pas aussi follement que l'électron et sa position est donc mieux définie.) Cela est donc un exemple visuel montrant comment la théorie quantique peut mener à de nouvelles forces entraînant la stabilité.

LE RAYONNEMENT THERMIQUE

Les pionniers de la mécanique quantique s'étaient intéressés aux spectres d'absorption et d'émission des atomes, ainsi qu'au rayonnement thermique dans une cavité close, dit « rayonnement du corps noir ». Ce que nous appelons « chaleur », ce sont des vibrations minuscules d'atomes ou de molécules dans un corps ; comme ces objets sont composés de particules chargées, les vibrations s'accompagnent d'une émission d'énergie : le rayonnement thermique. On sait bien mesurer le rayonnement dans une cavité fermée et des données précises ont été obtenues au XIXe siècle.

Au début, ces observations étaient compatibles avec la représentation classique du rayonnement ; on mesurait notamment la répartition spectrale de l'énergie rayonnée. Cette énergie devait augmenter avec la fréquence, car des atomes ou des molécules qui l'émettent vibrent davantage. L'augmentation fut observée, mais cela menait à un grand problème : d'après les calculs classiques, l'énergie devait augmenter indéfiniment avec la fréquence, si bien que l'énergie totale sommée sur toutes les fréquences était infinie. Là encore, nous sommes face à un problème qui est, d'une certaine façon, comparable avec l'augmentation infinie de l'énergie dans les singularités cosmologiques ou le cœur des trous noirs. La théorie quantique du rayonnement thermique est bien mieux comprise et testée expérimentalement que la gravitation et nous pouvons voir comment résoudre la question de l'énergie infinie.

Comme Max Planck l'avait établi avant même le développement de la mécanique quantique, la clé du problème était la nature discrète de l'énergie du rayonnement. Les atomes et les molécules des parois de la cavité ont eux aussi des spectres d'émission discrets et ne peuvent pas émettre n'importe quelle quantité d'énergie. Si l'on tient compte de cela, ce que faisait Planck sans en connaître les fondements physiques, on empêche la croissance infinie de l'énergie dans le domaine des hautes fréquences et l'on obtient une énergie totale finie. Historiquement, Planck était avant tout motivé par des données précises qui montraient déjà des écarts par rapport au comportement classique prévu. La formule de Planck cadrait très bien avec ces nouvelles données. Et ce fut de nouveau Einstein qui, en 1905, expliqua la formule du rayonnement de Planck par l'existence d'une distribution discrète de l'énergie du rayonnement thermique, introduisant le premier les particules lumineuses quantifiées — les photons.

La formule de Planck montre donc que la répartition de l'énergie dans la matière aux hautes fréquences — ce qui correspond à de faibles longueurs d'onde — ne se fait pas selon un schéma classique. Cela peut aussi avoir des conséquences pour une description complète de la théorie quantique de la gravitation puisque, selon la théorie de la relativité, l'énergie est équivalente à la masse et active gravitationnellement. Si donc l'énergie se comporte différemment aux courtes longueurs d'onde ou aux faibles distances, ce que l'on suppose en relativité (purement non quantique), cela signifie une autre forme d'espace-temps conditionnée par la matière. La courbure de l'espace-temps et la force gravitationnelle qui en résulte seraient alors différentes de celles des solutions classiques. De telles échelles de distance seraient significatives précisément pour le big-bang ou pour le centre des trous noirs. Si la force de gravitation modifiée par la théorie quantique n'était plus purement attractive, elle agirait peut-être contre un accroissement infini de l'énergie. En va-t-il réellement ainsi ? On ne peut répondre qu'au moyen d'une théorie quantique de la gravitation. Il est tout de même encourageant de voir que deux conséquences indépendantes de la théorie quantique, la stabilité des atomes et le rayonnement thermique infini, nous font toucher du doigt une telle possibilité.

LES ÉCHELLES DE PLANCK

Avant d'aborder une telle théorie deux chapitres plus loin, jetons un coup d'œil plus précis sur les proportions attendues. Jusqu'à présent, il existe, comme prévu, un bon accord entre la relativité générale et les observations. On n'attend donc pas que la gravitation quantique soit immédiatement nécessaire pour expliquer les observations. Contrairement aux nombreuses indications disponibles avant le développement de la mécanique quantique, les motivations pour la nécessité de la gravitation quantique sont conceptuelles, comme le souhait d'éviter le problème des singularités. De tels problèmes s'étaient aussi présentés en physique classique de la matière avant le développement de la mécanique quantique, mais ils furent marginalisés par la quantité de données expérimentales inexplicables classiquement.

Le rôle que doit jouer la gravitation quantique pour les observations peut se comprendre si l'on considère les ordres de grandeur impliqués, en particulier la longueur de Planck (à ne pas confondre avec la constante de Planck). Bien que Planck ne fût pas chercheur en gravitation quantique, il avait déjà introduit cette importante grandeur. Il avait observé que, en combinant par multiplication et racine carrée la vitesse de la lumière, la constante de la gravitation déjà présente dans les lois de Newton et ce que l'on devait plus tard appeler la « constante de Planck », on obtenait une longueur dite « longueur de Planck ». Par d'autres combinaisons, on peut définir un temps dit « temps de Planck » et une masse, la « masse de Planck ». Cela paraissait fascinant car pour mesurer la vitesse de la lumière, la constante de gravitation et la constante de Planck, il n'est besoin d'aucune mesure directe de longueur et pourtant, par des combinaisons mathématiques simples, on obtient une longueur. On pouvait donc utiliser le lien pour des mesures sensibles ou une nouvelle définition du mètre.

Ces spéculations n'ont jusqu'à présent joué aucun rôle technologique, ce qui tient en partie à la petitesse de la longueur de Planck. En comparaison avec un rayon atomique de 0,000000001 mètre (10^{-9} m), ou même avec la dimension d'un noyau atomique de 0,000000000001 mètre (10^{-12} m), la longueur de Planck est minuscule. En utilisant les valeurs connues de la vitesse de la lumière, de la constante de gravitation et de la constante de Planck, on obtient une valeur de l'ordre de 0,0000000000000000000000000

0000000001 mètre (10^{-35} m). La différence d'ordre de grandeur entre le mètre et les plus petites dimensions de particules actuellement mesurables dans des accélérateurs est la même qu'entre ces plus petites dimensions et la longueur de Planck.

Le caractère extrême des échelles de Planck se concrétise par la valeur de la densité de Planck, la densité d'une masse de Planck tassée dans un cube dont le côté est une longueur de Planck, équivalente à un milliard de soleils comprimés dans le volume d'un seul proton. Comme la longueur de Planck contient la constante de Newton, importante pour la gravitation, et la constante de Planck, importante en théorie quantique, on s'attend que son ordre de grandeur joue un rôle dans la combinaison de ces théories. En cosmologie, la gravitation quantique est incontournable quand l'univers au voisinage de la singularité du big-bang se trouve comprimé à la densité de Planck. De tels arguments dimensionnels sont souvent approximativement justes et éclairent les théories en gestation. Par exemple, en mécanique quantique, on peut estimer le rayon d'un atome d'hydrogène en combinant les valeurs de la charge et de la masse de l'électron, importants pour ce système, avec la constante de Planck, puisqu'il s'agit d'un système quantique, ce qui donne une longueur. À un facteur deux près, cette longueur coïncide avec l'extension de la fonction d'onde électronique dans l'état fondamental de l'atome d'hydrogène, dit « rayon de Bohr ».

On comprend aisément pourquoi il n'existe à ce jour aucune observation exigeant avec certitude une théorie de gravitation quantique, la longueur de Planck étant bien plus petite que toutes les longueurs mesurées jusqu'ici. S'il est un jour possible de mesurer des longueurs de cet ordre, alors la gravitation quantique et la structure d'espace-temps qu'elle implique deviendront importantes. Bien entendu, ces arguments doivent être considérés avec circonspection car ils ne sont pas adaptés à des situations où plusieurs paramètres différents sont pertinents. De plus, il peut exister des effets, que nous décrirons plus loin, menant à l'addition de petits termes. Quoique les désaccords entre la relativité générale et la gravitation quantique puissent être faibles à un moment donné du développement cosmologique, de telles corrections peuvent se renforcer sur la longue durée de l'expansion de notre univers et devenir mesurables plus tôt que ne le suggère la petitesse de la longueur de Planck. De tels effets indirects ont souvent joué un grand rôle en physique, dans la découverte de nouveaux phénomènes ; un exemple connu est l'utilisation dans l'établissement de la structure atomique de la matière du mouvement brownien, où les minuscules collisions des atomes d'un fluide provoquent des déplacements de grains de pollen en suspension, mesurables avec un microscope optique. Nous y reviendrons au début du chapitre sur la cosmogonie.

Avant tout, la valeur, certes petite mais non nulle, de la longueur de Planck montre qu'il existe des situations cosmologiques comme le big-bang dont la compréhension exige une théorie de gravitation quantique : si l'extension de l'univers à cet instant disparaissait, la longueur de Planck deviendrait géante en comparaison. Avec une telle théorie, on pourrait par exemple faire des recherches sur la question des singularités et la possible existence de forces antagonistes stabilisantes. Tant qu'aucune théorie n'est complètement formulée pour cela, il subsiste quelques espérances concrètes et de nombreux indices encourageants.

Chapitre III

REMARQUES, EN PASSANT, SUR LE RÔLE DES MATHÉMATIQUES

> J'appris ainsi avec tristesse le renoncement :
> rien n'existe qui ne soit nommé[1].
>
> Stefan GEORGE,
> *Le Mot*.

La relativité générale et la mécanique quantique exposent des concepts troublants et des paradoxes spectaculaires, non seulement pour des débutants mais aussi pour des chercheurs confirmés. On ne peut les comprendre et les évaluer que par un formalisme mathématique adapté, tout particulièrement en gravitation quantique qui cherche à relier les concepts mathématiques de ces théories. Quand on les maîtrise, les mathématiques sont inattaquables et apportent des réponses rigoureuses même à des questions non intuitives, voire paradoxales.

La mathématisation de la physique menée depuis

1. « *So lernt ich traurig den verzicht : Kein ding sei wo das wort gebricht.* » (Stefan George omettait les majuscules des noms communs, *N.d.T.*)

Galilée a conduit à des succès sans précédent ; elle a ouvert de nouveaux mondes, au sens figuré de mondes de phénomènes, au sens littéral de nouveaux mondes en cosmologie, voire de mondes idéaux en sciences humaines. Galilée disait que les mathématiques sont le langage de la nature, langage qu'il faut donc apprendre ; les équations sont les phrases de la nature, et ses mots sont les variables et les opérations. « Rien n'existe qui ne soit nommé » : sans mathématiques, notre connaissance de la nature se limiterait aux objets accessibles, nous ignorerions totalement les singularités de l'espace-temps et des portions complètes de l'univers. Décortiquer la phrase fondamentale de la théorie, l'équation d'Einstein, ne nous donne aucun accès au monde avant le big-bang ou à l'intérieur des trous noirs, il faut trouver des mots nouveaux.

Les phénomènes prédits mathématiquement sont des gages d'excellence en physique. Les théories physiques permettent d'expliquer des perceptions, comme la polarisation ou le bleu du ciel, mais elles procurent aussi de nouvelles impressions abstraites qui élargissent le champ de nos sens. Cette combinaison de mathématiques strictes et de confirmations expérimentales fait que la physique est plus qu'une spéculation ou un mythe : elle est *crédible*.

LES MATHÉMATIQUES COMME FIN EN SOI ?

> Pfühl était de ces théoriciens si attachés à leur théorie qu'ils en oublient le but : l'application à la pratique ; il aimait tant la théorie

> qu'il détestait la pratique et ne voulait pas en entendre parler. Il lui arrivait même de se réjouir d'un échec parce que cet échec était dû au fait que, dans la pratique, on ne s'était pas assez tenu à sa théorie, ce qui ne faisait que renforcer sa théorie.
>
> Léon TOLSTOÏ,
> *Guerre et Paix*.

De nos jours, les mathématiques apparaissent souvent comme une fin en soi au sein de la physique, et d'abord dans le domaine de la recherche sur la gravitation quantique, puisqu'il n'y existe pas encore de preuves expérimentales. La cohérence mathématique est un critère pour le choix d'une théorie, et c'est une exigence forte en gravitation quantique dans la mesure où sa complexité laisse peu de place à la cohérence ; jusqu'à présent, il n'existe pas de théorie totalement satisfaisante sous cet aspect. De toute façon, les exigences de cohérence sont difficiles à prouver, si bien que la recherche de l'élégance devient un critère de choix pour une théorie. Il est plus facile d'apprécier l'élégance que la cohérence, car elle procure une émotion même à des physiciens austères, et souvent échappe à un œil non exercé. Plus gênant est le fait que l'élégance, même mathématique, dépend du point de vue, ce qui crée des courants de pensées, qui poursuivent des idéaux différents et ont du mal à communiquer. Il est très facile de perdre le sens des réalités : « Pas de doute que le vrai, dans le sens audacieux et ultime que nous impose la foi en la science, établit *un autre monde* que celui de la vie, de la nature et de l'histoire ; et s'il établit cet "autre monde", comment le fait-il ? Ne doit-il pas, en contrepartie, nier ce monde, *notre* monde[1] ? »

Quand on est parvenu à ce degré d'intimité avec les mathématiques, il est aisé de confondre les objets mathématiques avec la réalité. John Stachel appelle cette confusion le « fétichisme mathématique » : « J'appelle "fétichisme mathématique" la tendance à donner à des constructions mathématiques issues de l'esprit humain une vie autonome et une puissance propre[2]. » En plus, le choix même des mots peut peser sur la décision de poursuivre ou non une théorie et l'on voit apparaître des mots excessifs dans les publications sur la gravitation quantique : « magique », « mystérieux »[3].

Dans toutes ces considérations, il ne faut pas perdre de vue que le but de la science est de décrire la nature, et que la nature a probablement ses propres conceptions de l'élégance. C'est elle qui décidera laquelle de nos théories se rapproche le plus de ses comportements. Voici un passage de Faust à l'issue duquel le héros comprend où peut mener un trop fort attachement au concept humain de la beauté dans l'étude de la nature :

> L'ESPRIT : Qui m'appelle ?
> FAUST : Effroyable vision !
> L'ESPRIT : Tu m'as évoqué. Ton souffle agissait sur ma sphère et m'en tirait avec violence. Et maintenant…

1. Friedrich NIETZSCHE, *Le Gai Savoir*.
2. *100 Years of Relativity : Space-Time Structure : Einstein and Beyond*, éd. Abhay Ashtekar, Singapour, World Scientific, 2005.
3. Il existe même une « théorie » si mystérieuse qu'on ne connaît que la première lettre de son nom. Cette lettre est souvent vue comme l'équivalent de « magique » ou « mystérieux » mais aussi de mots comme « membrane », voire l'initiale du nom de son créateur.

FAUST : Ah ! Je ne puis soutenir ta vue !

L'ESPRIT : Tu aspirais si fortement vers moi ! Tu voulais me voir et m'entendre. Je cède au désir de ton cœur. Me voici. Quel misérable effroi saisit ta nature surhumaine ! Qu'as-tu fait de ce haut désir, de ce cœur qui créait un monde en soi-même, qui le portait et le fécondait, n'ayant pas assez de l'autre, et ne tendant qu'à nous égaler nous autres esprits ? Faust, où es-tu ? Toi qui m'attirais ici de toute ta force et de toute ta voix, est-ce bien toi-même, que l'effroi glace jusque dans les sources de la vie et prosterne devant moi comme un lâche insecte qui rampe ?

FAUST : Pourquoi te céderais-je, fantôme de flamme ? Je suis Faust, je suis ton égal.

L'ESPRIT : Dans l'océan de la vie et dans la tempête de l'action, je monte et je descends, je vais et je viens ! Naissance et tombe ! Mer éternelle, trame changeante, vie énergique, dont j'ourdis au métier bourdonnant du temps les tissus impérissables, vêtements animés de Dieu !

FAUST : Esprit créateur, qui ondoies autour du vaste univers, combien je me sens près de toi !

L'ESPRIT : Tu es l'égal de l'esprit que tu conçois, mais tu n'es pas égal à moi.

Il disparaît[1].

Se détourner de la Nature, symbolisée par l'esprit de la Terre, fait le malheur de Faust qui se vend à Méphisto et à la magie, et aussi celui d'autres individus non impliqués. Faust gagne de plus en plus en puissance, mais perd de vue la réalité des choses.

1. GOETHE, *Faust*, trad. Gérard de Nerval, Paris, Fayard, 2002.

DU MAUVAIS USAGE DE L'INFINI

> Ce qui se meut ne se meut ni dans le lieu où il se trouve, ni dans le lieu où il ne se trouve pas.
>
> ZÉNON D'ÉLÉE,
> *De la nature,* fragment.

Le concept d'infini est une arme dangereuse dans maintes argumentations mathématiques et, sans surprise, il mène à des abus. Zénon, élève de Parménide d'Élée, avait découvert la puissance de ce concept et avait essayé d'en limiter l'impact ontologique. (Outre cette théorie, Parménide avait proposé des explications sur les phases de la Lune et d'autres phénomènes astronomiques ; il est l'un des premiers vrais cosmologues.) Le problème de Zénon résidait dans l'audace de la théorie de Parménide : selon cette théorie, le mouvement ne pouvait exister et toutes ses apparences n'étaient qu'illusion. Zénon présentait plusieurs arguments, tous fondés sur le concept d'infini, pour parler en langage moderne. Il avait ainsi imaginé une course entre Achille et la tortue : en sportif *fair-play,* Achille concède une avance de 100 m à la tortue ; très vite après le début de la course, Achille atteint le point de départ de la tortue qui, entre-temps, a avancé un peu. Achille a besoin d'un peu de temps pour franchir cette distance, mais la tortue a encore avancé et cela se reproduit un nombre infini de fois, si bien qu'Achille ne rejoint jamais la tortue. Donc, comme Achille le véloce ne peut jamais rattraper la lente tortue, contrairement à toute attente, c'est que le mouvement n'est qu'illusion.

Zénon cherche à nous piéger : Achille finira par rattraper la tortue en un temps fini ; Zénon le sait pour avoir assisté, voire participé à des courses. (Ou alors il n'était pas très « sport » et cherchait à se venger intellectuellement d'une défaite.) Il divise donc le temps de la course en intervalles infiniment petits et change, par la pensée, le cours du temps. Au lieu de laisser le temps s'écouler normalement, il saute d'un intervalle à l'autre et, comme ces intervalles sont de plus en plus courts, le temps semble s'écouler différemment : il se ralentit sans cesse par rapport au nôtre. Zénon convertit un temps fini — le temps pour Achille de rattraper la tortue — en un temps infini. En langage mathématique, on dirait qu'il fait un changement de coordonnées temporelles, passant du temps fini de la course à un nouveau temps infini. Il raisonne alors dans la nouvelle coordonnée, où la cible n'est jamais atteinte ; il oublie, ou fait semblant d'oublier, que, dans la réalité de la course, c'est le temps habituel qui donne la cadence, et que la course dure un temps fini.

La compréhension de l'infini est dangereuse mais trop tentante pour que l'on y renonce. Dans des moments de doute comme celui de Zénon, où l'on cherche des preuves sans trop de perspectives, on utilise mal l'idée de l'infini, surtout en physique. Des modes de raisonnement de ce type ont existé, notamment dans notre problème principal ici, celui des singularités de la relativité générale. Nombre des arguments proposés se ramènent à des changements de coordonnées temporelles où le temps fini entre la singularité du big-bang et aujourd'hui devient infini. Dans cette échelle de temps, le big-bang a eu lieu il y a un temps infini, donc jamais. On oublie évidemment que ce qui est déterminant, c'est le temps physique (dit « temps propre ») et non la nouvelle coordonnée temporelle, qui n'est qu'un artifice mathématique. Ce ne serait qu'une maigre consolation pour un astronaute tombé dans un trou noir que le peu de temps qu'il lui reste à vivre puisse être représenté mathématiquement comme un temps infini.

À PROPOS D'HYPOTHÈSES ET DE THÉORIES

> Je n'ai pas su trouver la cause de ces phénomènes de gravité à partir des observations, et ne formule aucune hypothèse... Il suffit que la gravité existe, et se comporte conformément aux lois que nous avons établies[1].
>
> Isaac NEWTON.

Les mathématiques sont indispensables à la physique, malgré toutes les tentatives de s'en affranchir et, selon le degré de formulation mathématique, on distingue une hypothèse d'une théorie. Les hypothèses sont de nature spéculative et constituent une base de réflexion en vue de l'élaboration d'une théorie. Contrairement à ce qui se dit couramment, les théories sont très élaborées ; elles s'appuient sur de nombreux tests de cohérence indépendants et, idéalement, sur des observations de qualité. Les théories

1. « *I have not been able to discover the cause of those properties of gravity from phenomena, and I frame no hypothesis... It is enough that gravity does really exist, and acts according to the laws which we have explained.* »

sont les fondements de la physique, qui permettent de mettre de l'ordre dans les multiples observations, d'éclairer les phénomènes par des images physiques et même de faire des prédictions. Les principales affirmations des théories établies prennent le nom de « lois naturelles », ce qui ne leur confère aucune immortalité, car on trouvera toujours des observations inexplicables en l'état actuel de la théorie. Les théories à succès décrivent une grande partie des observations, ce qui les rend irremplaçables.

Ce sont les mathématiques, là encore, qui haussent le statut d'une théorie, comme on le dit en langage courant. Les théories reposent sur des principes simples, aisément accessibles à des physiciens et qui mènent à des conclusions moins triviales, parfois moyennant de longs calculs[1]. De telles affirmations peuvent être soumises à l'expérience bien mieux que les principes eux-mêmes et, si cela réussit, la théorie est établie, sinon elle est vite oubliée. En ce sens, on peut dire que la relativité restreinte et la relativité générale sont de vraies théories.

En comparaison, les hypothèses sont bien moins sûres et doivent d'abord s'appuyer sur une théorie — à moins qu'elles n'aient été abandonnées entretemps. Un exemple historique est l'hypothèse des particules de lumière (photons), introduite par Einstein. À l'époque, en 1905, l'existence des atomes n'était absolument pas acquise, et encore moins l'existence d'un photon comme particule de lumière, mais, à

1. Les théories n'existent pas qu'en physique. Un exemple connu est la théorie de l'évolution en biologie, qui explique l'ensemble de la vie terrestre et de nombreux détails à partir de principes tels que la sélection et les mutations.

partir de cette hypothèse, Einstein était en mesure d'établir la formule de Planck du rayonnement thermique, ce qui était déjà un succès mais, pour que le concept soit reconnu, il fallait d'autres bases. Ce n'est donc que plus tard que cette hypothèse devint une théorie qui devait déboucher sur l'électrodynamique quantique moderne en tant que théorie des photons et de leurs interactions avec la matière chargée.

Ce dont nous discutons aujourd'hui dans le domaine de la gravitation quantique n'est pas encore une théorie au sens strict ; même si l'on peut mener de nombreux tests mathématiques indépendants, il manque la preuve définitive de sa parfaite cohérence, et il n'existe toujours pas d'observation incontestable, pas plus d'ailleurs que de preuve du contraire. Cependant, ces édifices de pensée sont plus que des hypothèses isolées, et c'est pourquoi on se risque à parler de théorie, parfois de théorie marginale : les contours sont bien établis mais il reste des lacunes. Tous les acquis de la gravitation quantique à ce jour sont traités dans ce livre ; cela se situe entre une hypothèse et une théorie et reste donc spéculatif. On espère que des observations, du genre de celles que nous suggérons, pourront permettre de trancher.

Chapitre IV

LA GRAVITATION QUANTIQUE

Vers 1928, quand Paul Dirac cherchait à combiner la relativité restreinte et la mécanique quantique sans support expérimental, il connaissait l'intérêt de ces deux théories — la relativité restreinte d'Einstein et la mécanique quantique selon Schrödinger — ainsi que leur incompatibilité. L'équation de Schrödinger, qui décrit l'évolution temporelle d'une fonction d'onde, n'intègre pas la conversion espace-temps introduite par Einstein et déjà validée expérimentalement. Une vision cohérente de la physique ne peut admettre la coexistence de théories incompatibles et Dirac s'attacha à rendre relativiste l'équation de Schrödinger.

En physique prérelativiste, l'énergie d'un corps en mouvement est proportionnelle au carré de sa vitesse, ce que savent tous les automobilistes quand ils freinent et convertissent cette énergie en chaleur ; les conséquences d'un choc à 100 km/h sont, hélas, bien plus du double de celles d'une collision à 50 km/h.

En relativité restreinte, cela n'est vrai qu'aux faibles vitesses ; au-delà, il faut tenir compte de l'énergie de la masse, selon la célèbre formule d'Einstein : énergie = masse multipliée par le carré de la vitesse de la lumière. De plus, l'énergie et la vitesse (plus exactement, la quantité de mouvement, produit de la masse par la vitesse) peuvent se convertir l'une dans l'autre, comme c'est le cas pour l'espace et le temps, ce qui fait que l'énergie et la vitesse interviennent par leurs carrés.

L'équation de Schrödinger fait intervenir une relation non relativiste et néglige le carré de l'énergie ; mais le carré d'un nombre ne dépend pas de son signe, donc pour chaque solution de l'équation de Schrödinger, on trouve deux solutions de l'équation de Dirac, qui diffèrent par le signe de l'énergie et éventuellement le signe de la charge, mais pas par la masse. Dirac prédisait ainsi l'existence d'un nouveau monde de matière, simplement par sa combinaison de relativité restreinte et de mécanique quantique. À chaque particule, comme un électron, devait correspondre une antiparticule de même masse, mais de charge opposée. Au moment de la publication de l'équation de Dirac, ces antiparticules étaient inconnues, la prédiction était donc hasardeuse, et pourtant, dès 1933, Carl Anderson mettait en évidence le positron, antiparticule de l'électron, et d'autres découvertes ont suivi. Par ailleurs, on a pu prouver que l'équation de Dirac prédit le spectre de l'atome d'hydrogène avec une meilleure précision que ne le fait celle de Schrödinger.

Dirac faisait apparaître un monde nouveau, simplement en combinant mathématiquement deux théories. Aujourd'hui, nous sommes face à un problème similaire, mais bien plus complexe : celui de combiner la relativité générale et la théorie quantique. Quels nouveaux mondes en résulteront ? La relativité restreinte décrit le mouvement des particules dans l'espace-temps, tandis que la relativité générale décrit l'espace-temps lui-même. On peut donc attendre d'une combinaison cohérente de la relativité générale et de la théorie quantique, non pas une nouvelle matière, mais de nouveaux domaines de l'espace-temps et donc de l'univers.

Pour comprendre l'espace-temps et l'univers au-delà des singularités prédites par la relativité générale, il faut disposer d'une théorie quantique de la gravitation qui, seule, donnera accès à des états aussi énergétiques que le big-bang et les trous noirs. Une théorie complète n'existe pas encore, on dispose plutôt d'un ensemble d'approches très spécifiques qui ont toutes leurs forces et leurs faiblesses et ne reposent pas sur les mêmes principes. En effet, on peut réaliser plusieurs combinaisons mathématiques des fondements de la relativité générale et de la théorie quantique, sans que l'on sache laquelle est la bonne, ou s'il faut chercher une tout autre voie.

LA THÉORIE DES CORDES

La théorie des cordes est la plus communément employée ; elle repose sur des idées anciennes de physique des particules qui ont le mérite de donner une description quantique des ondes de gravitation dans un espace-temps donné. Dans la théorie des cordes, il existe des sortes de particules, les gravitons, qui sont au champ gravitationnel ce que les photons sont à la lumière. Mais les conclusions de la théorie des cordes sont que ces gravitons ne ressemblent pas à des particules ponctuelles ni à des sphères dures. Cette théorie va au-delà d'une fonction d'onde quantique.

Les particules comme les gravitons ou les constituants de la matière — les électrons et les quarks qui constituent les protons et les neutrons ou d'autres particules créées dans les accélérateurs — sont vues comme des excitations d'un objet élémentaire unique, la corde. De même que la corde d'un instrument de musique peut fournir plusieurs notes en fonction de son excitation, de même une corde fondamentale peut vibrer de diverses manières. On pourrait ainsi en principe expliquer les masses expérimentales des particules élémentaires, si les valeurs calculées voulaient bien s'accorder avec les masses que les accélérateurs fournissent avec une grande précision.

En ramenant toutes les particules élémentaires à un objet unique, la théorie des cordes promet d'unifier toutes les forces connues : la gravité, l'électromagnétisme et aussi l'interaction nucléaire forte et l'interaction nucléaire faible. Il n'y aurait donc plus séparément d'espace-temps porteur de la force de gravité et de champ électromagnétique porteur de forces électriques, mais un objet unique, la corde, dont les vibrations engendreraient toutes les forces et toutes les particules qui y sont soumises.

Les unifications de théories et de forces ont joué un grand rôle dans le développement de la physique ; ce fut le cas par exemple de l'unification par Maxwell des phénomènes électriques et magnétiques, à l'origine séparés. De telles théories combinées entraînent immanquablement des prédictions de nouveaux phénomènes, qui peuvent avoir des retombées technologiques ou servir à de nouvelles vérifications théoriques. Un exemple d'application de l'unification par Maxwell des forces électriques et magnétiques est l'onde électromagnétique qui, par échange d'excitations électriques et magnétiques, ne peut se concevoir que dans une théorie unifiée : un champ électrique variable crée un champ magnétique, et un champ magnétique variable crée un champ électrique. Cela permet à une excitation variable, comme le courant dans une antenne, de se propager dans l'espace, l'énergie passant d'un état électrique à un état magnétique et *vice versa*. Le champ électrique se fabrique donc un chemin qui sort de l'antenne, ce qui n'est possible que par une combinaison d'excitations électriques et magnétiques et mène à des applications comme la radio ou les rayons X.

La théorie des cordes cherche donc une unification des forces et des particules sous la forme d'une corde. Maintenant, on sait qu'il existe de nombreuses façons de construire un instrument de musique à partir d'une corde vibrante et il est facile de distinguer de nombreuses sonorités ; de même, on peut construire diverses théories des cordes en physique, qui créent des excitations différentes. Les masses et les interactions de particules prédites par les diverses théories sont très différentes ; elles ont pu être testées dans des accélérateurs, comme dans le LHC (Large Hadron Collider) inauguré en 2008 au CERN, à Genève. Il arrive même que les énergies prédites soient si surprenantes qu'il n'est pas utile de faire de nouvelles mesures pour abandonner la théorie : la stabilité des atomes dépend des masses du proton et du neutron, ce qui élimine d'office un grand nombre de valeurs.

La musique repose sur les riches sonorités des

différents instruments, tandis que les physiciens théoriciens sont plutôt sobres et apprécient la simplicité et l'économie dans la description de la nature, à l'image de Maxwell en électromagnétisme. La théorie des cordes suit cet exemple de manière frappante, par la force potentielle de ses prédictions, mais aussi par sa formulation très élégante. Ici, pas d'orchestre à cordes variées, mais seulement la soliste de la théorie des cordes. Après une longue élaboration, toutes les représentations de cordes sont parentes mathématiquement, des sonorités différentes ne correspondent pas à des physiques distinctes, mais simplement à des visions mathématiques différentes de la même physique.

C'est une affirmation très forte : toutes les manifestations de la gravité et de la physique des particules pourraient être décrites par une théorie unique qui ne laisserait aucune liberté aux théoriciens. C'est pourquoi la théorie des cordes est parfois appelée la « théorie du tout » (en anglais TOE : Theory of Everything). Si l'on parvenait à maîtriser les mathématiques, on pourrait tout calculer et soumettre le résultat à l'expérience ; en principe, cette théorie prédirait de nouveaux phénomènes, dont le moment du big-bang.

Contrairement à la théorie de Maxwell, la théorie des cordes manque de tests expérimentaux, voire de simples principes, en particulier à cause de la complexité de ses mathématiques. D'un côté, le caractère unique et plaisant de la théorie attire les mathématiciens et les physiciens mais, de l'autre, la théorie des cordes apparaît comme un bunker sans utilité pratique évidente ; il existe même des prévisions assez pessimistes quant à l'applicabilité de cette théorie. Tout d'abord, des considérations de cohérence mathématique exigent que l'on travaille dans des espaces à plus de trois dimensions, le plus souvent neuf, dont trois seulement sont visibles (hauteur, largeur, profondeur), les six autres ayant une extension minuscule. De la même façon qu'un tuyau d'arrosage, vu de loin, ressemble à une ligne unidimensionnelle, un espace à neuf dimensions avec six dimensions minuscules ressemblerait à un espace tridimensionnel : il faut vraiment y regarder de près pour voir les dimensions additionnelles, et comme on s'attend à des effets de gravitation quantique à l'échelle de la longueur de Planck, il est concevable que ces dimensions additionnelles soient réellement assez petites pour échapper à l'observation, à moins que l'on n'arrive à les agrandir suffisamment à très haute énergie[1]. La théorie des cordes, par son unification des forces, suggère de nouveaux phénomènes à portée d'expériences.

Ces dimensions additionnelles posent un problème : même si les équations mathématiques de la théorie des cordes sont très complexes pour des espaces-temps à haute dimension, on peut estimer le nombre de solutions, on peut aussi identifier les solutions dont les propriétés cadrent à peu près avec ce que nous savons de notre univers. Mais le nombre de ces solutions est immense, plus grand que le nombre de protons dans l'univers, et ce grand nombre de solutions rend la théorie inapte à des explications physiques, même si elle est belle et sans ambiguïté. Il n'existe simplement pas de fondements pour des prédictions concrètes, parce que rien

1. Voir par exemple Lisa RANDALL, *Verborgene Universen* (« Univers cachés »), Francfort-sur-le-Main, S. Fischer Verlag, 2006.

n'interdit des phénomènes inconnus. Une telle théorie est au sens propre une théorie du tout parce que tout y est possible.

Même quand la théorie est univoque et ne peut livrer des timbres variés comme les cordes d'un orchestre, toutes ses qualités peuvent être noyées sous le flot des solutions des équations. Peut-être n'y a-t-il qu'un instrument, mais son clavier est gigantesque. On peut y jouer d'innombrables morceaux, mais personne ne sait lequel représente notre monde, ni comment on peut accorder l'instrument. Peut-être n'existe-t-il tant de solutions que parce que, dans l'état actuel des connaissances, on ne sait pas écrire les contraintes mathématiques de la théorie des cordes. La recherche suit deux pistes à ce stade : il y a ceux qui croient imperturbablement au caractère non équivoque de la théorie des cordes et de ses solutions, et d'autres qui, suivant l'exemple du théoricien des cordes Leonard Susskind, font de la nécessité une vertu. Ces derniers cherchent à faire valoir que, s'il n'existe pas une solution unique décrivant l'univers observable, alors il faut identifier la solution la plus vraisemblable, ce qui apporte évidemment une nouvelle difficulté : comment définir mathématiquement le degré de vraisemblance et, en cas de succès, comment parler de probabilités quand on ne peut observer qu'un seul des univers possibles ? Nous consacrerons un chapitre à la question du caractère non équivoque des théories et des solutions lorsque nous aborderons la possibilité d'une formule universelle.

Quoi qu'il en soit, la théorie des cordes présente d'autres inconvénients lors d'une approche du problème des singularités, qui ne sont pas une question de principe mais plutôt une question technique. Elle permet de décrire les excitations dans un repère spatio-temporel donné, mais il est bien plus difficile de décrire le comportement de l'espace-temps lui-même, qui est singulier au moment du big-bang. Il existe quelques approches de ce problème très actuel dans la théorie des cordes, mais pas de vue d'ensemble sur la manière de décrire le big-bang avec la théorie des cordes. Nous considérerons donc une théorie alternative qui implique la nature quantique de l'espace-temps.

LA GRAVITATION QUANTIQUE À BOUCLES

Je tisse sur le métier rapide du temps[1].

GOETHE,
Faust.

La gravitation quantique à boucles applique la théorie quantique directement à l'espace et au temps et à leur jeu d'échange complexe. Cette théorie requiert, elle aussi, des mathématiques avancées et présente l'avantage de pouvoir étudier non seulement les excitations dans un espace-temps donné, mais également l'évolution temporelle de l'espace-temps. La différence entre les théories est illustrée par la figure 9. En outre, l'espace a exactement les trois dimensions familières — hauteur, profondeur et largeur. (Cela nécessite, dans l'état actuel des choses, le sacrifice de l'unification des forces car la gravité est considérée, à juste titre, comme la plus importante.)

1. « *So schaff' ich am sausenden Webstuhl der Zeit.* »

Fig. 9 : de nombreuses théories de gravitation quantique décrivent les propriétés de l'espace-temps comme des objets unidimensionnels, telles les cordes de la théorie des cordes ou les boucles de la gravitation quantique à boucles. Cependant ces concepts unidimensionnels sont très différents quant à la signification de ces objets.

Dans la théorie des cordes, les cordes représentent des excitations de la matière ou des ondes gravitationnelles dans un espace-temps donné, comme le symbolise la pierre blanche à droite, entourée d'un fil. Par opposition, la gravitation quantique à boucles cherche à bâtir tous les objets, y compris l'espace-temps, à partir de leurs boucles unidimensionnelles — une entreprise bien plus complexe (partie gauche). (Sculpture de Gianni Caravaggio : *Catturatore di volumi* [« Piège à volume »], 2005, polystyrène, nylon, tube d'aluminium, photo : Paolo Mussat Sartor.)

On combine donc directement les concepts fondamentaux de la relativité générale et de la théorie quantique : l'espace-temps et la fonction d'onde. Une description quantique de l'échange entre espace et temps requiert alors une sorte de « fonction d'onde des distances » ; non seulement la position et la vitesse d'une particule matérielle comme un électron sont imprécises comme en mécanique quantique, mais on assiste de plus à une fluctuation des dimensions géométriques du repère dans lequel l'électron évolue. En cosmologie, ce repère est l'univers entier, dont le volume est soumis aux mêmes imprécisions quantiques que la matière. L'univers s'étend également dans sa dimension temporelle ; si l'on pouvait l'observer, on verrait de petites fluctuations. De plus interviennent des sauts quantiques comme pour les énergies des atomes et des molécules : les dimensions de l'univers ne changent pas continûment mais par sauts, il se bâtit pierre par pierre ; cette croissance paraît continue parce que ces pierres sont minuscules, de l'ordre de la longueur de Planck.

Le point de départ de la théorie était une habile reformulation de la relativité générale par Abhay Ashtekar en 1986. En fait, il ne changeait rien aux solutions de cette théorie et conservait les mêmes espaces-temps, mais il parvenait à simplifier suffisamment la forme mathématique des équations d'Einstein pour qu'elles acceptent une formulation quantique. Les équations d'Einstein sont formulées pour une métrique de l'espace-temps qui donne avant tout la longueur d'une courbe d'espace-temps, donc des distances, mais cette métrique donne aussi la courbure de l'espace-temps et donc la force de gravitation.

La formulation d'Ashtekar est peu intuitive, elle est très mathématique. L'auteur n'emploie pas de distances dans l'espace-temps mais des surfaces dans l'espace, ce qui décrit une géométrie de l'espace et non du temps ; il doit donc faire intervenir un autre objet indépendant des surfaces. Nous avons déjà vu que, dans un espace-temps courbe, l'orientation change le long d'une courbe, comme c'est le cas sur une sphère dans l'espace tridimensionnel. Le second objet, appelé « relation d'Ashtekar », est à rapprocher de ces changements d'angle engendrés par la courbure de l'espace-temps. En se fondant sur des travaux préliminaires d'Amitabha Sen, Ashtekar put montrer que ces deux sortes d'objets décrivent complètement un espace-temps courbe.

Cette reformulation, qui a le caractère d'une unification, mais d'une autre nature que dans la théorie des cordes, est elle aussi plus mathématique que physique : elle n'unifie pas toutes les forces sur un même principe mais les descriptions mathématiques de forces sont ajustées. Les autres forces, électromagnétiques, fortes et faibles, résultent d'objets qui décrivent des changements angulaires. Il ne s'agit pas là d'angles dans l'espace physique comme dans la formulation d'Ashtekar de la relativité générale, mais d'angles dans des espaces mathématiques abstraits. Il est possible d'utiliser en gravitation des méthodes et des connaissances semblables à celles de l'électrodynamique quantique — la théorie quantique du champ électromagnétique. Il existe cependant d'importantes particularités de la théorie de la relativité, qui réclament de nouveaux développements mathématiques avant que l'on puisse parvenir à une complète théorie quantique de la gravitation.

La formulation de la relativité générale par Ashtekar fut suivie peu après, en 1990, d'une théorie quantique de la gravitation proposée par Carlo Rovelli et Lee Smolin. Ils se fondaient sur la similitude entre les objets d'Ashtekar et certaines grandeurs électromagnétiques, et ce furent là les débuts de la gravitation quantique à boucles. (Une formulation semblable, non pour la gravitation mais pour l'électromagnétisme, avait déjà été proposée par Rodolfo Gambini et Antoni Trias, mais Rovelli et Smolin l'ignoraient.) D'où le nom de la théorie : la « relation d'Ashtekar » permet de calculer les changements d'angle le long de courbes, et Rovelli et Smolin fondaient leur théorie quantique sur la variation totale d'angle le long d'une courbe fermée — une boucle. En mathématiques, on appelle ce changement d'angle une « holonomie », qui présente pour les aires des incertitudes similaires à celles que la mécanique quantique prédit sur la position et la vitesse.

Ces boucles mènent directement à une géométrie de l'espace discrétisée, ce qui est fréquent dans les théories de gravitation quantique : les distances d'espace, les surfaces et les volumes sont créés quand on bâtit une sorte de réseau dans l'espace à partir des boucles. Si l'on ajoute une des boucles élémentaires à un espace discret déjà existant, alors les aires des surfaces coupées par la boucle changent d'un pas élémentaire, comme illustré sur la figure 10.

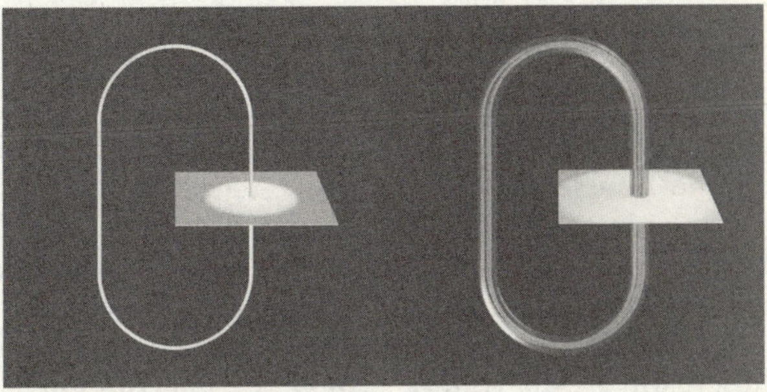

Fig. 10 : une boucle crée une aire quand elle coupe une surface. Quand il y a plusieurs boucles superposées, l'aire induite croît en proportion.

Le volume de l'espace change aussi d'un quantum quand de nouvelles boucles en interceptent d'autres déjà existantes. Les boucles sont comme des atomes qui meublent l'espace avec des éléments géométriques tels les longueurs, les aires et les volumes. Cette représentation est complètement différente de celle fournie par la relativité générale : le tissu de l'espace-temps n'est pas en caoutchouc mais tissé de fils. (John Wheeler avait employé cette image dans un contexte d'espace-temps avant l'avènement de la gravitation quantique à boucles, sous le nom de « mousse d'espace-temps ».)

De toute façon, il s'agit là d'objets mathématiques non réels : s'il n'y a pas de boucle, il n'y a rien ; seules les boucles créent l'espace où peut se propager la lumière pour nous renseigner sur les atomes de l'espace. Même le plus puissant des microscopes ne saurait visualiser une boucle isolée, parce que aucun signal ne pourraît transiter dans le vide qui l'entoure ; nous n'avons accès qu'à des indices se passant à des échelles bien plus grandes, comme nous le verrons dans le chapitre suivant.

L'espace se constitue donc boucle après boucle, en partant d'un état initial vers lequel on revient en jouant le film à l'envers, en retirant une boucle après l'autre, si bien qu'il ne reste qu'un objet sans aucune boucle. De quoi peut-il s'agir ? Ce ne peut être le vide comme le connaissent d'autres secteurs de la physique, l'espace interstellaire en étant une bonne approximation ; en effet, le vide ne contient pas de matière mais il possède un espace, donc une dimension et un volume. Entre les galaxies on ne trouve pas beaucoup de matière mais de l'espace. Dans la gravitation quantique à boucles, chaque volume, petit ou grand, est d'abord créé par des boucles ; si on les retire toutes, il ne reste aucun volume ; sans boucles, il n'y a ni espace ni volume. Le vide de la gravitation quantique à boucles est d'un vide inimaginable : pas de son, pas de lumière, pas de matière, pas d'espace, seulement le temps comme dernier recours contre ce désert.

On voit ici apparaître comment la gravitation quantique à boucles peut donner des indications sur le big-bang, car la singularité du big-bang de la relativité générale est justement un état sans volume (mais, en contrepartie, avec une densité d'énergie infinie). Pour le comprendre, il ne suffit pas d'écarter à la main boucle après boucle, il faut savoir comment la dynamique de l'espace-temps quantifié les met en œuvre : de même que la relativité générale décrit l'extension de l'univers dans l'espace-temps comme une solution des équations d'Einstein — ce que nous avons vu avec les équations différentielles illustrées par la figure 4 —, de même on trouve dans la gravitation quantique à boucles des équations discrétisées décrivant l'arrivée et la suppression des boucles. De telles équations avaient déjà été écrites par Rovelli et Smolin, mais elles ne furent présentées sous une forme utilisable qu'en 1996 par Thomas Thiemann. Celui-ci disposait de plus puissants outils mathématiques obtenus après les premiers succès de Rovelli et Smolin, par Ashtekar, Thiemann lui-même et d'autres, en premier lieu Jurek Lewandowski, Don Marolf et José Mourão. Les bases mathématiques nécessaires ont été développées dès la décennie qui a suivi 1996.

Les travaux d'Ashtekar, Chris Isham et Lewandowski permirent, au début des années 1990, d'établir les règles de quantification de la gravitation quantique à boucles, qui gouvernent les surfaces et les angles d'Ashtekar, notamment leurs règles d'incertitude quantique. À cette époque, on ignorait s'il pouvait exister d'autres formes de ces règles, qui auraient pu mener à des théories quantiques complètement différentes, ce qui signifie que cette théorie n'était pas mathématiquement univoque, contrairement à la théorie des cordes. De plus, d'autres règles de quantification auraient mené à d'autres prédictions, que de toute façon on n'aurait pas pu confronter à des expériences qui n'existaient pas. Ce risque de quantifications différentes pouvait sérieusement menacer le caractère utile et prédictif de la gravitation quantique à boucles.

Plus tard, en 2000, Hanno Sahlmann, alors étudiant chez Thiemann à l'institut Max-Planck de physique de la gravitation à Potsdam, démontra que la gravitation quantique à boucles est univoque, tout comme l'est la théorie des cordes. Une démonstration rigoureuse ne fut publiée qu'en 2005 par Sahlmann, en association avec Lewandowski, Andrzej Okoow et Thiemann, et indépendamment par Christian Fleischhack. (À titre de plaisanterie, Ashtekar appela ce résultat LOST, « perdu », d'après les initiales des auteurs par ordre alphabétique, allusion au temps perdu avant publication.)

Même si le caractère univoque n'était pas connu en 1996, les équations de Thiemann marquaient un réel progrès dans la théorie ; elles devaient en principe servir à remonter à l'état initial d'un ensemble donné de boucles. Si cela réussissait, on pouvait comprendre l'univers dans un état sans boucles tel que la singularité du big-bang, ou bien, peut-être, les équations de la gravitation quantique à boucles présenteraient-elles des désaccords avec la relativité générale pour les densités d'énergie extrêmes de l'univers primordial, ce qui aurait évité le volume disparaissant et donc la singularité.

La mise à disposition d'équations sous une forme utilisable mathématiquement représentait un progrès important, d'autant plus que, depuis les années 1960, on avait assisté à de nombreuses tentatives avortées d'écrire des équations d'évolution temporelle d'un univers quantique, non seulement en gravitation quantique à boucles mais aussi dans des formes plus simples de gravitation quantique. John Wheeler et Bryce DeWitt, et plus tard des chercheurs comme Stephen Hawking, s'y étaient risqués. Il régnait un grand optimisme, une certaine euphorie même, après les premières présentations des équations de Thiemann. Lors d'une conférence organisée peu après par Lewandowski à l'institut Banach de Varsovie, l'opinion dominante était que l'on allait pouvoir résoudre tous les problèmes fondamentaux de l'univers, puisque l'on connaissait les équations qui le régissent. (N'étant alors qu'étudiant et n'ayant pas participé à la conférence, je n'ai pas assisté à ces scènes.) Le caractère compliqué des équations devait rapidement calmer l'euphorie et, aujourd'hui encore, on ne connaît aucune solution exacte ni même numérique qui pourrait décrire un univers.

De plus, les équations ne sont pas fermement établies ; on connaît plusieurs propriétés générales qui reposent sur des règles de quantification non ambiguës et qui distinguent ce type d'équations d'autres équations de la physique de la gravitation, mais certains termes contiennent des paramètres indéterminés. Contrairement à la théorie des cordes, on ne dispose pas, dans l'état actuel des choses, d'une dynamique univoque, même si les règles de quantification de base sont, elles, univoques. Par exemple, on connaît les valeurs discrètes des échelons sur l'échelle des volumes, mais l'univers en croissance peut les escalader de diverses manières et avec des vitesses différentes. Et cependant, la gravitation quantique à boucles conserve un grand avantage : on peut analyser quelques propriétés de l'univers lors du big-bang, au besoin grâce à des approximations et des modèles. Même si la construction initiale de Thiemann a été souvent modifiée — preuve de la construction pénible de la gravitation quantique —, elle joue un rôle décisif pour l'application de la théorie à des questions de cosmologie et, en particulier, celles concernant les singularités.

La cosmologie quantique à boucles

Un grand espace comme l'univers actuel contient un nombre gigantesque de boucles, chacune n'apportant qu'une contribution infime au volume ; de plus, les boucles peuvent se recouper, voire se superposer partiellement, et même celles qui ne le font pas sont emmêlées dans un écheveau inextricable comme suggéré sur la figure 11. Cet écheveau, vu de loin, donne l'impression d'un espace continu, une des hypothèses de la relativité générale.

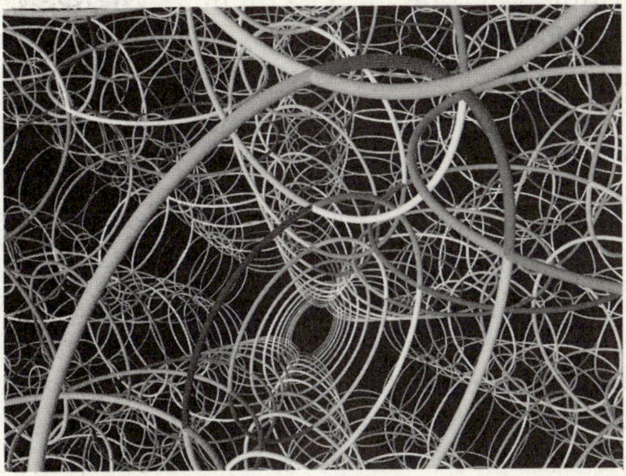

Fig. 11 : vue d'un exemple d'écheveau qui définit l'espace-temps par ses liaisons et les excitations de géométrie quantique. Plus l'écheveau est dense, plus l'espace semble continu. La luminosité des boucles traduit leur degré d'excitation.

Mais quand on y regarde bien, on passe d'un univers représenté par un réseau discontinu à petite échelle, à un espace-temps bien lisse, comme un tissu élastique, celui de la relativité générale. Le plus petit changement de volume est toujours donné par la minuscule longueur de Planck. Un simple saut quantique est donc inobservable dans un grand univers. La structure de textile joue un rôle important à petite échelle comme dans l'univers primordial, dont le volume était si petit que les sauts de volume étaient sensibles. L'expansion de l'univers était alors très différente de ce que prédit la relativité générale : il faut apporter des corrections quantiques aux équations d'Einstein.

Les singularités sont une conséquence de la

continuité de l'espace, concept que la gravitation quantique cherche précisément à corriger. Cela fonctionne-t-il ? La gravitation quantique à boucles peut-elle éviter la singularité de la même façon que la mécanique quantique stabilise l'atome d'hydrogène ?

Une application directe de la gravitation quantique à boucles au problème de la singularité cosmologique pose problème, du fait de la complexité de la dynamique des boucles, qui reste sans solution à ce jour et peut-être pour longtemps. Il est difficile d'analyser les équations sans disposer d'une solution explicite, ce qui était déjà le cas pour les équations d'Einstein en relativité générale, dont on connaît pourtant quelques propriétés. L'exemple le plus important est qu'en relativité générale, moyennant quelques hypothèses, on sait que l'on aboutit ou que l'on provient d'une singularité même en l'absence de solutions explicites.

En relativité générale, on ne sait trouver de solutions exactes que pour des problèmes bien précis, très symétriques. En cosmologie, on admet l'homogénéité et l'isotropie : à part quelques objets comme les planètes, les étoiles, voire les galaxies, les propriétés de l'univers vu à grande échelle sont les mêmes partout ; c'est ce qui résulte d'une vaste cartographie des galaxies comme le SDSS (Sloan Digital Sky Survey) que nous décrirons ultérieurement. L'univers semble également le même vu dans toutes les directions. L'expansion peut alors être résolue d'une manière simplifiée n'impliquant que la variation temporelle du volume, donc une seule fonction, au lieu de nombreuses fonctions qui seraient en plus interdépendantes. Avec ces approximations, on connaît beaucoup de solutions abondamment utilisées dans l'exploitation des observations cosmologiques. Le caractère raisonnable de ces approximations de symétrie nous laisse avec la question centrale ; même dans ce cadre, les singularités subsistent : le volume d'une solution homogène et isotrope s'annule à un moment et la théorie s'effondre.

La gravitation quantique à boucles étant encore plus complexe que la relativité générale, on ne saurait se passer d'approximations similaires et il serait déjà heureux de résoudre un cas de haute symétrie pour voir si l'on retrouve les singularités que la relativité générale prédit dans cette approximation. Mais comment mener cette approximation ? On pourrait assimiler l'espace-temps à un tissu élastique comme le fait la relativité générale, mais, alors, que deviendraient les boucles de la gravitation quantique à boucles ? Il faudrait commencer par créer un grillage comme sur la figure 12. Mais même un grillage aussi régulier n'est pas homogène, car les traverses se distinguent du vide voisin et l'écheveau n'aurait pas l'homogénéité requise, si bien que cette structure de grillage ne saurait servir de support aux propriétés de la gravitation quantique.

Fort heureusement, il se trouve que les principales propriétés sont représentées même quand on impose à l'espace homogénéité et isotropie. On ne trouve plus les boucles isolées dans l'espace, mais on conserve l'évolution temporelle de l'état et notamment du volume par sauts ; de plus, on trouve un état sans boucles où le volume s'annule comme pour la singularité du big-bang. Les mathématiques développées dans les années 1990 m'ont permis en 2000 non seulement de créer des géométries isotro-

Fig. 12 : un grillage régulier de l'espace-temps.

pes dans ce qui devait s'appeler la cosmologie quantique à boucles, mais aussi d'analyser l'évolution temporelle selon le modèle de Thiemann.

On s'approchait ainsi d'un examen quantique complet du problème de la singularité, quoiqu'une application concrète ne fût pas encore accessible, du fait de la trop grande complexité des équations, même dans ce cas parfaitement symétrique. La percée se produisit de manière fortuite, et je puis en témoigner personnellement ; c'est une illustration de la façon dont des événements extérieurs peuvent influer sur des développements scientifiques, qui ne suivent donc pas l'évolution rigoureuse que l'on aurait supposée.

La complexité des équations, même symétriques, ne permettait pas une analyse de cosmologie quantique ; il apparaissait une autre voie de simplification, mais elle me semblait peu fiable mathématiquement, du moins le croyais-je à l'époque et non sans raisons. C'était un point décisif. Il s'agissait de savoir comment créer homogénéité et isotropie à partir de boucles non symétriques, mais cela ne suffisait pas à ouvrir la voie à de nouveaux phénomènes. De plus, une autre difficulté existait : dans les années 1960, John Wheeler et Bryce DeWitt avaient créé une cosmologie quantique, développée ultérieurement par Alexander Vilenkin, James Hartle et surtout Stephen Hawking. Claus Kiefer aussi avait contribué à la compréhension du comportement semi-classique par une série de travaux qui posaient les bases de la structuration de l'univers primordial.

Tout cela se passait avant la formulation d'Ashtekar et la gravitation quantique à boucles, cette cosmologie quantique ne faisait donc pas appel à un espace discrétisé. Cette théorie ne décrivait pas bien l'espace à petite échelle car elle n'était valable que pour les zones homogènes de la cosmologie. L'opinion dominante à la fin du XXe siècle, à la lumière de l'ancienne cosmologie quantique et de la gravitation quantique à boucles, était qu'il s'agissait de deux faces d'une même théorie : pour des calculs sans symétrie, on disposait de la gravitation quantique à boucles avec sa construction complexe de l'espace, tandis que si l'on simplifiait l'espace par des exigences de symétrie et en se limitant à des échelles bien plus grandes que les atomes, on obtenait la vieille cosmologie quantique. Il apparaissait donc superflu d'analyser encore les équations symétriques de la gravitation quantique à boucles puisqu'elles n'auraient rien donné de neuf. C'est pourquoi les pontifes de la gravitation quantique à boucles de l'époque m'avaient dissuadé à plusieurs reprises de poursuivre la symétrisation.

Une simple reproduction de l'ancienne cosmologie quantique comme cas particulier symétrique de la gravitation quantique à boucles n'aurait rien apporté au problème de la singularité car ce problème n'est pas résolu dans l'ancienne cosmologie quantique : cette théorie introduit une fonction d'onde et donc des incertitudes, mais ses paquets d'ondes vont vers une singularité comparable à celle de la théorie classique : à un moment donné (compte tenu de l'inévitable incertitude), le volume de l'univers est nul et la température infinie. Les équations de l'ancienne cosmologie ne peuvent pas plus manier cette situation que ne le peuvent celles d'Einstein : elles perdent là leur signification et nous cachent ce qui s'est réellement passé.

Avec du recul, on peut comprendre les raisons de cet échec : l'ancienne cosmologie introduit de fait quelques effets quantiques, mais elle s'arrête avant le moment crucial, elle néglige le caractère discret de l'espace et du temps introduit par la suite par la gravitation quantique à boucles. Elle ne change rien de décisif au voisinage d'une singularité par rapport à la relativité générale ; seule la cosmologie quantique à boucles peut fournir un mécanisme physique concret pour éviter les singularités. Et c'est là que le hasard a permis l'approche d'une solution : après avoir rédigé une formulation symétrique de la gravitation quantique à boucles lors de mes études chez Hans Kastrup à la RWTH (Université technique de Rhénanie-Westphalie à Aix-la-Chapelle), j'avais pris un peu de recul par rapport à ces équations. Je partais pour un post-doctorat à l'Université d'État de Pennsylvanie, proposé par Ashtekar, qui n'était pourtant pas convaincu des possibilités de la cosmologie quantique à boucles.

Après mon installation, je m'étais remis au travail mais je n'avais plus tous les détails en tête ; en particulier, j'avais un peu oublié les raisons pour lesquelles la simplification n'était pas valable. De plus, cela se passait à la fin d'un de ces étés chauds et lourds, coutumiers en Pennsylvanie, mais auxquels je n'étais pas habitué. Je me rappelle bien l'engourdissement dû à la canicule et au chant des grillons la nuit, et aussi le manque de concentration, cause d'oublis mathématiques, si bien que j'opérai la simplification et me trouvai face à l'univers des boucles avant le big-bang.

Mais était-ce mathématiquement admis ? La portée des calculs était trop tentante, notamment en raison d'une solution possible au problème des singularités et donc, le premier enthousiasme passé, je me rappelai très bien pourquoi je m'étais antérieurement interdit cette simplification et combien elle était réputée incorrecte. Nanti d'un œil neuf sur ce vieux problème, je pus heureusement montrer rapidement que non seulement la simplification était correcte mathématiquement, mais, en plus, qu'elle était indispensable pour implémenter complètement la symétrie. J'ai donc ainsi pu solidement établir les premiers résultats de la cosmologie quantique à boucles qui devait être fortement développée dans les années qui ont suivi et mener à la vision de l'univers décrite dans la suite. Cette expérience montre comment des opinions bien établies peuvent gêner le travail scientifique — et combien elles peuvent apporter de progrès quand on prend un peu de distance.

De l'usage des mathématiques : une illustration

La gravitation quantique à boucles détermine des objets pour des espaces tridimensionnels de diverses grandeurs, donc des fonctions d'onde qui décrivent la géométrie des surfaces et des volumes de manière quantique et fluctuante. On montre assez facilement que toutes les tailles de l'espace ne sont pas possibles, mais qu'il n'en existe qu'un nombre discret, comme les énergies d'un spectre atomique. Quand on ajoute un nouveau nœud au maillage spatial, on change l'ensemble du volume d'une quantité non arbitraire.

En toute généralité, il n'est pas facile de calculer les valeurs permises du volume qui, autrement, serait une mousse spatiale aux plus petites échelles. Même des structures spatiales qui paraissent similaires dans un cosmos à grande échelle sont constituées d'éléments, de même qu'un corps matériel est constitué d'atomes, comme on le sait bien. Il est très difficile de composer mathématiquement un objet macroscopique à partir de ses atomes, que ce soit un solide ou un espace vide, et ensuite d'en contrôler les propriétés comme son énergie ou son volume.

Heureusement, ce contrôle total n'est pas toujours nécessaire : si l'on ne s'intéresse qu'au comportement à grande échelle comme l'expansion cosmique, on peut faire des simplifications notables et, ensuite, le spectre de tous les volumes possibles devient totalement calculable. De plus, pour chaque valeur du volume, il n'existe que peu d'états, deux en fait (à part le volume évanescent de la singularité auquel est attribué un état supplémentaire). Quand j'ai commencé à étudier ces structures importantes pour la cosmologie quantique, ce dédoublement me paraissait bien mystérieux, et pourtant il existe une explication simple : le volume mais aussi l'orientation définissent un état ; un espace diffère de son image retournée autour de lui. En deux dimensions, on peut représenter cela comme un ballon que l'on peut gonfler de deux manières à une dimension donnée : avec ou sans retournement qui inverse le dedans et le dehors. Cela s'accorde avec le fait que le volume évanescent est décrit par un seul état puisqu'un volume sans extension ne saurait être retourné sur lui-même. Mathématiquement, le degré de retournement est décrit comme une orientation de l'espace.

Plus compliqués que les valeurs permises du volume sont leur comportement temporel, leur dynamique : à partir des valeurs des volumes, nous connaissons l'échelle le long de laquelle un univers peut grimper, mais comment fait-il cela ? À quelle vitesse se produit l'expansion ? Est-elle accélérée ? Ou bien, si nous retournons le temps pour nous rapprocher du big-bang, comment l'univers descend-il pour aller à sa perte ? Pouvons-nous atteindre l'état solitaire de volume évanescent pour accéder au fond de la singularité — comme si nous utilisions une échelle de corde trop courte où, quand on lâche l'échelon du bas, on tombe dans l'abîme ?

Déjà après avoir analysé le dédoublement des états du fait de l'orientation, j'avais remarqué sa signification pour la dynamique. Au lieu de voir tous ces volumes comme des paires jumelles d'axes positifs qui partent de la singularité, on peut aussi les disposer comme un seul axe ayant des valeurs positives et négatives avec la singularité à la valeur zéro, au milieu et pas à la marge. De fait, l'orientation est un signe qui indique que l'état doit être placé du côté des plus ou des moins. Nous n'avons donc pas deux échelles séparées mais une seule qui traverse la singularité.

On voit assez vite que l'évolution temporelle de l'univers se déroule bien sur cette longue échelle car, toujours sous ces hypothèses de symétrie de l'univers à grande échelle, j'ai pu simplifier suffisamment l'équation dynamique similaire à celle de Thiemann pour les états, afin de pouvoir la résoudre. C'est une équation aux différences assez compacte, largement utilisée dans certains travaux scientifiques :

$$C_+\psi_{n+1} + C_0\psi_n + C_-\psi_{n-1} = \hat{H}\psi_n$$

Ici ψ représente l'état de l'univers — la fonction d'onde — pour diverses valeurs de n qui donnent les échelons de l'échelle, donc les valeurs du volume et de l'orientation, *via* l'indice. Les coefficients C_+, C_0, C_- assurent la quantification correcte des équations d'Einstein et $\hat{H}$ décrit le contenu matériel de l'univers. L'équation relie les états pour diverses tailles, en rapport avec l'expansion quantique de l'univers : on peut résoudre l'équation pour ψ_{n+1}, la valeur pour l'échelon $n+1$ et revenir aux échelons n et $n-1$. Il suffit donc de connaître la fonction d'onde pour deux valeurs déterminées pour la calculer en tout point. La résolution montre que l'expansion ne s'arrête pas quand n prend la valeur zéro de la singularité. Seules les équations classiques de la gravitation s'arrêtent à la singularité ; la cosmologie quantique continue sa vie. L'espace peut se retourner sur lui-même et se poursuivre tranquillement.

Fig. 13 : deux faces de l'espace qui, de maintes façons, se comportent comme des images miroir ou des inversions. (*Universo positivo*, 2002-06, photographie, 180 × 120 cm ; *Universo negativo*, 2002-04, polystyrène, lentilles noires, 187 × 100 × 80 cm, projet et photo : Gianni Caravaggio.)

Moins, c'est plus

L'univers ressemble à un coureur de fond, certainement le plus endurant qui existe ; comme le savent les coureurs, si l'on arrive à un point proche de l'effondrement physique, les muscles deviennent faibles, les mouvements ne sont plus contrôlés. Pour faire une course constante à pleine puissance, il faut veiller sur chaque pas pour vaincre les périodes de faiblesse, un pas trop grand consomme trop d'énergie, un pas trop timide amollit les muscles.

En ce moment, l'univers déborde de puissance ; plein de suffisance, il semble même avoir entamé un sprint — une accélération de l'expansion, dont nous reparlerons au chapitre suivant. (On dirait qu'il est soutenu par le public car l'accélération, vue à l'échelle cosmique, paraît avoir commencé peu avant que les hommes entament les observations astronomiques.)

Le big-bang ressemblerait plutôt à une période de faiblesse : l'univers avait très chaud et semblait devoir s'effondrer. C'est ce que l'on voit dans les descriptions théoriques actuelles de cette phase : la relativité générale avance d'un pas soutenu mais arrive rapidement à l'effondrement en une singularité. Les théories quantiques de la gravitation sont plus prudentes et accordent de l'importance à la longueur précise du pas. Cela suffit-il pour passer le big-bang sans dommages ?

C'est la principale vertu de la cosmologie quantique à boucles : elle introduit un temps discret et dépasse l'ancienne cosmologie quantique. Le temps ne peut évoluer librement, il est un multiple d'un pas élémentaire. La cosmologie quantique à boucles offre donc peu de temps à l'univers puisqu'elle élimine tous les temps entre le réseau des pas élémentaires. Tout cela se passe à une échelle microscopique, imperceptible pour nous — encore une grandeur de Planck. En relation avec cette restriction des temps, et de manière bien plus impressionnante, on remarque un accroissement de l'extension du temps comme dimension macroscopique de l'univers : le temps ne s'arrête pas au moment du big-bang.

Bien au contraire, il existe une préhistoire de l'univers avant le big-bang, avec temps et espace, comme la relativité générale ne pouvait l'imaginer. De même que la combinaison par Dirac de la relativité restreinte et de la théorie quantique avait apporté un nouveau monde d'antimatière, de même une combinaison de relativité générale et de théorie quantique apporte — du moins à ce stade — un nouveau monde d'espace et de temps qu'elle seule peut dévoiler. Les frontières de la théorie classique et la singularité du big-bang sont dépassées.

Comment cela est-il possible et comment la quantification contourne-t-elle la croissance infinie de la température ? De même que la mécanique quantique explique la stabilité des atomes, de même la gravitation quantique à boucles fait apparaître des forces antagonistes qui empêchent l'écrasement du fait des seules forces attractives. L'écrasement d'un univers en contraction, devenu assez petit pour être quantique, est d'abord freiné puis arrêté et enfin même inversé : avant le big-bang, il était en contraction-échauffement ; les effets quantiques ont dominé la période du big-bang et inversé la contraction jusqu'à l'expansion que nous observons aujourd'hui.

Il n'est pas simple de connaître les propriétés précises de l'univers avant le big-bang. Étaient-elles comparables à celles d'aujourd'hui, l'expansion mise à part ? Ou bien l'inversion de l'expansion entraînait-elle une inversion du sens du temps, si bien que l'on se rappelait le futur et que l'on prédisait le passé ? Cet univers ressemblait-il suffisamment au nôtre pour que sa structure d'espace-temps à l'échelle macroscopique soit semblable à la nôtre ? Ou bien les effets quantiques dominaient-ils suffisamment l'espace et le temps pour que son volume, en contraction, subisse de fortes fluctuations ? Les conditions étaient-elles compatibles avec la vie ? Et d'où provenait cet univers en contraction, ou encore vers quoi évolue notre univers en expansion ? L'expansion actuelle va-t-elle s'inverser vers un nouveau big-bang et un autre univers ? Et l'univers avant le big-bang provenait-il d'un big-bang antérieur ? Existe-t-il une suite illimitée de big-bangs successifs séparés par des phases d'expansion et de contraction ?

Il faut plonger bien plus profondément dans les théories pour répondre à ces questions, quoique la plupart d'entre elles n'aient pas encore de réponse et n'en auront probablement jamais, au moins dans le domaine de la physique, mais peut-être aussi en philosophie. Ce qui est connu fait l'objet de la suite de ce livre.

La singularité empêchée

> Il n'est rien de plus précieux que le temps,
> puisque c'est le prix de l'éternité.
>
> Louis BOURDALOUE,
> *Troisième méditation :*
> *De la perte du temps.*

Il nous faut d'abord expliquer de quelle manière la gravitation quantique crée des forces antagonistes à l'attraction universelle. C'est une conséquence directe du temps discrétisé : si l'on considère tous les instants, on n'obtient pas une ligne continue mais un pointillé. Une telle grille de temps ne peut pas accepter n'importe quelle énergie : de même qu'une éponge poreuse ne peut emmagasiner qu'une quantité d'eau limitée en rejetant l'excès, de même la grille de temps repousse une concentration excessive en énergie. Un temps continu en accepterait une quantité illimitée.

Du fait de la petite taille des pas du temps, une grille temporelle peut accepter beaucoup d'énergie, mais pas infiniment, et cet effet inconnu de la relativité générale est sensible au moment du big-bang, l'événement le plus énergétique de l'univers. Mais on ne dispose d'aucun endroit pour stocker cet excès d'énergie, la seule solution est d'arrêter la concentration et de repartir en expansion. Donc une réduction du nombre de points temporels engendre une force antagoniste à l'écrasement et accorde plus de temps avant le big-bang.

La discrétisation du temps ne se produit que pour des univers de forte densité énergétique ; on peut représenter l'influence du volume sur la discrétisation par un sablier. À la surface supérieure du sable, loin de l'étranglement, le sable semble s'écouler continûment, le caractère discret des grains de sable n'intervient pas, mais si l'on regarde l'étranglement, on voit la granularité : le sablier ne mesure pas le temps continûment, il le fait de manière discrète, un grain après l'autre. Tandis que le sablier mesure le temps de manière discrète, la cosmologie quantique dit que le temps s'écoule de manière toujours discrète ; si les grains de sable étaient de plus en plus petits, l'écoulement du sablier serait de plus en plus continu, avec pour limite de l'appareil la taille des atomes pour les grains. Des horloges atomiques modernes permettent de mesurer le temps bien plus précisément qu'un sablier, on peut donc encore diviser les intervalles de temps. Mais la théorie quantique de l'espace-temps pose une limite à la subdivision du temps : il n'existe strictement rien entre deux temps élémentaires de la grille de la gravitation quantique.

En relation avec la structure discrète du temps, l'évitement de la singularité du big-bang est connecté avec un autre phénomène : le temps avant le big-bang implique un retournement de l'orientation spatiale, comme si ce monde était vu dans un miroir, un droitier qui aurait survécu au big-bang deviendrait gaucher, l'espace serait retourné, comme un ballon dont l'intérieur deviendrait l'extérieur.

Cela nous amène à une autre image. L'univers en contraction ressemble à la surface d'un ballon qui se dégonfle : après un certain temps, l'enveloppe vide s'effondre et le phénomène s'arrête, tout comme l'effondrement de l'univers s'arrête sur une singularité selon la théorie classique. Mais, si l'on imagine que la matière de l'enveloppe peut se pénétrer, le ballon pourrait se regonfler après la contraction et, de plus, son intérieur pointerait vers l'extérieur. C'est ainsi que, d'une certaine façon, les éléments de l'espace-temps s'interpénètrent lors du big-bang et retournent l'espace autour d'eux.

En plus du temps discret, il existe un mécanisme engendrant une force antagoniste, comme pour une sécurité contre un effondrement total dans une singularité. Non seulement la grille de l'espace-temps se comporte à petite échelle autrement qu'à l'échelle macroscopique, mais en plus l'énergie de la matière agit différemment. On peut comparer cela à la répartition spectrale du rayonnement thermique d'un corps creux, répartition pour laquelle Planck déjà avait montré qu'elle changeait du fait des quanta d'énergie, surtout aux hautes fréquences où la densité d'énergie diminue au lieu d'augmenter. Il en va de même quand on considère la matière de l'univers en contraction, les phénomènes se produisent à très petite échelle et la cosmologie quantique à boucles montre qu'alors la densité d'énergie cesse de croître et diminue, au contraire. Des fonctions d'onde quantiques ne trouvent pas beaucoup de place dans un petit volume et la répulsion énergétique qui en résulte réduit la densité d'énergie admissible. Comme pour la formule de Planck du rayonnement thermique, la catastrophe dite « ultraviolette » (haute énergie) ne se produit pas et la densité d'énergie s'annule, en fait.

Il en va de même quand on considère la matière d'un univers en contraction. À très petite échelle, un univers en contraction implique des extensions toujours plus petites de matière de nature ondulatoire et, tout comme la théorie quantique de l'émission thermique, la cosmologie quantique à boucles prévoit une chute de la densité d'énergie parce que la place est limitée pour les ondes. De manière analogue à la formule de Planck du rayonnement thermique d'un corps creux, la croissance attendue de la densité d'énergie s'interrompt et cette dernière finit par s'annuler.

Le problème devient donc moins critique, mais il se pourrait que, si l'univers continue à se contracter, les équations perdent leur validité à partir d'une valeur finie de l'énergie de la matière. D'autres forces antagonistes interviennent pour empêcher l'effondrement total. L'énergie de la matière définit la forme de l'espace-temps, conformément à la relativité générale, d'où l'on prédit la force de gravitation mais, alors que la forme classique de l'énergie crée une force toujours attractive, l'inversion de l'évolution traduit une force répulsive quand le volume devient faible. Il s'agit là d'un autre mécanisme indépendant engendrant une force antagoniste, prévu par la cosmologie quantique à boucles.

Ces forces antagonistes ne semblent donc pas être le fruit du hasard, mais bien une caractéristique de ce type de gravitation quantique, elles n'apparaissent pas seulement dans des cas particuliers comme, par exemple, les solutions numériques publiées par Abhay Ashtekar, Tomasz Pawlowski et Parampreet Singh en 2006, elles sont générales. Tous ces phénomènes ne sont pas complètement élucidés mais, quoiqu'ils interviennent dans l'effondrement des trous noirs, la gravitation quantique à boucles n'a pas encore prouvé qu'ils empêchent tous les types de singularités.

QU'Y AVAIT-IL AVANT LE BIG-BANG ?

Il est impossible d'observer l'univers d'avant le big-bang, l'état extrêmement compact de l'univers primordial était trop opaque pour permettre à la lumière ou à d'autres ondes électromagnétiques de parvenir jusqu'à nous. La période la plus ancienne que nous puissions voir ainsi date de 380 000 ans après le début de l'expansion. À cette époque, l'univers s'était suffisamment étendu pour que la matière soit assez froide et diluée pour être transparente. L'univers était encore très chaud, environ 4 000° C et la matière rayonnait comme un corps porté au rouge ou comme la surface d'une étoile. Avant cela, la matière était encore plus dense et plus chaude, elle rayonnait aussi, mais le plasma ambiant réabsorbait tout le rayonnement.

L'opacité

Après refroidissement et dilution, la matière a pu libérer une partie du rayonnement qui s'est propagé à travers l'univers qui poursuivait son expansion. De même que, dans un brouillard dense, les gouttes d'eau se condensent et finissent par dégager la vue, de même des atomes neutres se sont formés en dessous de 4 000°C, dispersant bien moins la lumière que des électrons et des protons libres. Nous ne pouvons voir que la surface du Soleil et non son intérieur et, pour la même raison, nous ne pouvons plonger dans les profondeurs du big-bang. Mais il subsiste des traces de ce rayonnement primordial sous la forme du fond diffus cosmologique, détectable par des antennes sensibles. Ce rayonnement fossile est une des sources principales d'information sur l'univers primordial, comme nous le verrons dans le chapitre suivant.

Cette émission a eu lieu bien après le big-bang et ne peut nous fournir que des indices indirects sur ce qui se passait auparavant, mais il peut exister d'autres sources, de nature non électromagnétique. Pour cela il nous faut disposer d'autres vecteurs d'information qui interagissent moins avec la matière que les ondes électromagnétiques mais qui, en même temps, aient une durée de vie assez longue pour ne pas disparaître en route, ce qui ne laisse que deux possibilités : les neutrinos et les ondes gravitationnelles.

Les neutrinos sont des particules élémentaires qui, contrairement aux électrons, sont neutres et sans masse. Ils sont abondamment produits lors de désintégrations radioactives et ont dû jouer un rôle dans l'univers primordial. Contrairement aux photons, vecteurs du rayonnement électromagnétique, ils sont très peu absorbés par la matière, comme en témoigne le fait que nous recevons sur Terre des neutrinos émis au cœur même du Soleil. La contrepartie est que la plupart des neutrinos traversent simplement la Terre, on peut les détecter à la surface de la Terre qui tourne le dos au Soleil, ce qui n'est pas le cas des photons. De ce fait, on ne peut détecter qu'une infime fraction des neutrinos incidents : à partir de données connues, on peut estimer que chaque mètre cube de l'univers doit contenir environ trente millions de ces particules complètement invisibles qui nous traversent. À cause de leur faible masse, les neutrinos de l'univers primordial ne comptent que pour un pour cent de sa masse.

Leurs faibles taux de réaction permettent à des neutrinos bien plus anciens que les photons de parvenir jusqu'à nous : ils peuvent dater de la première seconde de l'univers, alors que les photons n'ont que quelques milliers d'années. Un télescope à neutrinos pourrait donc observer et situer un univers très jeune, mais le faible taux d'interaction avec la matière est à double tranchant, parce que ces neutrinos sont très difficiles à détecter. Le télescope à neutrinos reste donc à ce jour une utopie !

L'alternative à la lumière réside dans les ondes gravitationnelles, soit de petites perturbations de l'espace-temps qui se propagent à la vitesse de la lumière. Elles sont créées par exemple lors de collisions de grosses masses comme les étoiles à neutrons ou les trous noirs, car ces masses déforment l'espace-temps en changeant sa courbure. Une part de cette courbure peut se détacher du lieu de collision et avancer dans l'espace comme la lumière d'une étoile. Le passage d'une onde de gravitation devrait se manifester par de très faibles variations périodiques de distances entre objets. Plusieurs expériences en cours actuellement cherchent à mesurer ces variations : LIGO aux États-Unis, VIRGO en Italie, GEO600 en Allemagne, TAMA au Japon.

La difficulté est que des masses énormes sont nécessaires pour créer ces ondes et que les déplacements sont faibles : on estime qu'il faut être capable de détecter un déplacement d'un millième du rayon d'un proton ; cela peut paraître invraisemblable mais il existe des dispositifs raffinés pour cela. On espère obtenir les premiers signaux convaincants dans les prochaines années[1]. Même en l'absence de preuve directe, il subsiste peu de doutes sur l'existence des ondes gravitationnelles. Comme il a été dit dans le chapitre sur la relativité générale, la perte d'énergie de pulsars en rotation est en excellent accord avec les équations d'Einstein des ondes gravitationnelles. C'est même un des accords les plus spectaculaires de toute la physique entre la théorie et l'expérience. Mais on est encore loin d'un télescope à ondes gravitationnelles ; il existe un projet de satellite en ce

1. Chacun peut participer aux évaluations grâce au programme Einstein@Home (http://einstein.phys.uwm.edu/). Il s'agit d'un économiseur d'écran qui utilise les périodes inactives des ordinateurs pour analyser les données. Actuellement, environ 75 000 utilisateurs de nombreux pays y contribuent, apportant une aide appréciable aux chercheurs en gravitation.

sens, LISA, et aussi celui d'un télescope souterrain, appelé ET (Einstein Telescope), mais leur réalisation devra encore attendre quelques décennies. De toute façon, ces appareils ne permettront pas une vue approfondie du big-bang. Nous ne sommes donc pas au seuil d'une astronomie affranchie des rayonnements électromagnétiques, lumière ou ondes radio.

Dans la cosmologie de l'univers primordial, les hautes énergies du big-bang imposent des limites, même à la dispersion des neutrinos et des ondes gravitationnelles, à cause de l'opacité de l'univers pour des vecteurs d'information à aussi faible interaction. Nous ne verrons donc jamais l'univers avant le big-bang, ou alors peut-être indirectement. Par exemple un ancien écrasement devrait laisser des traces sur l'expansion ultérieure, en lien avec les forces répulsives de la gravitation quantique lors du retournement. Il devrait subsister des traces datant de la fin du big-bang que l'on pourrait calculer et prouver à partir d'éléments observables.

Ces effets indirects et délicats réclament une compréhension détaillée de la théorie et des solutions précises des équations, qui ne sont pas disponibles actuellement, même au moyen d'approches numériques, mais un espoir de nouvelle vision du monde est réaliste moyennant un approfondissement de la théorie et une amélioration des mesures.

La perte de mémoire cosmique

> A-t-il employé ses forces à protéger et à défendre le pays ? Non, il a voulu fonder un

> empire pour les soldats, embrasser et bouleverser le monde, soumettre et subjuguer tout[1].
>
> Friedrich SCHILLER,
> *Wallenstein.*

Que disent les considérations théoriques ? Indépendamment de toute observation, les théories sont parfois si strictes qu'elles excluent des voies *a priori* possibles. Même si les équations de la gravitation quantique ne sont pas bien connues (d'ailleurs les théories sont imparfaitement formulées), les possibilités sont limitées par l'exigence de cohérence mathématique. Si nous connaissions parfaitement l'état actuel de l'univers, nous pourrions remonter le temps jusqu'avant le big-bang grâce aux équations. Des équations différentes donnent des résultats différents, mais si ces derniers sont raisonnablement similaires, on peut oser quelques affirmations sur l'état de l'univers avant le big-bang. Cela ressemble un peu à l'évolution de la science historique, comme Friedrich Schiller l'affirmait dans sa leçon inaugurale à l'université d'Iéna :

> À partir de la masse des événements, l'historien sélectionne ceux qui ont eu une influence certaine, indiscutable et vérifiable sur l'état du monde actuel et les générations présentes. Il lui faut donc veiller à collecter des données pour l'histoire du monde dans la perspective de notre conception actuelle du monde. L'histoire du monde part d'un principe qui exclut un commencement du monde. La suite réelle des évène-

1. Paris, Ladvocat, 1821. « *Was hat er mit seiner großen Macht/ Zu des Landes Schirm und Schutz vollbracht ? / Ein Reich von Soldaten wollt er gründen,/ Die Welt anstecken und entzünden,/ Sich alles vermessen und unterwingen.* »

> ments se déroule depuis l'origine jusqu'à l'état actuel ; l'historien universel, lui, remonte depuis l'état actuel jusqu'à l'origine des choses. Quand il remonte par la pensée d'une année ou d'un siècle et se demande lequel des événements passés a eu le plus de conséquences, quand il a répété cette démarche jusqu'au début — non pas du monde car il n'y a pas accès — mais jusqu'aux premiers monuments, alors il lui faut se retourner et suivre le fil directeur des faits, sans gêne et sans effort, des premiers monuments jusqu'à la période actuelle[1].

Le parallèle avec la science historique ne doit pas surprendre car la cosmologie est une histoire, celle de l'univers. Il s'agit de temps bien plus anciens et l'on y exploite des monuments bien différents : le rayonnement de fond diffus cosmologique, la répartition des galaxies dans l'univers et les supernovae, comme on le verra plus tard. Il s'agit donc d'une approche *top-down* : on part des connaissances au sommet *(top)* de l'axe des temps et l'on essaie de remonter le temps *(down)*. En comparaison avec Schiller, la vision est inversée car en mathématiques l'axe des temps est orienté en général vers le haut (parfois vers la droite). Cette approche fut d'abord formulée implicitement dans le programme de recherche de James Hartle et Stephen Hawking, puis formalisée par Hawking et Thomas Hertog.

Le problème est que nous ne connaissons que très partiellement l'état actuel à cause de la difficulté des observations et que, de toute façon, l'incertitude quantique de la fonction d'onde cosmologique ne

1. Friedrich SCHILLER, *Qu'est-ce que l'histoire universelle et pourquoi l'étudie-t-on ?*, publié dans le *Mercure allemand*, 1789, p. 127-128.

nous permet pas de la connaître aussi précisément que nous le voudrions. La question clé est donc de savoir dans quelle mesure ces incertitudes sur l'état actuel pèsent sur un retour vers le big-bang. Ou encore : combien de monuments connaissons-nous dans l'univers, en plus de la statue du fond diffus cosmologique ? L'incertitude est peut-être constante dans le temps, ce qui nous permettrait raisonnablement de remonter avant le big-bang dans les limites de l'incertitude quantique, mais il se pourrait aussi que l'imprécision de l'état actuel s'amplifie quand on remonte le temps, ce qui correspondrait à un système chaotique : même quand on part d'états initiaux très voisins, les développements sont très différents après un certain temps. Un autre exemple de chaos serait les systèmes turbulents de l'hydrodynamique, cause du manque de précision des prévisions météorologiques à long terme.

Le chaos intervient aussi en cosmologie, mais nous pouvons le négliger pour ce qui nous concerne ici : le développement temporel du volume dans le modèle le plus simple de la relativité générale obéit à des équations non chaotiques. Il est donc envisageable de faire le retour en arrière souhaité, mais il faut vérifier que les équations de la cosmologie quantique n'apportent pas une incertitude supplémentaire par rapport à la relativité bien connue.

Un point crucial est de déterminer quel genre d'incertitude quantique régnait avant le big-bang. Les forces répulsives de la gravitation quantique empêchent la singularité, protègent l'espace-temps de la ruine et rendent possible un monde avant le big-bang, et cependant, comme toute théorie quantique, la gravitation quantique présente des fluctuations et des incertitudes. Certaines de ces propriétés peuvent exister hors du big-bang et, souvent, on se représente le big-bang d'un espace-temps non soumis à des singularités comme un rebond *(bounce)* où l'univers occupe un volume minimal. Dans la réalité, on a affaire à un espace-temps quantique, sinon il y aurait singularité, d'où forcément des fluctuations. Après avoir évité la singularité, le monde quantique maintiendrait-il l'espace-temps en désordre — un peu comme un mercenaire qui, longtemps après la fin du danger, continuerait à marauder dans le pays dévasté ?

On sait aujourd'hui qu'il est possible d'exploiter les modèles existants pour en tirer de nombreuses propriétés antérieures au big-bang. Beaucoup, mais pas toutes, car certaines grandeurs intéressantes ne jouent qu'un rôle mineur dans l'expansion ultérieure et l'état actuel, si bien qu'elles ne laissent pas de traces et qu'on ne peut leur faire remonter le temps.

Dans une certaine mesure, l'univers oublie la valeur d'une grandeur avant le big-bang parce qu'elle n'a qu'une influence négligeable par la suite, sa mémoire est effacée. Le meilleur exemple de propriété oubliée est précisément le degré d'incertitude quantique ; même sans singularité, le big-bang avec ses forces répulsives est quand même un drôle d'endroit. La valeur de la fluctuation quantique, si importante longtemps avant le big-bang, ne joue brutalement plus qu'un rôle mineur et se trouve remplacée de fait par un paramètre tout autre ; il devient impossible de la suivre expérimentalement.

Autrement dit, l'univers avant le big-bang, avec ses propriétés mal cernées, était peut-être très différent de celui que nous connaissons : alors qu'il est

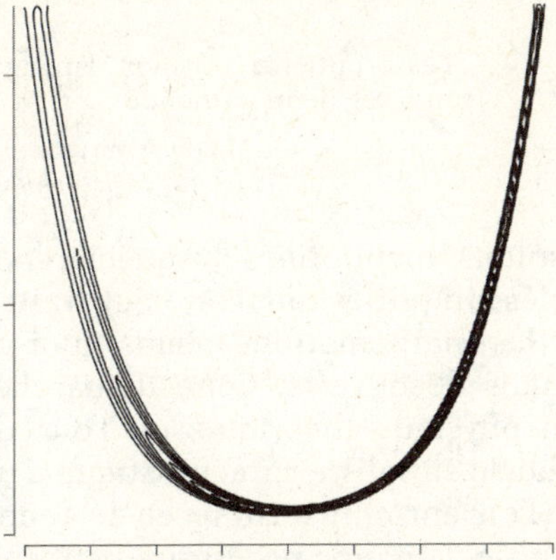

Fig. 14 : représentation d'une fonction d'onde dans un univers non singulier. Les courbes de niveau (qui correspondent aux couleurs sur la couverture du livre) représentent les valeurs de la fonction d'onde, dépendant du volume en ordonnée et du temps en abscisse. L'axe du bas, correspondant à un volume nul, n'est jamais atteint, d'où l'absence de singularité. Les fluctuations quantiques concrétisées par la largeur des reliefs sont très différentes de part et d'autre du volume minimal, c'est la raison d'être de la perte de mémoire cosmique qui empêche d'évaluer le niveau des fluctuations avant le big-bang à partir des valeurs après le big-bang.

possible de mesurer assez précisément le volume et la vitesse d'expansion dans un monde classique, il n'en va pas de même dans un monde quantique. Le monde avant le big-bang était donc peut-être bien plus incertain et fluctuant qu'aujourd'hui et nous en sommes réduits à des hypothèses qui sont bien souvent des préjugés. Même si la cosmologie quantique apporte des réponses insoupçonnées sur l'univers, il reste une grande place pour le mythe.

Les frontières

> Les frontières de mon langage sont les frontières de mon monde[1].
>
> Ludwig WITTGENSTEIN,
> *Tractatus logico-philosophicus.*

Les résultats mentionnés jusqu'ici reposent sur des modèles simplifiés que l'on peut traiter exactement par les mathématiques, sans quoi on ne les aurait jamais découverts. Cette démarche est fréquente en physique théorique, où l'on commence par un modèle simpliste caractéristique d'une situation, que l'on enrichit ensuite en le rendant plus réaliste. On se demande nécessairement si les résultats du modèle simpliste sont corrects ou doivent être remis en question quand on élargit le modèle. C'est le cas pour la perte de mémoire cosmique, qui n'a pu être établie que dans certains modèles.

Il existe une importante différence entre cette reconnaissance d'ignorance et des résultats positifs souvent fournis par des modèles. D'abord on s'intéresse à des données concrètes telles que la valeur d'un paramètre précis et la manière de la mesurer. Souvent, dans des cas simples, on parvient à calculer cette valeur en conservant un doute sur ce qu'elle serait dans un contexte plus réaliste non intégré dans le modèle. Pour ce qui est de la perte de mémoire cosmique, il s'agit d'un résultat négatif, une limitation des connaissances. Une généralisation conduit à une complexification du modèle original, sinon on

1. « *Die Grenzen meiner Sprache bedeuten die Grenzen meiner Welt.* »

serait parti du modèle général ; cette complication ralentit l'avancement des connaissances qui était déjà limité. On peut donc considérer que la perte de mémoire cosmique est une propriété générale.

Pour des physiciens, les frontières du savoir sont déprimantes. Les succès de la science ont répandu l'idée d'une vision déterministe du monde, si bien que les idées nouvelles sont accueillies avec scepticisme. La perte de mémoire cosmique est un défi de ce genre, qui fut violemment critiqué. Les raisons apportées ressemblaient au doute de Zénon et n'étaient guère défendables. L'argument est le suivant : il est possible que l'on ne puisse pas caractériser toute l'incertitude de l'univers avant le big-bang mais, après tout, il existe des infinités de propriétés qui caractérisent un univers quantique. Un paramètre incertain de plus ne changerait rien et donc rien n'est oublié.

Cet argument est spécieux, surtout si on le transpose à la capacité d'oubli des hommes : nous avons tous une mémoire parfaite ! Il peut certes nous arriver d'oublier quelque chose de temps en temps, mais il y a tant d'informations qui ne nous soucient pas et que nous n'oublions donc pas. Et puis « beaucoup » par rapport à « une infinité », ce n'est rien, donc nous n'oublions rien. C'est encore un exemple d'emploi abusif de l'infini, bien plus maladroit que celui fait par Zénon. Une autre faiblesse de l'argument tient au fait qu'il existe une infinité de propriétés de l'état de l'univers avant le big-bang qui nous sont totalement inaccessibles. L'incertitude est définie par trois paramètres seulement, dont l'un a un impact sur l'univers d'aujourd'hui, un deuxième sur celui au moment du big-bang et un troisième sur celui d'avant le big-bang. Nous pouvons raisonnablement espérer connaître le paramètre présent, si bien que l'univers perd la mémoire de deux paramètres de fluctuation sur trois.

Éviter la singularité du big-bang est déjà un grand succès, mais cela ne signifie pas que nous pouvons prédire le développement futur de l'univers, il reste bien des énigmes. Les modèles simples de la cosmologie donnent par exemple accès à la densité d'énergie et à la température précises de l'univers au moment de son extension minimale, mais cette précision tient souvent à des hypothèses spécifiques des modèles ; il est permis d'avoir des doutes sur la généralité de leur validité.

Même si plusieurs types de modélisations mènent aux mêmes conclusions, cela ne prouve pas leur caractère général, on peut avoir affaire à des artefacts liés au choix des échantillons, ce qu'Arthur Eddington décrivait au moyen de l'histoire des pêcheurs : deux pêcheurs discutent de leur activité tandis que leurs filets collectent les poissons ; l'un des pêcheurs fait part d'une curieuse observation qui le tracasse depuis longtemps, il ramasse des poissons de diverses tailles mais jamais plus petits qu'un centimètre. L'autre pêcheur trouve cela normal car les poissons naissent d'un œuf puis nagent dans la mer avant de se faire prendre dans un filet, d'où il conclut que tous les poissons de moins d'un centimètre se cachent.

C'est un exemple de raisonnement apparemment général, mais à la conclusion fausse : de toute évidence, les pêcheurs n'ont pas tenu compte de la taille des mailles de leurs filets qui ne permet d'attraper que des poissons de plus d'un centimètre, les autres passant entre les mailles. C'est donc un problème d'échantillonnage, car la méthode de sélection influence la conclusion. Il existe de même des problèmes d'échantillonnage dans les modèles cosmologiques qui ne peuvent être résolus que moyennant des hypothèses simplificatrices capables d'influer sur le résultat, au moins partiellement. On peut mettre en œuvre plusieurs types de modèles, mais il faut disposer d'un grand nombre de cas typiques pour conclure et cela n'est possible que pour un nombre restreint de situations, justement à cause de la complexité des modèles, même simplifiés.

Il existe un autre point de vue, plus puissant, mais moins connu. Au lieu de se concentrer sur des propriétés positives comme la valeur précise d'une grandeur, on adopte un point de vue résolument pessimiste : on essaie de voir quelles limites on peut attribuer aux paramètres. La perte de mémoire cosmique est un exemple. Dans des modèles simplifiés, on peut calculer ces limites presque aussi bien que les grandeurs, mais parfois la fourchette est si large qu'elle n'apporte aucun renseignement. Et cependant, dans certains cas, comme la fluctuation quantique de l'univers avant le big-bang, la fourchette est étonnamment étroite, même pour des modèles simples. Si l'on élargit le modèle par de la matière nouvelle ou des restrictions de symétrie, les fourchettes ne peuvent que se resserrer. Cette robustesse des modèles fait que l'on peut considérer les résultats comme acquis et généraux.

Ce point de vue pessimiste ne doit pas être vu comme un renoncement ; les frontières jouent un rôle important en sciences, mais elles doivent être clairement décrites, ce qui permet de voir s'il faut progresser au sein de ces frontières ou si l'on doit les contourner. Le calcul des valeurs de paramètres est parfois facile, parfois laborieux. Les chercheurs aiment mettre en œuvre certains modèles qui se prêtent bien à des publications, c'est surtout possible dans les phases initiales d'un nouveau domaine.

Disposer de beaucoup de données ne mène pas forcément à une connaissance plus approfondie. Il arrive que l'on reproduise un résultat connu par un modèle un peu différent mais cela ne préjuge pas de son caractère général, car il peut s'agir d'un effet d'échantillonnage. Le passage à un point de vue pessimiste, comme je le préconise depuis peu en cosmologie quantique à boucles, serait un signe de maturité de cette science : on commence par fixer des frontières pour ensuite se tourner vers des résultats généraux dans le cadre de la théorie. Voir et accepter des frontières est une contribution notable à l'honnêteté de la science.

Chapitre V

LA COSMOLOGIE D'OBSERVATION

La cosmologie d'observation a récemment produit des résultats impressionnants et puissamment contribué à la compréhension de l'univers. La cosmologie est une branche particulière de la physique parce qu'elle traite d'un objet unique, l'univers, qui n'est modifiable par aucun expérimentateur et qui exclut donc les méthodes habituelles de la physique, où l'on prépare un grand nombre d'échantillons, par exemple une quantité de particules élémentaires dans des accélérateurs, dont on mesure les propriétés encore et encore. Cette façon de faire aide à limiter les inévitables erreurs de mesure. Avec l'univers, on ne peut évidemment procéder ainsi : les cosmologues doivent se contenter de ce que l'univers leur présente.

La seule voie possible en cosmologie est donc l'observation, puisqu'il ne saurait être question de préparer une expérience ; on ne peut moyenner les erreurs de mesure à volonté et il n'est pas toujours aisé de savoir si une valeur est fortuite ou bien révèle un phénomène de fond. Il n'est pas rare que des spécialistes apportent une explication fondamentale à la suite d'une mesure étonnante. Par exemple, et comme on le verra, l'univers a récemment accéléré son expansion ; certains ont même conclu que cette accélération résultait de l'apparition d'une vie intelligente. Mais comment être sûr que tout cela n'est pas pure coïncidence ? Quand on peut répéter les mesures, le hasard disparaît car il ne peut créer d'effets systématiques. En cosmologie, il est impossible de reprendre quoi que ce soit ; il est donc difficile d'affirmer que cette accélération s'explique par la mystérieuse « énergie sombre ». On devrait se souvenir qu'il a existé nombre de coïncidences auxquelles on a, en leur temps, prêté une attention considérable. Par exemple, les diamètres du Soleil et de la Lune sont si parfaitement en rapport avec leurs éloignements que des éclipses totales sont possibles, ce qui n'a pas manqué d'impressionner nos ancêtres, qui ont souhaité pouvoir prévoir ces éclipses, et a contribué au développement de l'astronomie. Désormais, chacun est convaincu que cette similarité est fortuite, qu'elle se produit aujourd'hui mais que, du fait de l'éloignement progressif de la Lune sous l'effet dissipatif des marées, elle ne sera plus réalisée dans le futur.

Il en va de même pour de nombreuses questions en cosmologie. Depuis quelques années, les cosmologues d'observation sont devenus plus habiles à croiser les mesures, ce qui leur confère une précision inespérée ; c'est le thème de ce chapitre, avec une insistance sur les propriétés liées à la gravitation quantique.

Une autre particularité des mesures en cosmologie est que le cosmologue fait lui-même partie du système observé, l'univers, alors que, dans d'autres spécialités, l'observateur est séparé de l'objet étudié (à part quelques cas rares de recherches sur soi-même). Cela peut mener à des complications, voire à des paradoxes, en lien avec la physique quantique, donc la cosmologie quantique ; il en sera question à propos du caractère univoque des solutions cosmologiques.

LA TRIADE DE LA COSMOLOGIE D'OBSERVATION

Les connaissances cosmologiques sur la structure à grande échelle de l'univers et son extension reposent actuellement sur trois types indépendants d'observation : la mesure du rayonnement diffus cosmologique, une cartographie assez complète des amas de matière à grande échelle dans les galaxies et, enfin, une estimation précise des distances et des vitesses d'explosions stellaires, dites « supernovae de type Ia ». À quoi s'ajoutent des données sur la composition de l'univers, notamment les abondances relatives en éléments légers, comme l'hydrogène et l'hélium, qui renseignent sur la nucléosynthèse, une phase primitive de l'univers.

Le rayonnement micro-ondes cosmique

> Je t'aurais peinte : pas sur le mur,
> mais sur le ciel même, d'un bord à l'autre[1].
>
> Rainer Maria RILKE,
> *Le Livre des heures*.

1. « *Gemalt hätt ich : nicht an die Wand,/ an den Himmel selber von Rand zu Rand.* »

Le rayonnement électromagnétique micro-ondes s'est propagé dans l'espace dès les premiers temps[1], soit moins d'un demi-million d'années après le big-bang, ce qui, compte tenu de son âge actuel — un peu moins de quatorze milliards d'années —, est très tôt ; il est possible d'analyser avec une bonne résolution la répartition de son intensité dans le ciel. Comme on l'a déjà dit, ce rayonnement provient de l'univers chaud après le big-bang, quand la matière, avec une température de 4 000°C, a commencé à devenir transparente. À cette époque, et malgré l'attraction gravitationnelle, les galaxies n'avaient pas encore commencé à se former parce que la pression de radiation s'opposait à tout regroupement de matière.

La distribution de la matière était homogène, tout comme le rayonnement, le même partout dans l'univers, à part cependant de légères variations qui, après diminution de la pression de radiation, conduisirent à des agrégats puis à des galaxies. Il subsiste aujourd'hui des traces de ces faibles hétérogénéités dans la répartition légèrement inégale du bruit de fond, qui peut servir de base et de calibration à des modèles théoriques pour remonter au big-bang.

L'existence même du bruit de fond cosmique avait été prédite dès 1948 par Ralph Alpher et Robert Herman, et estimée alors de manière étonnamment précise à 5 kelvins, soit –268°C. Cette prédiction suscita d'abord peu de réactions, car la plupart des physiciens considéraient ce rayonnement comme indétectable. La première mise en évidence du bruit de fond cosmique fut l'œuvre d'Arno Penzias et

1. L'univers observable de cette époque occupait un milliardième de son volume actuel.

Robert Wilson en 1965, qui disposaient de détecteurs refroidis[1]. Leurs travaux furent récompensés en 1978 par le prix Nobel, en même temps que Pyotr Kapitsa pour ses travaux sur la physique des basses températures.

Les premières mesures trouvaient un rayonnement de fond très homogène, compte tenu de la précision possible à l'époque. Le spectre en fréquences était, comme prévu, donné par la formule de Planck du rayonnement thermique, déjà évoquée à propos de la mécanique quantique. En effet, l'univers est une cavité fermée parfaite et le rayonnement est le meilleur des thermomètres. Le spectre dépendant de la température, on peut estimer à 2,7 kelvins, soit -270 °C, la température moyenne de l'univers, très proche des prévisions. Cela paraît très froid comparé à la très forte température de l'univers initial, mais cela résulte de l'expansion qui a suivi la libération du rayonnement à 4 000 °C.

En 1992, le satellite COBE (COsmic Background Explorer, lancé en 1989) put mettre en évidence des irrégularités dans la répartition du rayonnement, donc des anisotropies. Les fluctuations sont très faibles, de l'ordre du millionième de l'intensité, mais elles restent mesurables. Pour ces mesures, ainsi que la confirmation de la formule de Planck, John Mather et George Smoot reçurent le prix Nobel de

1. Penzias et Wilson n'avaient pas développé leurs antennes dans un dessein cosmologique et ce n'est que par la suite que l'on fit le lien avec la cosmologie. D'autres chercheurs avaient planifié ce genre de mesure, mais Penzias et Wilson les avaient devancés. Parmi ceux-là, on trouve David Wilkinson, impliqué, comme on le verra plus tard, dans le satellite WMAP, qui fournit les meilleures données à ce jour sur le rayonnement de fond cosmique.

physique en 2006. Depuis cette époque, de nombreuses autres mesures ont été entreprises, en ballon en Antarctique ou sur des satellites dont WMAP (Wilkinson Microwave Anisotropy Probe) qui a fourni des données remarquables et continue à le faire. Dans le futur proche, l'ESA (European Space Agency) prévoit un nouveau satellite appelé Planck, qui doit fournir des données d'une précision extraordinaire et servir pendant plusieurs années de standard pour les mesures cosmologiques.

Les anisotropies dans la répartition céleste du rayonnement cosmique contiennent une quantité d'informations sur la physique de l'univers primordial. Elles montrent comment, entre la phase la plus chaude du big-bang et la libération du rayonnement après refroidissement, l'attraction a pu créer l'agglomération des zones un peu plus denses. Cela s'est fait en relativement peu de temps, d'où les anisotropies, faibles mais non nulles, ce qui permet, au moyen des équations d'Einstein, d'établir la répartition de la matière plus tôt dans l'histoire de l'univers et ensuite, au moyen des modèles, de déduire la répartition de la matière dans la phase chaude du big-bang.

Tout cela reste très indirect et ne permet pas d'établir un modèle unique ; cependant, les données sont assez précises pour éliminer certaines hypothèses et en soutenir d'autres. Les données offrent un avantage à la classe de modèles dits d'« inflation », selon laquelle l'univers s'est étendu très rapidement lors d'une phase très chaude, la vitesse d'expansion s'accélérant même (cette accélération ne doit pas être confondue avec celle plus récente déjà mentionnée). Il y a une contradiction apparente entre l'accélération de l'expansion et l'attraction gravitationnelle, d'où de grandes discussions sur le mécanisme physique de l'inflation, sur lequel nous reviendrons.

D'autres détails dans l'étude des anisotropies donnent accès à quelques paramètres importants pour la compréhension du cosmos. Par exemple, le spectre spatial des anisotropies, soit la répartition des intensités en fonction de la forme des irrégularités, montre un maximum. La longueur d'onde associée à cette forme mesure la courbure de l'espace à un moment donné. L'espace-temps et sa composante spatiale ne sont pas forcément plans mais peuvent avoir la forme d'une boule, auquel cas on parle de courbure d'espace positive. Un espace plan aurait une courbure nulle, un espace en forme de selle une courbure négative.

Selon la relativité générale, la courbure est responsable de la force de gravitation et elle agit aussi sur la lumière et le rayonnement micro-ondes du fond cosmique. Ces ondes, qui voyagent vers nous depuis leur libération, ont subi des influences variées et ont pu être focalisées ou défocalisées par ces courbures. Le maximum du spectre est déplacé à la suite de ces refocalisations et dépend donc de la courbure. La position mesurée évoque une courbure spatiale presque nulle, suggérant que l'espace où nous vivons est plat. Et pourtant l'espace-temps est courbe, sinon l'espace ne s'étendrait pas. L'espace d'aujourd'hui est plat en moyenne mais courbe au voisinage de grosses masses.

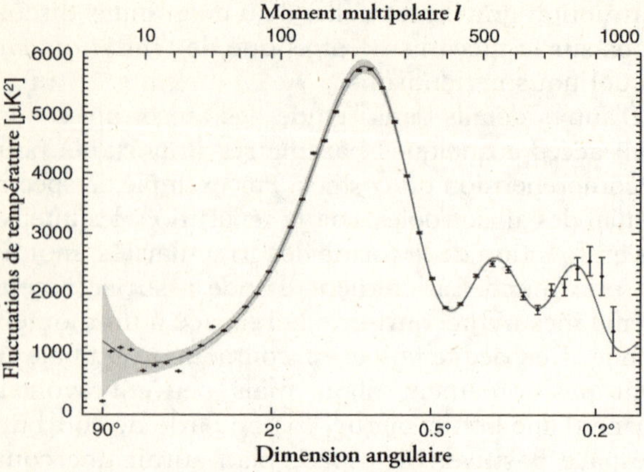

Fig. 15 : spectre du rayonnement micro-ondes cosmique avec un pic principal précis et des pics secondaires.
(http://map.gsfc.nasa.gov/media/080999/index.html)

Certains détails du spectre, et notamment les pics secondaires, dont l'existence avait déjà été montrée en 1965 par le physicien et défenseur des droits de l'homme Andreï Sakharov, apportent d'autres informations, comme la masse totale ayant conduit à des agglomérats gravitationnels. Ce paramètre est très important, pas en lui-même mais si on le compare à la masse nécessaire à un univers plat, tel qu'il est prévu par la relativité générale. Curieusement, la masse déduite est bien inférieure à celle d'un univers plat, alors que le maximum de la courbe correspondrait à un univers plat.

Il existe donc une contradiction entre les informations apportées par les pics du spectre d'anisotropie, ce qui suggère l'existence d'une nouvelle forme d'énergie, inconnue jusqu'à présent, qui n'entraîne pas une agglomération des masses et influe peu sur la courbure spatiale et le maximum principal, mais fortement sur les maximums secondaires. C'est un problème sérieux que l'on ne peut expliquer autrement. Heureusement, cette hypothèse ne s'appuie pas uniquement sur le rayonnement de fond cosmique, mais sur d'autres observations que nous allons décrire. L'ensemble des observations est cohérent et pose la grande énigme de la nature de cette forme d'énergie — dite « énergie sombre » — qui n'a pas encore reçu d'explication satisfaisante, malgré de gros efforts.

Pour corser le tout, en dehors même de l'énergie sombre, la masse de l'univers est nettement supérieure à la matière des étoiles visibles, ce qui conduit à l'hypothèse d'une nouvelle forme d'énergie, dite « matière sombre », à ne pas confondre avec l'énergie sombre. Nous ne détaillerons pas la question de la matière sombre, qui a peu de liens avec la gravitation quantique. Les représentants de la matière sombre pourraient être les trous noirs ou de nouvelles particules élémentaires, que l'on espère mettre en évidence directement au moyen d'accélérateurs.

Une caractéristique intéressante du rayonnement cosmique est sa polarisation : le rayonnement électromagnétique est transverse, c'est-à-dire que, comme une corde, il peut vibrer dans toutes les directions perpendiculaires à sa direction de propagation ; on peut mesurer la direction d'oscillation du rayonnement cosmique dans toutes les directions du ciel. Le satellite WMAP en a récemment fourni les premières mesures concrètes, quoique encore imprécises. Le futur satellite Planck devrait améliorer cet état des choses et apporter une riche moisson d'informations indépendantes sur le rayonnement cosmique de fond. L'intérêt de cette approche est qu'une polarisation ne peut être induite que par une déformation de l'espace-temps due à des ondes gravitationnelles, et non par une courbure de l'espace-temps provoquée par de la matière. Ces mesures de polarisation devraient donc renseigner sur l'intensité des ondes gravitationnelles près du big-bang et ainsi permettre de tester et peut-être de chiffrer les concepts théoriques comme les traces de la gravitation quantique.

La cartographie des galaxies

> Là, on commence en petit,
> on engloutit les plus petits,
> on croît peu à peu,
> et l'on se forme pour de plus hautes fins[1].
>
> GOETHE,
> *Faust*.

Les galaxies se sont formées après la libération du fond diffus cosmologique, à partir de fluctuations de densité, dont on peut encore voir les germes dans les anisotropies du fond diffus. Au début, les irrégularités dans la répartition de la matière étaient faibles mais des zones plus denses attiraient plus fortement la matière environnante, d'où une attraction encore plus forte. Les points denses ont commencé à fusionner et les plus gros ont tout avalé dans

1. Paris, Charpentier, 1859. « *Da fängt man erst im Kleinen an/ Und freut sich, Kleinste zu verschlingen,/ Man wächst so nach und nach heran/ Und bildet sich zu höherem Vollbringen.* »

leur environnement. Les centres ont grossi toujours plus, la pression et la température y ont augmenté jusqu'à l'ignition d'étoiles. Finalement les concentrations de masses ont culminé en des galaxies impressionnantes, tandis que le milieu ambiant perdait sa masse. Les équations d'Einstein permettent de calculer le regroupement de la matière à partir d'une distribution initiale, elle-même obtenue par exemple à partir du rayonnement diffus. Une cartographie précise des galaxies constitue donc un test de la théorie. Des télescopes de plus en plus sensibles ont permis cette vaste cartographie, et, même s'il n'existe pas encore de carte complète, les images existantes sont impressionnantes (essentiellement celles du SDSS, figure 16).

Fig. 16 : carte des galaxies du SDSS. Vu à grande échelle, l'univers paraît bien plus homogène que le laisseraient supposer le système solaire et la Voie lactée (http://www.sdss.org/news/releases/galaxies.jpg).

Ce cliché contient environ un demi-million de galaxies de notre voisinage. Si l'on analyse ces cartes à grande échelle, on remarque combien la répartition de la matière dans l'univers est homogène. La voûte céleste que l'on voit à l'œil nu n'est, en comparaison, qu'un infime détail, un hasard de l'histoire du développement de l'univers et de notre propre existence.

Cette homogénéité à grande échelle est une aubaine pour la cosmologie car elle justifie les simplifications de symétrie qui permettent de résoudre les équations d'Einstein. Si tel n'était pas le cas, malgré les observations, la complexité du développement cosmique ferait que l'arbre cacherait la forêt : il faudrait intégrer tant de détails dans le modèle théorique qu'il n'éclairerait plus rien.

En plus de cette confirmation de l'homogénéité que, de toute façon et sans complexes, les cosmologues admettaient depuis longtemps, les cartes de galaxies apportent des données concrètes, qui confortent celles du fond diffus cosmologique. Malgré cette homogénéité dominante, la distribution des galaxies présente des fluctuations visibles à plus petite échelle. Là aussi, comme pour le spectre d'anisotropie du fond cosmique, on observe une distance plus fréquente que celles signalées en 2005 par les collaborations entre SDSS déjà mentionné et 2dFGRS (Two degree Field Galaxy Redshift Survey). Là encore, on peut mettre en œuvre les équations d'Einstein et faire un lien avec la courbure spatiale et, là aussi, le résultat est un espace à peu près plat.

Le bon accord entre ces mesures de nature très différente ne montre pas seulement la consistance des données, mais aussi que la courbure spatiale a peu varié au cours du temps parce que, après tout, les petites fluctuations de densité au moment de l'émission du fond diffus et celles vues dans les galaxies sont séparées par des millions d'années. La constance de cette courbure spatiale était prédite par la relativité générale pour un univers où la répartition des masses est à peu près homogène. Encore un brillant succès pour la théorie.

Les supernovae

L'évolution des étoiles se poursuivit après la constitution des premières galaxies et, après quelque temps, les plus avancées avaient consumé tout leur combustible nucléaire ; leur température et leur pression interne chutèrent et ne purent plus s'opposer à la gravitation. Pour certaines étoiles, l'effondrement en un trou noir devenait inéluctable.

Ce processus et la structure des trous noirs feront l'objet du prochain chapitre ; contentons-nous de remarquer ici que ce n'est pas toute la matière stellaire qui s'effondre dans le trou noir : une partie conséquente est rejetée dans l'espace. L'énergie ainsi libérée constitue une gigantesque explosion, une supernova. L'avantage des supernovae de type Ia réside dans leurs propriétés très spécifiques : si l'on étudie le spectre de la lumière émise, au moyen d'un prisme par exemple, on peut estimer de manière fiable la quantité totale d'énergie émise. On peut en déduire l'éloignement de la supernova : pour une énergie émise déterminée, plus elle est éloignée, moins elle nous paraît lumineuse. C'est une méthode inapplicable aux étoiles ordinaires, pour lesquelles l'éloignement n'est accessible qu'indirectement, par exemple en comparaison avec d'autres astres voisins, comme justement les supernovae. C'est pourquoi on qualifie les supernovae de chandelles standard puisqu'elles représentent une sorte de phare standard, qui annonce l'univers aux astronomes.

La forte brillance des supernovae les rend très visibles, même quand elles sont lointaines. Elles nous renseignent sur l'état de l'univers il y a fort longtemps, du fait du temps de propagation de la lumière. On remonte ainsi l'histoire de l'univers car on a accès non seulement à la distance des supernovae mais aussi, toujours grâce à leur spectre, à leur vitesse acquise du fait de l'expansion de l'univers. (Il existe d'autres phénomènes qui affectent la vitesse, notamment la répartition des masses avoisinantes ; comme ces supernovae sont incluses dans des galaxies en rotation autour d'un centre, cet effet se compense en moyenne. De toute façon, ces contributions sont aléatoires et s'ajoutent à la vitesse d'expansion qui est symétrique, elles s'éliminent si l'on moyenne sur un grand nombre de supernovae.)

La distance informe donc sur la date de l'explosion et le spectre sur la vitesse de l'explosion à cette date ; les équations d'Einstein fournissent la forme à partir d'une répartition donnée des masses dans l'univers. En répétant cette procédure pour un grand nombre de solutions et d'étoiles, on peut estimer la répartition de masse la plus probable dans le passé de l'univers et disposer d'une troisième méthode de mesure des paramètres cosmologiques relativement récents, méthode de mesure indépendante de la cartographie des galaxies et du rayonnement cosmique diffus. L'ensemble est donc à même de fournir une représentation très cohérente qui permet de tirer des conclusions.

Une première surprise se fait jour immédiatement : comme on l'a déjà mentionné, on ne peut expliquer les détails de la répartition du fond diffus cosmologique que si l'on admet l'existence d'une énergie nouvelle dans l'univers, qui entraîne présentement une accélération de l'expansion. Le passé récent est le domaine des observations par les supernovae, qui confirment cette accélération. Il nous faut donc bien admettre cette nouvelle énergie, même si nous ne disposons pas d'une explication théorique.

Postuler l'existence de nouvelles formes de matière pour expliquer des données inexplicables n'est pas une méthode nouvelle en physique. Par exemple, en 1930, Wolfgang Pauli avait lié un indiscutable défaut d'énergie lors d'une désintégration radioactive à l'existence d'une particule alors inconnue. À cause de sa très faible interaction, cette particule avait pu passer inaperçue et ne se manifester que par ce défaut d'énergie. Même si des mesures plus précises avaient confirmé ce défaut, cette explication était un dernier recours pour Pauli. Et pourtant il avait raison : la particule fut mise en évidence directement en 1956 par Frederick Reines et Clyde Cowan, ce qui leur valut le prix Nobel de physique en 1995. L'expérience réussit malgré la très faible interaction car ils utilisaient un réacteur nucléaire, donc une source très puissante[1]. Cette particule est le neutrino, déjà évoqué, baptisé ainsi en 1934 par Enrico Fermi et

1. Reines et Cowan avaient même imaginé bâtir leur expérience à proximité d'une bombe atomique.

aujourd'hui intégré à l'astrophysique et à la cosmologie.

LA PRESSION NÉGATIVE

La cosmologie sera-t-elle gratifiée d'une pareille histoire à succès : une preuve directe et incontestable d'une forme d'énergie inconnue qu'elle aurait proposée ? Avant que cela soit effectif, les théoriciens doivent se mettre au travail et chercher des explications dans le zoo des particules élémentaires et le théâtre des phénomènes gravitationnels, parce que, sans une telle piste, ils chercheraient une aiguille dans une botte de foin.

L'énergie sombre

> La Nature aime à se cacher.
>
> HÉRACLITE (l'Obscur), *Fragments*, DK B 123.

Même une théorie très prolixe s'accommode mal de l'énergie sombre à cause de ses propriétés très singulières. Cette forme d'énergie doit provoquer une accélération de l'expansion, donc repousser la matière de l'univers et de l'espace-temps, ce qui est très inhabituel en gravitation, comme nous l'avons déjà observé maintes fois : la matière et l'énergie s'attirent.

La gravitation quantique peut expliquer des forces antagonistes répulsives, mais elle ne s'applique qu'à des distances minuscules, de l'ordre de la longueur de Planck, alors que nous observons la répulsion à des échelles gigantesques, de la taille de l'univers actuel. Concilier ces deux échelles est envisageable mais extrêmement ardu : il faudrait cumuler des effets quantiques à très petite échelle jusqu'à l'échelle cosmique. Cela n'a pas encore été fait de manière probante à ce jour et l'on n'entrevoit pas de moyens de tests directs.

Une autre possibilité d'explication serait de mettre en doute quelques-unes des prémisses de la cosmologie. Dans les calculs, on suppose implicitement un modèle d'univers homogène et la répartition des galaxies appuie cette hypothèse. Mais le phénomène d'accélération n'a commencé que récemment, après l'instant de prise de vue de la majorité des galaxies. Se pourrait-il qu'entre-temps l'attraction gravitationnelle ait conduit à un regroupement de matière qui mettrait en défaut l'hypothèse d'homogénéité ?

Cette proposition avancée surtout par Thomas Buchert a l'avantage de ne pas remettre en question la validité de la relativité générale. L'expansion accélérée ne deviendrait apparente que si l'on introduit de force un univers déjà très hétérogène dans le carcan d'un modèle homogène. Pour d'autres, l'hypothèse d'homogénéité est mise en doute, alors qu'elle permettait une simplification appréciable des calculs. Ces mises en doute sont permises car les prédictions, qui reposent sur des modèles simplifiés, ne sont jamais acquises. On peut analyser les solutions en détail en négligeant des propriétés certes difficiles à modéliser, mais peut-être significatives. La validité d'un modèle ne peut être jugée que dans un cadre théorique général ; les équations sont alors si inabordables qu'une explication vraiment convaincante de l'énergie sombre reste à trouver.

La relativité générale autorise exceptionnellement des expansions accélérées, mais pendant des périodes définies. Dans la théorie de Newton, les masses, étant positives, ne peuvent exercer que des attractions. En relativité générale, les forces de gravitation proviennent de la masse, mais aussi de l'énergie, qui lui est équivalente selon la relativité restreinte, et il en résulte une pression, qui lui est liée.

Comme la plupart des différences entre les gravitations de Newton et celles d'Einstein, cela est dû aux conversions entre espace et temps. Ce qui est fondamental pour la gravitation, c'est la densité d'énergie, l'énergie par unité de volume. La masse étant équivalente à l'énergie, cela justifie qualitativement l'attraction gravitationnelle de Newton. Mais, en relativité, on peut convertir des distances spatiales en distances temporelles en changeant le repère. Donc, de même que l'on ne peut séparer l'espace et le temps et que l'on doit considérer un seul objet, l'espace-temps, de même la densité d'énergie ne peut être vue comme un objet en soi car sa définition implique une longueur spatiale. La densité d'énergie, qui apparaît comme une grandeur statique, devient par changement de point de vue un flux d'énergie : ce qu'un observateur voit comme une énergie cantonnée à un endroit est considéré par un autre comme de l'énergie qui coule dans une direction donnée.

Le problème est que l'objet mathématique qui décrit l'énergie diffère de l'objet qui donne les directions de l'espace-temps. Les directions de l'espace-temps sont des grandeurs appelées « vecteurs » qui regroupent les dimensions spatiales et temporelles, elles sont au nombre de quatre parce que l'espace-temps est à quatre dimensions. La densité d'énergie et le flux d'énergie — ce dernier a trois composantes en raison de sa dimension spatiale — sont les quatre composantes d'un vecteur ; l'énergie n'est pas décrite par un vecteur, mais comme un tenseur — le tenseur impulsion-énergie. Un tenseur dans un espace-temps à quatre dimensions n'a pas quatre composantes mais seize, on peut se le représenter comme une matrice.

Que sont les autres composantes du tenseur impulsion-énergie ? Il s'agit de la pression et des contraintes dans la matière. La pression est définie comme l'opposé de la variation d'énergie divisé par la variation du volume qui la contient. Cette définition représente bien le comportement de la matière sous pression : si l'on veut diminuer le volume, on doit fournir du travail, donc apporter de l'énergie à la matière ; la variation de volume est alors négative, la variation d'énergie est positive et la pression aussi. Plus il faut apporter d'énergie, plus la pression est forte, et inversement. Interviennent donc les valeurs de l'énergie et les changements de longueur, il est donc logique que la pression soit liée à la densité et au flux d'énergie.

Dans la physique de Newton, la densité de matière détermine la force de gravitation ; dans une approche relativiste, on ne peut séparer la densité d'énergie du flux d'énergie ni de la pression et des tensions internes, la gravitation résulte alors de l'ensemble du tenseur impulsion-énergie, et c'est ce qui apparaît dans les équations d'Einstein. En conséquence, la pression est importante pour l'extension de l'univers, la pression de la matière contribue à l'histoire de l'univers. Cela a des conséquences sur la possibilité d'une extension accélérée : tout comme la masse, l'énergie doit être positive et exclut la création directe de forces antagonistes. La pression, en revanche, peut être négative et l'on peut présumer qu'elle est suffisante pour équilibrer la densité d'énergie positive et conduire à une gravitation répulsive. Ce serait une propriété fondamentale de l'énergie sombre : une pression négative et une énergie positive.

Voilà donc une caractérisation théorique, mais elle est loin d'être satisfaisante car, pour créer une pression négative, surtout dans des domaines d'espace-temps d'envergure cosmique, il faut faire appel à des concepts très exotiques, or tout ce qui a été proposé à ce jour est peu convaincant. Cette façon d'invoquer de nouvelles formes de matière semble vraiment un pis-aller, contrairement à l'astuce des neutrinos de Pauli. De fait, il ne suffit pas d'admettre l'existence de ces particules et peut-être de faire des hypothèses sur leur masse, il faut aussi répondre à bien des questions sur leurs propriétés. Cette théorie contient simplement trop d'arbitraire.

La pression négative est une dépression, phénomène connu dans certaines situations. Par exemple, on rencontre des pressions négatives dans les tubes à sève des arbres du fait de l'évaporation de l'eau dans les feuilles. Qu'en serait-il dans la gravitation ? Comme on l'a vu, la pression résulte d'une variation d'énergie liée à une variation de volume, avec un changement de signe pour disposer d'une grandeur positive dans la vie de tous les jours. Dans ce cas commun, l'énergie diminue quand le volume augmente ; la matière, un gaz par exemple, va se répandre pour minimiser son énergie. Pour l'en empêcher, il faut la contenir dans un récipient avec des parois suffisamment solides. Dans le cas d'une pression négative, la matière peut minimiser son énergie en se contractant et seule une force de traction peut l'en empêcher.

On comprend alors le rôle de la pression quand on néglige la gravitation : la matière de l'univers mise sous pression montre les tendances de la gravitation classique qui mènent à l'effondrement et aux singularités. On assiste donc à un gigantesque balancement de la densité de matière du fait de l'attraction gravitationnelle, qui attire les masses et augmente encore la gravitation : sans l'intervention de forces quantiques antagonistes, le mécanisme est instable.

La pression gravitationnelle mène elle aussi à une instabilité. La matière n'est pas contenue dans un récipient mais bien dans l'ensemble de l'univers et, si sa pression est positive, elle ne peut se répandre que par une expansion de tout l'univers. Mais une pression positive, tout comme une énergie positive, conduit nécessairement à une attraction gravitationnelle, si bien que la pression positive ralentit l'expansion, ces effets étant concurrents. Si la matière est incluse dans un milieu favorable, comme une étoile éteinte, l'effondrement sera encore accéléré et il en résultera un trou noir.

Pour une pression négative, la situation présumée est exactement l'inverse : la pression négative peut compenser la densité d'énergie négative, la matière de l'univers devrait donc se contracter et, si la répartition de la matière dans l'univers est homogène, c'est l'univers qui doit se contracter. La gravitation renforce alors l'expansion cosmique, qui se trouve ainsi accélérée.

Comme les observations le suggèrent, l'expansion de l'univers s'est accélérée récemment ; si l'hypothèse d'homogénéité se confirme, il doit exister une quantité appréciable de matière à pression négative. Cette pression négative est concevable, cependant il faut non seulement qu'elle soit assez forte pour contrebalancer toutes les densités d'énergie de la matière de l'univers, mais aussi qu'elle ait existé sur des périodes très longues, d'échelle cosmologique. À ce jour, aucun phénomène connu ne réalise ces conditions, c'est précisément le problème de l'énergie sombre.

L'inflation

La pression négative compensant la force de gravitation doit avoir une influence sur les singularités, mais cela suppose une matière à pression négative qui ne soit pas répartie uniformément dans l'univers actuel, comme le serait l'énergie sombre, et qui serait plutôt présente dans l'univers primordial peu après le big-bang ou bien au centre d'étoiles en phase d'effondrement. La pression négative de l'univers primordial est appelée « inflation[1] » par allusion au

1. De même, on pourrait qualifier l'accélération récemment enregistrée d'« inflation » au lieu d'« énergie sombre », mais il pourrait en résulter une confusion entre deux phénomènes de nature différente. Le mot « inflation » a d'abord été utilisé pour nommer l'accélération de l'univers primordial et on ne l'emploie donc que dans ce sens.

comportement expansionniste de l'univers. On a évoqué la pression négative pour éviter les singularités des trous noirs, mais avec un succès limité, car il se trouve qu'une pression négative, quoique créant une force répulsive, ne peut éviter la singularité, comme Arvind Borde, Alan Guth et Alexander Vilenkin l'ont démontré il y a quelques années, moyennant certaines hypothèses. Un des auteurs, Alan Guth, est le père de la théorie de l'inflation cosmologique car il a montré en 1981 qu'elle présente des avantages en dehors de la question des singularités. (D'autres travaux similaires ont été publiés, mais ils ont suscité moins d'échos.)

Cette théorie de l'inflation nous ramène à la nécessité des observations de l'univers primordial et notamment du fond diffus cosmologique ; celui-ci renseigne sur la répartition de la matière dans l'univers primordial qui était plutôt homogène, mais pas tout à fait. Les équations d'Einstein permettent de remonter le temps et d'accéder à des structures fines de la répartition d'intensité du rayonnement primordial ; cette répartition était de plus en plus homogène, ce qui ne doit pas surprendre car elle témoignait d'un regroupement ultérieur des masses sous l'effet de la gravité.

Cette approche est séduisante car elle suggère que notre univers si complexe est parti d'un état initial fort simple et que c'est la gravitation qui a créé les structures complexes, comme les amas de galaxies ou même le système solaire avec ses planètes. Peut-être pourrons-nous savoir un jour pourquoi notre univers est comme il est et même simplement pourquoi il est.

Un état initial de l'univers très homogène met

cependant en cause la cohérence de la théorie : si nous considérons le big-bang comme l'instant de départ, il existe un temps maximal pour la propagation de signaux entre deux points car, si le signal démarre à la singularité (ou peu après car, à la singularité, la théorie ne tient plus), il ne peut parcourir plus d'une certaine distance maximale entre deux instants. Cette distance maximale peut être calculée par la relativité générale, mais elle est si faible que, dans des conditions habituelles, aucun signal ne peut traverser tout l'espace. Et c'est le problème de l'horizon, car comment obtenir une répartition uniforme si aucun signal ne peut provoquer cette uniformité ? C'est là qu'intervient l'inflation, car ce que nous appelons « conditions habituelles » inclut une pression positive et, comme le montrait Guth, s'il existe suffisamment longtemps une pression négative, il est très facile d'échanger des signaux entre tous les points de l'espace de l'univers primordial. Le problème de cohérence ne se pose donc pas dans un univers à inflation, ce qui est un des avantages de cette théorie.

Comme on a pu le remarquer, l'existence de la singularité du big-bang joue un grand rôle, celui de point de départ de l'univers, mais on est dans l'illégalité car, justement, la théorie n'est pas valable à cet instant. Dans une théorie satisfaisante, on élimine la singularité par les forces antagonistes de la gravitation quantique et l'on résout alors automatiquement le problème de l'horizon d'une tout autre manière que celle proposée par Guth : si l'univers existait déjà avant le big-bang, les signaux disposaient de tout le temps nécessaire pour relier tous les endroits de l'univers primordial et permettre une répartition uniforme, au moins en principe.

Le problème de l'horizon n'est donc plus un argument pour l'inflation ; au contraire, l'inflation présente un avantage bien plus essentiel, que Guth n'avait pas identifié. Il a fallu des analyses détaillées de l'expansion des inhomogénéités, initiées par Viatcheslav Mukhanov et G. V. Chibisov en 1981 — donc avant la reconnaissance de l'inflation — pour comprendre que l'inflation mène à une forme très spéciale de répartition homogène, par ailleurs conforme aux observations faites depuis. Quoique l'on ne puisse observer l'expansion accélérée de l'univers primordial comme on peut voir celle de l'univers tardif, on dispose d'arguments expérimentaux forts, bien qu'indirects, pour affirmer l'existence de l'inflation et donc de la pression négative dans l'univers primordial.

Mais l'intérêt de l'inflation est encore bien plus grand : les modèles qui l'incluent non seulement expliquent pourquoi la matière est répartie de manière aussi homogène, mais, de plus, ils mettent en évidence un mécanisme par lequel la matière, telle que nous la connaissons, est apparue dans la phase chaude du big-bang : dans un univers en expansion accélérée, les particules de matière sont créées en permanence à partir du vide — du vide intégral ! Comme dans notre description des fonctions d'onde assimilées à des vagues sur un lac et excitées par un tremblement du fond, ici les fonctions d'onde de la matière sont excitées par le fond « tremblant » de l'espace-temps accéléré. En cosmologie, cela signifie qu'au moment du big-bang un espace parfaitement vide ne reste pas vide au courant de l'inflation, il voit apparaître une quantité croissante de matière. Si l'expansion se poursuit suffisamment régulièrement, c'est-à-dire avec une accélération constante, la répartition de la matière est automatiquement uniforme à la fin de l'inflation et se trouve en excellent accord avec le fond diffus cosmologique.

Un tel processus de génération de matière n'est concevable que dans un contexte de gravitation, sinon il serait en contradiction flagrante avec la conservation de l'énergie. L'énergie des particules produites doit provenir de quelque part, elle ne peut naître de rien et c'est, là encore, que la pression négative intervient : comme nous l'avons vu, la matière est inséparable de la pression négative. En d'autres termes, la matière peut réduire son énergie en se contractant et cela se produit effectivement, sauf si des cloisons très fortes l'en empêchent. Mais la matière de l'univers est répartie de façon homogène et ne rencontre pas de cloisons, rien ne l'empêche donc de se contracter. La gravitation ne respecte pas cela et réagit à la pression négative par une expansion accélérée. Aussi la matière ne peut-elle minimiser son énergie ; sous l'effet de la gravitation, l'énergie croît et cette croissance se manifeste par des excitations de matière, c'est-à-dire des particules issues du vide.

Récapitulons : dans cette phase, la matière doit être décrite par la mécanique quantique qui, seule, peut expliquer l'état du vide ; comme tout état, le vide de matière de l'univers en expansion présente des fluctuations, c'est-à-dire que le nombre de particules du vide est nul en moyenne, mais pas rigoureusement nul. Cela ressemble à la fonction d'onde d'un électron, qui n'est connue qu'en moyenne et fluctue en raison de l'élargissement de la fonction d'onde. Tout comme la localisation d'une particule en mécanique quantique s'élargit et devient imprécise, la fonction d'onde de la matière, où le nombre de particules joue le rôle de la localisation, n'est plus précise. Si l'univers ne s'étendait pas, cela n'aurait pas de conséquences : la fonction d'onde serait imprécise tout en restant ce qu'elle est, mais l'expansion de l'univers fait que, comme pour les équations effectives, les fluctuations agissent sur le nombre de particules. Il en résulte qu'au cours du temps arrivent de nouvelles excitations et le nombre moyen de particules n'est pas nul.

La représentation en termes de paires de particules aide à la compréhension. L'énergie est imprécise tout comme le nombre de particules dans le vide ; des paires de particules matière-antimatière peuvent apparaître brièvement, par exemple un électron et un positron. Cette paire devrait normalement s'annihiler très vite, sauf si l'on écarte rapidement les particules l'une de l'autre. Il est naturellement impossible de manipuler des particules directement pour les séparer mais si ces particules portent des charges électriques opposées, ce qui est le cas, on peut espérer y parvenir grâce à un fort champ électrique. C'est une expérience qui pourrait être envisagée en laboratoire, mais elle n'expliquerait pas la création des particules dans l'univers primordial, où n'existait pas de champ électrique qui aurait pu agir à grande échelle, car ce champ aurait traduit une forte anisotropie de l'univers.

Cependant, il est possible de séparer les particules en tirant le sol littéralement sous leurs pieds et c'est ce qui se produit dans un univers en expansion accélérée : l'espace-temps grandit si vite que les paires particule-antiparticule ne se retrouvent plus pour s'annihiler ; elles subsistent donc comme des particules à longue durée de vie. C'est ainsi que la théorie inflationniste explique la répartition presque homogène de la matière originelle et sa structure présente. Le contenu de l'univers serait alors le résultat aléatoire de fluctuations quantiques, renforcées par la gravitation et gelées dans une matière bien réelle[1]. La seule exigence est une expansion accélérée ou bien une matière à pression négative.

Et l'on cherche intensément quelle serait la forme de cette matière en dépression ; il faut des circonstances très particulières pour maintenir la pression négative assez longtemps. On estime que, pendant ce temps, l'univers a dû pouvoir se dilater d'un facteur qui s'écrit avec vingt chiffres, sinon la répartition ne serait pas homogène et serait en contradiction avec les mesures du fond diffus cosmologique.

On peut donner un cadre mathématique à cette forme de matière, moyennant des échanges bien spécifiques, ainsi que des conditions initiales pour la matière soumise à la pression négative. On sait réaliser des pressions négatives sur Terre, par exemple en refroidissant brutalement un objet : la matière se contracte et, si elle est contenue dans un récipient, elle se retrouve en état de tension vue comme une pression négative. Cela requiert des précautions expé-

1. On ne sait pas à ce jour expliquer la disparité du nombre de particules de matière et d'antimatière ; elles ont été ou bien séparées ou bien créées en nombres différents par une asymétrie. Aucun phénomène physique connu ne tranche entre ces possibilités, nous y reviendrons brièvement.

rimentales et, de plus, la pression négative ne peut durer du fait des échanges de chaleur entre l'objet et son environnement. On ne sait pas si l'univers a pu se trouver en pression négative, ni combien de temps.

Une observation de la gravitation quantique ?

On n'observe donc pas la pression négative mais une expansion accélérée explicable par l'effet de la pression négative sur l'espace-temps. La pression négative est la seule manière dont la relativité générale peut expliquer des forces répulsives. Si le but premier est une explication de l'accélération et de la force répulsive, la gravitation quantique apporte un éclairage au problème de la singularité et, si cela réussit, on pourrait s'épargner la peine de justifier la pression négative.

Les effets de la gravitation quantique sont essentiellement sensibles dans un univers primordial chaud, où les forces quantiques répulsives peuvent arrêter l'effondrement d'un univers préalable et entraîner après le big-bang l'expansion de l'univers tel que nous le connaissons. Une force capable d'enrayer l'effondrement peut aussi accélérer un univers déjà en expansion. Les équations de la cosmologie quantique à boucles fournissent facilement des univers à expansion accélérée, et ce dès leurs premières phases ; cela ne nécessite pas de matière particulière en pression négative. L'accélération est une simple conséquence d'une nouvelle théorie de la gravitation qui, pour un univers de haute énergie et de petit volume, n'obéit plus à la relativité générale. La force de gravitation n'est alors plus purement attractive, elle possède une composante répulsive, si bien que même la matière ordinaire s'accorde avec un univers en expansion accélérée.

Il n'a pas encore été prouvé que ce niveau d'accélération est une explication suffisante ; le problème de l'horizon n'apparaît que du fait de l'existence d'un moment initial comme la singularité du big-bang et, dans cette théorie comme dans les modèles d'inflation fondés sur la pression négative, il faut justifier d'une expansion suffisante pour assurer une répartition homogène de la matière. C'est l'objet de recherches intensives menées par des groupes en Grande-Bretagne, dont Ed Copeland, qui a publié un article fondamental avec David Mulryne, Nelson Nunes et Maryam Shaeri, et, indépendamment, Aurélien Barrau et Julien Grain en France, Shinji Tsujikawa au Japon, Gianluca Calcagni et d'autres aux États-Unis. Quel que soit le résultat de ces travaux, on peut dire que, selon la cosmologie quantique à boucles, une expansion accélérée se produit lors du big-bang et qu'il en résulte des écarts par rapport à la relativité générale. On espère mettre ces écarts en évidence prochainement grâce à des mesures cosmologiques précises.

La gravitation quantique à boucles fournit donc une possibilité de test de la théorie. Prises séparément, ces corrections quantiques sont minuscules, même au voisinage du big-bang, mais, dans certains cas, elles peuvent se cumuler sur des périodes cosmologiques, ce qui laisse un espoir d'observation ; ce serait un événement marquant de la recherche théorique moderne car on ne dispose à ce jour d'aucune indication expérimentale sur la forme exacte de la gravitation quantique. Ces observations sont aussi indispensables pour orienter les modèles que le furent les spectres atomiques aux débuts de la mécanique quantique.

Des observations, même indirectes, auraient pour la gravitation quantique à boucles un avantage exceptionnel, elles fourniraient un aperçu sur les forces antagonistes qui auraient non seulement permis, lors du big-bang, une expansion accélérée mais auraient conduit à l'implosion d'un univers précédent. Une observation expérimentale de cette force et une compréhension de la manière dont elle aurait influencé la phase primitive permettraient un retour en arrière vers l'univers antérieur ; on aurait ainsi, et pour la première fois, une vision, même indirecte, sur l'univers d'avant le big-bang.

Pour cela, il faut d'abord fortement améliorer les données sur le fond diffus cosmologique, ce que le satellite Planck doit permettre, mais il faudra inclure des signaux d'autres natures. Le rayonnement électromagnétique ne pénètre pas assez dans la phase primitive de l'univers, donc il sera nécessaire de recourir à des vecteurs plus pénétrants, comme les neutrinos et les ondes gravitationnelles. Mais ces sources d'information présentent elles aussi des dispersions qui limitent leur pouvoir d'information sur le passé. Les neutrinos permettent de remonter jusqu'à une seconde après le big-bang, à comparer au demi-million d'années du fond diffus cosmologique, mais même ce clin d'œil d'une seconde représente un nombre énorme (qui s'écrit avec quarante-deux chiffres) de quanta temporels. Les ondes gravitationnelles nous permettraient de remonter encore plus loin mais la gravitation quantique n'a pas encore dit jusqu'où. Et même ainsi, nous ne pourrons remonter aussi loin que nous le souhaitons, nous nous heurtons à une barrière naturelle en plus de la perte de mémoire cosmique.

Comment alors obtenir des informations sur les propriétés de l'univers avant le big-bang ? Reprenons l'analogie de la singularité avec l'éclatement du filet d'eau ; cela ressemble à la manière dont la gravitation quantique à boucles évite la singularité du big-bang, le filet d'eau représentant le tissu élastique de l'espace-temps courbe de la relativité générale. La séparation en gouttes figure alors une singularité aisément explicable dans une théorie atomique de l'eau, de la même façon que le temps discrétisé de la cosmologie quantique à boucles inclut l'univers avant le big-bang. (Notons que, dans la goutte d'eau, il n'existe aucune force antagoniste susceptible d'empêcher la séparation.) Ce qui se déchire n'est que le tissu élastique de la représentation classique, pas le monde atomique réel.

De même qu'il nous est difficile, voire impossible, de regarder au-delà du big-bang, de même pour un être vivant au sein de la goutte séparée — par exemple un colibacille — toute information au sujet de l'eau restant dans le robinet sera irrémédiablement perdue. Au moment de la séparation en gouttes, et auparavant, il a existé un contact entre l'eau de la goutte et celle dans le robinet, si bien que la goutte a pu conserver un peu d'information : par exemple, la composition chimique du fluide ou sa teneur en sels ne change pas lors de la séparation ; si l'on élabore dans cet esprit une théorie de la séparation, on peut remonter à la composition de l'eau dans le robinet, simplement en analysant l'eau de la goutte. Par ailleurs, en supposant que la bactérie soit suffisamment intelligente, elle peut procéder à une observation indirecte : lors de la séparation, la goutte est soumise à de minuscules oscillations observables depuis la goutte elle-même. Avec des données assez précises et une bonne théorie, il est possible de remonter le temps et de déduire l'origine de la goutte. En cosmologie aussi, on peut utiliser des oscillations — les oscillations de la matière de l'univers primordial, enregistrées dans la répartition céleste des micro-ondes — ou bien, par analogie, la propagation des ondes de gravitation. Là encore, on cherche à remonter le temps.

D'AUTRES POSSIBILITÉS DE TEST

En dehors de la cosmologie de l'univers primordial, il existe des situations où la théorie peut se confronter aux observations, mais il n'est pas avéré que les effets de la gravitation quantique soient suffisants pour être détectés ; en toute hypothèse, ils ne sauraient affecter de manière spectaculaire notre vision du monde. Comme pour les indices d'énergie sombre, il est important d'employer des observations de pointe indépendantes pour mettre en évidence de nouveaux mécanismes physiques. Ce n'est qu'ainsi que l'on pourra affirmer l'universalité du modèle.

La synthèse nucléaire

Lors de la phase chaude du big-bang, après l'expansion accélérée, quand l'univers occupait déjà un volume conséquent, son extension, comme un tsunami, avait créé des fonctions d'onde de particules élémentaires à partir du vide. L'espace n'était donc pas vide, il recelait de la matière et de l'énergie ; cependant, il se trouvait trop d'énergie pour que des noyaux atomiques puissent exister : même si, fortuitement, les protons et les neutrons ambiants s'étaient associés pour former un noyau, ils auraient vite été séparés par la collision avec une autre particule très énergétique. D'ailleurs, même les particules élémentaires ne pouvaient vivre longtemps car elles rencontraient rapidement leurs antiparticules et se désintégraient en photons. Les particules pouvaient ensuite être régénérées par les photons et le cycle se poursuivait.

Ce mécanisme ne pouvait durer indéfiniment car l'univers s'étendait, se diluait et se refroidissait, si bien que l'énergie des photons ne suffisait plus pour créer des paires de matière/antimatière. D'abord il ne se fabriquait plus de protons/antiprotons ni de neutrons/antineutrons, tandis que la création d'électrons/positrons se poursuivait car leur masse n'est que de 1/2000e de celle du proton, donc leur création réclame bien moins d'énergie. Les protons et les neutrons commencèrent alors à disparaître de l'univers en ne laissant que leur énergie.

Une des grandes énigmes de la cosmologie, déjà mentionnée, est de savoir pourquoi les protons et les neutrons ont subsisté jusqu'à aujourd'hui au lieu de s'annihiler avec leurs antiparticules[1]. On est certain que toute la matière visible est réellement faite de matière et non d'antimatière car, même entre les galaxies, se trouve du gaz qui, en rencontrant une antigalaxie, émettrait par désintégration un rayonnement clairement identifiable. La matière et l'antimatière n'ont donc pas pu se séparer pacifiquement et vivre leur vie à distance, un déséquilibre a dû exister dès l'origine ou apparaître ultérieurement.

Et les difficultés commencent, car on ne sait expliquer le déséquilibre initial, ce n'est qu'un postulat qui ne s'appuie sur aucune théorie physique connue (Andreï Sakharov a discuté ce point en 1967). En effet, il existe des symétries entre les particules et leurs antiparticules qui corrèlent très fortement leur génération et leurs interactions. Ces symétries ne sont pas parfaites mais la brisure de symétrie est très petite, comme il résulte d'expériences avec des accélérateurs. Cependant il n'existe aucune théorie convaincante pour expliquer la prédominance de la matière.

La gravitation quantique n'apporte pas d'explications à ce phénomène, il nous faut l'admettre. L'univers se composait donc d'un océan de particules élémentaires débarrassées de l'antimatière, à l'exception des électrons ; il y avait là des électrons, des positrons, des protons, des neutrons et les omniprésents neutrinos. L'expansion se poursuivant, l'univers se refroidissait suffisamment pour que les particules en mouvement perdent leur énergie et qu'elles se regroupent en noyaux atomiques stables. Cette transi-

1. Voir p. 180, n. 1.

tion est connue sous le nom de « nucléosynthèse du big-bang ».

La nucléosynthèse n'a apporté qu'une faible variété d'éléments, si on la compare à la richesse actuelle des éléments chimiques, essentiellement le deutérium, un isotope lourd de l'hydrogène, contenant un neutron en plus du proton, l'hélium et quelques éléments légers comme le lithium. Les proportions exactes des éléments créés alors sont importantes pour la suite de l'évolution de l'univers. La part essentielle est prise par l'hydrogène : 75 %, suivi par l'hélium, presque les 25 % restants. Le deutérium ne comptait que pour un cent-millième (10^{-5}), le lithium pour un dix-milliardième (10^{-10}) et l'ensemble des éléments plus lourds pour moins de 1 %. La nucléosynthèse des éléments plus lourds s'est poursuivie plus tard au sein des étoiles avec la création de la matière dont les planètes sont constituées ; nous continuerons cette étude au chapitre suivant, mais nous pouvons déjà dire que la mesure actuellement possible des proportions de ces éléments primordiaux apporte de grands renseignements.

La nucléosynthèse au moment du big-bang est un processus si sensible que de petits écarts dans le comportement des particules élémentaires et du rayonnement mènent à de grandes différences dans les observations. C'est là une opportunité pour la validation des théories de gravitation car la diffusion des particules fixe leur concentration dans l'univers en expansion, tandis qu'inversement la quantité de particules conditionne l'expansion *via* l'attraction gravitationnelle. La proportion des éléments fournit donc une information sur les forces de gravitation primitives.

Dans ce contexte, les forces de répulsion de la gravitation quantique ne jouent plus de rôle mais même la composante d'attraction peut présenter des écarts par rapport à la relativité générale. Ces écarts peuvent altérer l'équilibre requis par une nucléosynthèse efficace ; il est donc possible de déduire une borne à ces écarts. Cela peut servir à analyser la structure granulaire de l'espace-temps, qui explique les écarts par rapport à la théorie classique ; il s'agit là d'une sorte de microscope indirect. Les calculs y afférant sont complexes et en cours de développement ; d'après les recherches que je mène depuis peu avec Rupam Das et Bob Scherrer, il semble que des connaissances bien plus précises de la nucléosynthèse soient nécessaires pour apporter une contribution appréciable à la gravitation quantique.

L'espace-temps vu comme un cristal

Même dans les phases postérieures de l'univers, on peut trouver des effets montrant la nature discrète de l'espace-temps. Pour une lumière se propageant dans l'univers, l'espace-temps discret se comporte comme un cristal. Dans un milieu sans structure, tel que le vide, la lumière de toutes longueurs d'onde se propage de la même façon, notamment avec la même célérité. Dans un milieu de structure discrète, comme un cristal transparent, les couleurs sont soumises à des règles de dispersion différentes : la lumière de courte longueur d'onde, donc à plus haute fréquence, proche du bleu, a plus de mal à vaincre l'inertie des atomes du cristal et à les mettre en mouvement. Pourtant, ces oscillations sont essentielles pour l'onde qui se propage d'atome en atome à travers le cristal entier. Si la longueur d'onde se rapproche de la distance entre atomes, l'onde a de plus en plus de mal à atteindre l'atome suivant, tout se passe comme si le milieu s'épaississait et alors la vitesse de propagation diminue. Cette dispersion est employée pour décomposer la lumière en couleurs : le changement de vitesse de propagation change l'indice de réfraction à l'interface entre le cristal et l'air, par exemple ; si les deux faces font un angle, comme pour un prisme, la lumière qui entre blanche voit ses couleurs se séparer à la sortie.

Si l'espace-temps est de nature discrète, comme un cristal, alors, même en l'absence de matière, les composantes de la lumière se propagent à des vitesses différentes ; la propagation dans l'espace vide, entre une étoile lointaine et la Terre, montre cette dispersion : les différentes longueurs d'onde nous parviennent à des instants différents même quand elles ont été émises simultanément par l'étoile. Ces variations de retard sont évidemment très faibles mais elles sont cumulables et, pour un long trajet, pourraient mener à un décalage mesurable. Pour cela il faut que l'étoilc soit lointaine, ce qui la rend forcément peu visible et, de plus, on ne peut viser une étoile de brillance constante qui ne donnerait pas de top de départ. Ce qui est souhaité, c'est une émission brutale, une explosion brève, plus intense qu'une supernova qui, compte tenu du grand éloignement, correspondrait à une explosion colossale. Fort heureusement, de telles explosions existent[1], il s'agit des « sursauts gamma » qui se produisent en un temps qui est de l'ordre de la seconde et émettent pendant ce laps de temps plus d'énergie que mille soleils pendant toute leur vie.

On avait d'abord cru à des explosions dans la Voie lactée car on n'imaginait pas que ces émissions si intenses puissent être lointaines mais, leur nombre augmentant et leur répartition étant isotrope dans l'espace, on comprit que leur origine était extragalactique.

De plus, ces sursauts gamma sont si énergétiques qu'ils émettent l'essentiel de leur puissance dans le domaine des rayons gamma — une forme de rayonnement radioactif — de très haute fréquence et courte longueur d'onde, ce qui est avantageux pour une analyse de la structure de l'espace-temps : la longueur d'onde est plus proche de la dimension des éléments discrets que si c'était de la lumière visible, quoique l'écart par rapport à la longueur de Planck reste considérable ; la dispersion à travers la structure cristalline est donc plus marquée et plus aisément mesurable. (Cette fréquence ne doit toutefois pas être trop grande à cause d'un effet quantique du champ électromagnétique : le rayonnement est composé de photons ou paquets d'énergie ; si la fréquence, donc l'énergie du photon, est trop grande, l'émission se compose de moins de photons, le récepteur en capte moins, le résultat présente plus de fluctuations quantiques et la précision s'en ressent.)

Le satellite GLAST (Gamma-ray Large Area Space

1. Elles furent en premier détectées par le satellite militaire américain Vela qui recherchait des explosions nucléaires soviétiques dans l'espace.

Telescope, aujourd'hui appelé « Fermi Gamma-ray Space Telescope ») est opérationnel depuis juin 2008, il doit servir à détecter les sursauts gamma. On ne sait pas encore si ses résultats seront décisifs pour la gravitation quantique mais ils sont déjà prometteurs. L'objectif principal du satellite est d'abord une meilleure compréhension de l'origine des sursauts gamma provenant du fin fond de l'espace. Cette origine n'est pas claire mais cela n'interdit pas d'exploiter le rayonnement à d'autres fins. Une explication des sursauts relativement longs pourrait être l'effondrement d'une étoile en un trou noir, les sursauts plus brefs pouvant être dus à la fusion de deux étoiles à neutrons aboutissant, là encore, à un trou noir. Trous noirs qui fournissent indépendamment un autre point de vue sur la gravitation quantique.

Les trous noirs

Les trous noirs sont affligés des mêmes problèmes de singularité que l'ensemble du cosmos. Ils n'impliquent pas tout l'univers mais une quantité de matière limitée, qui engendre une singularité mettant en défaut la relativité générale. Les forces antagonistes de la gravitation quantique sont à même d'empêcher l'effondrement total et donc la singularité, comme on le verra au chapitre suivant. Nous ne parlons ici que d'effets éventuellement observables.

Les trous noirs sont des objets singuliers, dont l'existence a longtemps été mise en doute (et l'est encore, malgré de nombreuses observations presque incontestables). Il existe des objets stellaires si compacts contenant une telle quantité de matière dans un si petit volume qu'on ne peut les assimiler qu'à des trous noirs. Nous avons déjà fait le rapprochement entre les sursauts gamma et les trous noirs, mais cette explication n'est pas totalement prouvée.

La meilleure preuve provient du centre de notre propre galaxie, observé depuis longtemps, notamment dans l'infrarouge, malgré la proximité d'étoiles brillantes. On a pu y suivre les mouvements des étoiles dans ce secteur et constater qu'elles tournent autour du centre comme les planètes autour du Soleil[1]. La masse attractive peut être déduite de la trajectoire et de la vitesse, et cette masse est énorme, un milliard de soleils, quoiqu'on n'y voie aucune étoile. Il ne reste pas d'autre explication qu'un gros trou noir au centre de notre galaxie, autour duquel dansent les étoiles.

Les trous noirs sont nécessairement très massifs pour assurer une force gravitationnelle suffisante. Si un petit objet, de la taille du Soleil, s'effondrait, l'essentiel de la masse serait éjecté avant qu'un trou noir soit constitué. De la même façon que les effets de la gravitation quantique sont faibles dans un grand univers — par exemple en lien avec l'énergie sombre —, ils sont faibles au voisinage de gros trous noirs. Ces effets peuvent être importants au centre du trou noir, à la singularité, mais cette zone est inaccessible à l'observation. Un trou noir n'a pas de surface comme une planète ou une étoile, il est bizarrement enveloppé d'une sorte de voile, dit « horizon ».

1. Le mouvement n'a pas lieu dans un plan fixe. Voir le film explicatif sur le site http://www.mpe.mpg.de/ir/GC/index.php

Nous en reparlerons dans le prochain chapitre, mais il faut noter ici que cet horizon est éloigné de la singularité et ne permet pas l'analyse des effets importants de la gravitation quantique ; nous devons donc nous contenter d'observer de faibles effets au voisinage de l'horizon ou de rechercher des effets encore exotiques qui seront décrits ultérieurement.

L'horizon n'est pas le siège d'effets quantiques gravitationnels mais matériels. À l'horizon, la structure de l'espace-temps change dramatiquement car il sépare la zone externe, où l'on pourrait retenir la chute vers le trou, de la zone interne, où cela n'est plus possible. Quand on a franchi l'horizon, il n'y a plus de rémission et, selon le modèle classique, on vient s'écraser sur la singularité. À l'intérieur, la force de gravitation du trou noir l'emporte et ne peut plus être compensée par rien.

L'espace-temps est alors séparé de notre environnement habituel et, comme pendant l'inflation cosmique, ressemble à un sol tremblant. Comme dans la cosmologie d'un univers accéléré, la matière est créée à partir du vide : les fluctuations quantiques mènent à un nombre non nul de particules, ou bien on peut dire que les forces internes qui diffèrent des forces externes peuvent arracher des paires particule/antiparticule. Une des particules tombe dans le trou noir tandis que l'autre peut s'échapper et éventuellement être détectée. Cette possibilité de rayonnement fut suggérée par Stephen Hawking en 1973.

Le taux de disparition du rayonnement au voisinage d'un gros trou noir est très faible, bien moindre que le fond diffus cosmologique, ce qui interdit de le détecter car il serait couvert par le fond des microondes. Même pour des trous noirs déjà identifiés, le rayonnement est trop faible pour permettre la détection d'effets quantiques. Des trous noirs plus petits présentent un rayonnement plus intense : l'horizon est plus proche de la singularité et les forces varient plus rapidement au voisinage de l'horizon ; si la masse est suffisamment faible, le rayonnement est supérieur au fond diffus cosmologique, si bien qu'un tel trou noir perd plus d'énergie par le rayonnement de Hawking qu'il n'en gagne en absorbant le fond diffus.

Quand le niveau du rayonnement de Hawking dépasse celui du fond diffus, le trou noir perd de l'énergie et donc de la masse, lentement mais inéluctablement : l'horizon se rapproche du cœur et le rayonnement s'intensifie. Le phénomène s'autoamplifie, si bien qu'en un temps fini le trou noir s'évapore complètement ou son horizon se rapproche tant du cœur que, même à l'extérieur, les effets de gravitation quantique sont sensibles. Cela permettrait une observation, si tant est que de tels objets aient existé dans un passé récent et se soient évaporés. Ce qui advient précisément d'un tel trou noir n'est pas clair à ce jour ; les spéculations vont d'une évaporation complète du trou noir à une disparition de l'horizon qui rendrait l'intérieur visible de l'extérieur. Dans ce dernier cas, on assisterait à une explosion par laquelle une partie de la matière précédemment avalée réapparaîtrait (ce qui ne peut être que partiel car une partie de l'énergie a déjà disparu par rayonnement de Hawking).

Un tel processus peut-il servir à tester la gravitation quantique ? Malheureusement, si fascinant que cela paraisse, c'est impossible. Le fond diffus cosmologique est encore trop intense, alors même qu'il est refroidi à -270 °C ; même faible, ce rayonnement est encore bien supérieur au rayonnement de Hawking de la plupart des trous noirs. Il faudrait donc de tout petits trous noirs pour que cette évaporation ait lieu, mais alors cette évaporation serait si rapide que ces trous noirs se seraient évaporés il y a bien longtemps. Comme on le voit, notre époque n'est pas favorable à l'observation de l'évaporation de Hawking. Plus tard dans l'histoire de l'univers, l'expansion de celui-ci aura tant dilué le fond diffus cosmologique que même des trous noirs massifs pourront s'évaporer, ce qui ouvrira la voie à des phénomènes complètement nouveaux.

Chapitre VI

LES TROUS NOIRS

> La satisfaction rayonne sur le visage du soleil
> Et, soudain, il n'y a plus rien !
>
> *Épopée de Gilgamesh.*

La sonde « Kruskal »[1] *approche de la rupture. Elle s'enfonce toujours plus dans la mélasse chaude et épaisse où l'on reconnaît difficilement une étoile en cours d'effondrement. Elle est inhabitée car aucun homme, ni même aucune cellule, ne pourrait résister à ces forces. Elle avait été prudemment miniaturisée à l'aide des plus récentes femto-technologies pour minimiser les forces d'arrachement sur ses composants. Ses nucléons s'agitent furieusement sous les coups de boutoir d'un espace-temps bouillonnant. Par chance, les instruments résistent à ce traitement. Plus aucune possibilité de réparer ou de rebrousser chemin, car la sonde a, depuis longtemps, franchi l'horizon du trou*

1. Les passages en italique correspondent à une fiction et illustrent jusqu'où peut aller la mathématisation de la physique moderne.

noir. Elle est happée de plus en plus près de son centre d'où elle ne peut s'échapper, même à pleine puissance.

Plus la capsule avance, plus les forces de marées se font sentir : l'espace-temps est ici si courbé que la force de gravitation est ressentie très différemment sur l'un et l'autre côté, malgré la taille minuscule de l'engin. La capsule est irrémédiablement déformée par l'attraction du trou noir comme il advient, dans des proportions moindres, aux océans et même aux continents sous l'effet du tiraillement gravitationnel entre la Terre et la Lune. Les matériaux pourront résister pendant un temps limité et ensuite la capsule sera détruite. Même ses éléments seront émiettés jusqu'à la plus petite particule.

Mais, avant cela, le cœur de la sonde, le transformateur de Chiao, doit accomplir un travail important ; l'idée remonte à une proposition du physicien Raymond Chiao qui a postulé la possibilité de transformer des ondes électromagnétiques en ondes gravitationnelles. Selon ce principe, la sonde doit transformer en ondes gravitationnelles une partie du rayonnement qu'elle reçoit et qui fixe son destin depuis qu'elle a franchi l'horizon. La fréquence des ondes gravitationnelles dépend de la déformation du transformateur de Chiao et code ainsi en signal gravitationnel les forces de marées ressenties. De plus, la sonde avait été mise en vibration lors de son largage depuis le satellite Hawking 3, pour superposer une oscillation rapide à sa déformation. Cela lui permet de moduler le signal et de le rendre aisément identifiable au cas où quelqu'un le capterait dans un lointain futur. La sonde torturée émet ainsi un message qui la précède dans son voyage incertain.

C'est ainsi que pourrait se dérouler une mission d'exploration future vers un trou noir. Comme on s'en doute, c'est assez spéculatif, car qui organiserait et financerait une telle mission ? Il est certain que la capsule finirait par se désagréger, ce qui n'est pas très différent du destin des autres satellites artificiels. Comme il s'agit d'une mission vers le cœur d'un trou noir, elle ne pourrait envoyer des signaux ou des mesures vers des observateurs externes. La seule possibilité d'obtenir le financement d'une telle mission repose sur la gravitation quantique qui, grâce aux forces antagonistes, pourrait empêcher l'effondrement total du trou noir et, peut-être même créer les conditions de récupération de la sonde ou du moins de ses signaux. Aujourd'hui, aucun physicien ne proposerait un tel projet de recherche, mais un voyage théorique vers un trou noir est d'ores et déjà réalisable et fournit des informations très intéressantes. D'abord, pourquoi n'y a-t-il pas d'échappatoire possible, même pour la lumière ? Et comment la capsule percevrait-elle le cœur du trou noir ? Le cœur du trou noir est-il un point dans l'espace, comme un Soleil minuscule mais supermassif, que l'on voit devant soi et qui nous attire irrésistiblement ?

Comme nous allons le montrer, la singularité d'un trou noir prédite par la relativité générale est d'une nature complètement originale et inattendue. On ne peut la voir, même depuis l'intérieur, on ne la ressent que par l'augmentation des forces de marées. La singularité n'est donc pas visible, simplement parce qu'elle n'existe pas encore ! Elle ne se forme qu'à l'instant où l'on tombe sur elle. Pour tenter de comprendre cette situation, nous devons creuser un peu et, d'abord, analyser la formation des trous noirs et l'impossibilité de leur échapper.

EN ROUTE VERS UN TROU NOIR

L'effondrement gravitationnel mène à une densification de la matière par suite de l'attraction de ses composantes dont les forces répulsives sont limitées. Si nous partons d'une étoile moyenne ayant épuisé son carburant original — l'hydrogène comprimé issu du big-bang et mentionné au chapitre précédent — nous trouvons, selon la masse, plusieurs niveaux de stabilisation.

Les premières étoiles

La plupart des étoiles visibles tirent leur énergie de la fusion nucléaire, énergie rayonnée dans l'espace sous la forme de lumière visible ou autre. Comme dans la nucléosynthèse du big-bang, interviennent surtout les éléments légers — hydrogène et hélium. Le noyau d'hydrogène est composé d'un unique proton, auquel s'ajoute un neutron dans le cas de l'hydrogène lourd (deutérium). Le tritium, qui possède deux neutrons, est instable, avec une demi-durée de vie de 4 500 jours. Le neutron ne présente pas de charge électrique et, dans les trois cas, la charge du noyau est la même ; un électron sur une orbite crée un atome neutre. Le noyau d'hélium est composé de deux protons plus un ou deux neutrons dans sa forme stable ; deux électrons additionnels forment un atome neutre.

Deux atomes d'hydrogène peuvent se rapprocher du fait de leur neutralité électrique. Il est énergétiquement avantageux pour deux atomes de s'associer et de partager leurs nuages électroniques ; ils forment alors une molécule avec deux noyaux et deux électrons. Mais, dans ce cas, les noyaux de même charge sont maintenus par répulsion électrostatique à une distance dite « rayon moléculaire ». C'est la molécule de dihydrogène des chimistes. Sur Terre, en présence d'oxygène atmosphérique, on assiste à une combinaison parfois explosive qui diminue l'énergie et engendre de l'eau. L'univers primordial ne contenait pas d'oxygène, seulement des protons et des électrons ; l'hydrogène est donc le carburant des étoiles.

Comment les étoiles produisent-elles de l'énergie en l'absence d'oxygène ? Il se forme, dans un premier temps, des nuages d'hydrogène après le big-bang et après refroidissement. Comme le fond diffus cosmologique et la matière créée par nucléosynthèse, ces nuages sont d'abord presque homogènes. Presque ! Les petites concentrations attirant plus de matière, ces hétérogénéités s'accroissent. Tout comme l'argent attire l'argent, la masse attire la masse.

L'hydrogène se densifie toujours plus, si bien que, si la gravitation était seule en cause, les noyaux des molécules d'hydrogène se rapprocheraient malgré leur répulsion, parvenant à une sorte d'équilibre, là où la force gravitationnelle est contrebalancée par la répulsion électrostatique. L'existence de planètes comme la Terre repose sur ce genre d'équilibre, non pas avec de l'hydrogène mais avec les atomes du noyau terrestre. La Terre et les autres planètes sont donc stables parce qu'elles ne sont pas assez denses pour que la gravitation domine la répulsion des noyaux. De plus, leur environnement est vide, ce qui ne leur permet pas d'attirer plus de matière et de grossir (abstraction faite de quelques météorites). Dans un univers bien moins étendu, il en allait tout autrement : suffisamment d'hydrogène était disponible pour charger les centres, leur densité croissait tellement que les noyaux se rapprochaient toujours plus.

Cela ne pouvait durer : si deux noyaux d'hydrogène se rapprochent trop, il se produit une réaction car deux protons contiennent plus d'énergie qu'un deutéron, combinaison très stable d'un proton et d'un neutron (par l'ajout d'un électron, ce deutéron formerait un atome de deutérium neutre). Ce proton et ce neutron peuvent se rapprocher bien plus que deux protons car aucune force électrique ne les repousse, le noyau de deutérium étant stabilisé par l'interaction forte entre ses composants. Cette interaction forte, d'une autre nature que la force électrostatique ou gravitationnelle, n'agit qu'à faible distance (du moins à l'échelle des noyaux car, à l'échelle de la longueur de Planck, ces interactions fortes ont une énorme portée).

Cette capture ne se produit que quand deux protons se sont suffisamment rapprochés, ce qui était facilement le cas dans l'univers primordial, par rencontre fortuite lors de la nucléosynthèse ou, plus systématiquement, lors des concentrations après le big-bang sous l'effet de la gravitation. Un proton se transforme d'abord en un neutron plus un positron (ou anti-électron) et un autre s'associe à lui pour former un deutéron. Il se produit aussi un neutrino qui s'échappe tout de suite. Le positron s'annihile rapidement avec un électron du nuage électronique et le bilan est que deux atomes d'hydrogène ont fusionné en un atome de deutérium, avec émission d'énergie rayonnée par l'étoile.

La matière peut continuer à se densifier car un noyau prend moins de place que deux. Mais la gravitation est sans pitié : les deutérons se rapprochent à leur tour, ce qui déclenche d'autres réactions. Par exemple, deux deutérons ont la même composition qu'un noyau d'hélium, ce qui leur permet de fusionner en une réaction dont on attend beaucoup pour produire l'énergie du futur sur Terre, une énergie propre dont le seul déchet serait de l'hélium.

La fusion est facile à réaliser dans les étoiles, car la gravitation comprime le gaz et rapproche suffisamment les noyaux. Cette fusion des deutérons libère bien plus d'énergie que la formation des deutérons et c'est elle que nous observons quand nous regardons le ciel. Les hautes températures au cœur des étoiles maintiennent une pression élevée qui contrebalance l'effondrement gravitationnel, ce qui assure la stabilité à long terme du Soleil, heureusement pour notre survie.

Les étoiles vieillissant, le deutérium se consume et, à un certain point, d'autres réactions deviennent possibles, l'hélium et l'hydrogène pouvant absorber d'autres protons ou neutrons. Il se forme ainsi des éléments lourds, importants pour la vie sur Terre, comme le carbone ou l'oxygène, le silicium ou le fer, composants essentiels de notre globe. Cette formation libère encore plus d'énergie rayonnée. Les éléments les plus stables sont le fer et le nickel et les réactions s'arrêtent ; les éléments plus lourds ne sont pas formés dans les étoiles en quantités appréciables.

La première génération d'étoiles a fourni bien plus d'éléments que la nucléosynthèse du big-bang. Quelques étoiles ont explosé en supernovae après avoir consumé tout leur combustible, libérant ces éléments dans l'espace — éléments qui ont commencé à se rassembler, tout comme l'avait fait l'hydrogène, formant des nuages et des zones denses d'où résultèrent le système solaire et ses planètes.

Les naines blanches

Quand le combustible nucléaire s'épuise, l'étoile ne peut plus rayonner aussi intensément que le permettait la fusion de l'hydrogène en hélium. Elle commence par gonfler et devient une géante rouge qui rayonne encore quelque temps. Ce sera le destin du Soleil dans quelque cinq milliards d'années où, de manière fort regrettable, il avalera la Terre. Quand tout le combustible a été épuisé revient le vieux dilemme : l'insatiable gravité densifie de nouveau l'étoile bien plus qu'avant l'état de géante rouge, quelle force pourrait alors permettre la création d'un objet stable ?

Une étoile légère refroidirait après épuisement du combustible, rétrécirait jusqu'à ce que la pression de la matière suffise à assurer la stabilité, comme c'est le cas pour les planètes. Pour des étoiles lourdes, ce n'est pas possible car il y a simplement trop de masse qui appuie sur le cœur de l'étoile éteinte. On peut difficilement réaliser de telles pressions en laboratoire, si bien que le comportement de la matière dans cet état reste mal connu. Dans une certaine mesure, la physique connue suffit pour comprendre la suite de l'effondrement de l'étoile.

D'abord intervient la mécanique quantique, comme elle l'a déjà fait pour stabiliser l'atome d'hydrogène ; elle conduit à une force nouvelle, malheureusement peu intuitive, qui tient tête à la gravité. On l'a vu, la répulsion électrique ne joue plus aucun rôle à de telles densités, mais d'autres raisons empêchent deux particules identiques, comme des protons ou des électrons, de trop se rapprocher ; cela résulte du principe d'exclusion énoncé par le physicien Wolfgang Pauli, déjà mentionné, principe qui lui valut le prix Nobel de physique en 1945. Et comme tous les principes de mécanique quantique, celui-ci est difficile à comprendre, mais il s'agit de quelque chose de bien réel, qui rend compte de l'existence des naines blanches et de bien d'autres effets sur Terre.

La pression dans la matière, y compris dans les étoiles, est due à des collisions entre atomes ou molécules. Une forte pression suppose des chocs violents des atomes ou molécules sur leur environnement, ce qui peut résulter d'une forte température. Mais, sans combustible, les vieilles étoiles ne peuvent s'échauffer et elles doivent se densifier. Les noyaux atomiques composés d'éléments lourds non susceptibles de fusionner se rapprochent beaucoup et superposent les fonctions d'onde de leurs électrons. Si la distance entre noyaux devient assez faible, les électrons d'un atome peuvent facilement s'échanger avec ceux d'un voisin ; ils ne sont plus liés à un atome mais se délocalisent. On parle alors d'un gaz d'électrons qui remplit la matière dense.

On rencontre un tel gaz à très haute pression mais aussi, plus communément, dans les métaux, ce qui explique leur conduction électrique.

Dans un gaz d'électrons, ceux-ci n'effectuent plus de collisions au sens habituel : le gaz d'électrons s'oppose à une trop forte compression du fait du principe d'exclusion de Pauli, un effet purement quantique. Pour des particules comme des électrons, des protons et des neutrons, il se trouve que les fonctions d'onde de deux particules identiques ne peuvent occuper la même place. Si les particules étaient ponctuelles comme dans le modèle classique, cela ne poserait pas de problème car un point n'occupe pas de volume mais, à cause du principe d'incertitude, les fonctions d'onde doivent occuper une certaine extension, si bien que le gaz d'électrons résiste à la compression pour respecter le principe d'exclusion de Pauli. Cela se produit pour de très faibles distances entre noyaux.

Cette force n'intervient que quand la matière est déjà passablement effondrée, de sorte que l'objet stable ainsi constitué est très petit, on parle alors de naine blanche : une étoile résultant de la compression gravitationnelle après épuisement du combustible. En son cœur, les réactions nucléaires ont presque cessé et une forte température n'est plus requise pour la stabilité. Ces étoiles sont assez nombreuses : dans la Voie lactée, on en trouve en moyenne une toutes les dix années-lumière, à comparer avec le diamètre de la galaxie qui est de 100 000 années-lumière. Leur masse est bien inférieure à celle des étoiles habituelles : entre un millième et une fois et demie la masse du Soleil. Comme elles sont très denses, leur diamètre est inférieur à celui de la planète Jupiter.

Les étoiles à neutrons

Les naines blanches sont-elles la forme stable ultime ? Ce n'est pas le cas, comme le suggère la limite d'une fois et demie la masse du Soleil. Les réactions nucléaires dominent les effets du principe d'exclusion quand la masse de la naine blanche excède la limite dite « de Chandrasekhar », d'après Subrahmanyan Chandrasekhar, prix Nobel de physique en 1983. Quand la masse dépasse cette limite, les électrons et les protons deviennent très proches (le principe d'exclusion ne s'applique pas à des espèces différentes) et, s'ils s'approchent suffisamment, une réaction de fusion démarre, dite « radioactivité bêta inverse », où un neutron se désintègre en un proton : un électron et un proton fusionnent pour former un neutron plus un neutrino, qui s'échappe. Les étoiles à neutrons résultent de ce dernier combat de la matière contre la gravitation.

Dans un contexte normal, cette réaction inverse de la désintégration bêta est possible, mais le neutron se désintégrerait en un quart d'heure en un proton, plus un électron, plus un antineutrino car il est plus lourd que l'ensemble des particules produites, donc réclame plus d'énergie de stabilisation. Dans une étoile très dense, la gravité fournit l'appoint d'énergie pour stabiliser le neutron, ce qui permet aux protons et aux électrons de fusionner en neutrons. Là encore, une particule, le neutron, prend moins de place que l'ensemble proton + électron, ce qui permet à l'étoile de continuer à se contracter et à libérer de l'énergie.

Cette réaction est explosive : le cœur de l'étoile s'effondre brutalement, libérant une grande énergie et un sursaut de neutrinos, énergétique mais difficilement détectable. Une grande part de l'enveloppe de l'étoile est projetée dans l'espace par l'onde de choc sur le cœur de neutrons ; il s'agit là d'une supernova qui marque la fin de vie d'une étoile active, plus précisément une supernova de type II (ou encore de type Ic s'il n'y a plus d'hydrogène disponible dans la couronne). Elles se distinguent des supernovae de type Ia, évoquées dans le chapitre précédent, en raison de leur rôle important dans la cosmologie moderne, et qui résultent de réactions nucléaires différentes de celles des naines blanches.

Ce qui reste dans le cœur est une matière bien plus inhabituelle que celle des naines blanches : de purs neutrons. Là, il n'existe aucune force électrique car toutes les particules sont neutres, les uniques forces sont les répulsions entre neutrons du seul fait du principe d'exclusion de Pauli. Une étoile à neutrons est encore bien plus dense qu'une naine blanche parce qu'une fonction d'onde de neutron prend bien moins de place que celle d'un proton plus un électron : un mètre cube d'étoile à neutrons a une masse de plus d'un milliard de tonnes. Les étoiles à neutrons peuvent, comme les naines blanches, avoir une masse double de celle du Soleil mais n'occuper qu'une boule de 10 km de rayon. À la surface d'une étoile à neutrons, la gravité est si forte qu'elle peut déformer des noyaux atomiques par effet de marée.

Après l'explosion de la supernova, les étoiles à neutrons ne rayonnent que très peu, mais on peut les observer dans des systèmes doubles en raison de leur forte gravité, l'autre étoile, conventionnelle, rayonnant de la lumière. L'ensemble des deux étoiles tournant autour de leur centre de masse, l'étoile lumineuse est affectée d'un tremblement dont l'étude permet de calculer la masse de l'étoile à neutrons. Les étoiles à neutrons sont la clé des pulsars qui ont servi à valider la relativité générale, comme cela a déjà été évoqué, leur existence et leur stabilité ne font donc plus de doute.

Les effets de la gravitation s'arrêtent-ils là ? Non, car la force quantique a aussi ses limites, qui dépendent de la masse de l'étoile à neutrons. Si sa masse est supérieure au double de la masse du Soleil, la répulsion de Pauli ne suffit plus. Cette limite n'est pas estimée avec précision, comme celle des naines blanches, car la matière des étoiles à neutrons est moins bien connue que celle des naines blanches. Fort heureusement, la relativité générale permet des calculs montrant l'effondrement de toutes les forces de la matière pour des étoiles suffisamment lourdes. La généralité de cette prédiction, indépendante de la forme de la matière, souligne une fois encore l'élégance de la théorie relativiste.

Quand cette dernière barrière cède, il n'y a plus d'arrêt, la matière s'effondre sans frein en même temps que la gravitation s'emballe. Aucune loi physique connue ne crée de forces antagonistes utiles. On pourrait imaginer des lois physiques encore inconnues dans cette matière si dense et si énergétique et justifier d'objets stellaires stables, mais on n'a jamais rien observé de tel qui pourrait s'opposer à la gravitation de la relativité générale. Ce que l'on voit, ce sont en fait des trous noirs, qui apparaissent dans les équations et dans l'univers, le stade ultime de l'effondrement de la matière.

LA SINGULARITÉ CENTRALE

> Personne ne voit la mort,
> Personne ne voit le visage de la mort,
> Personne n'entend la voix de la mort,
> La mort si brutale
> Qui détruit l'homme.
>
> *Épopée de Gilgamesh*.

Les trous noirs, solutions des équations de la relativité générale, décrivent de manière impressionnante de nombreuses propriétés des milieux denses révélées par l'astrophysique. Leur existence est incontournable car il existe dans l'univers des objets extrêmement compacts, bien plus massifs que la masse limite des étoiles à neutrons. Au centre de notre galaxie, par exemple, se trouve un objet compact, nommé Sagittaire A*, trois millions de fois plus massif que le Soleil mais trop petit pour être observé depuis la Terre. Il ne peut s'agir que d'un gros trou noir.

Si l'on prend à la lettre les équations classiques de la relativité générale, toute la masse d'un trou noir est concentrée en un point. Comme au moment du big-bang, nous avons affaire à une singularité où la densité est infinie, si bien que les équations ne sont plus valables. Il manque clairement une théorie expliquant l'état ultime d'un effondrement. Une théorie possible est bien entendu la gravitation quantique, décrite dans la suite de ce chapitre. Mais même avant l'effondrement total, les trous noirs de la relativité générale montrent des propriétés qui se distinguent curieusement de celles des étoiles à neutrons. Par exemple, comme on l'a déjà signalé au début de ce chapitre, la singularité est un point dans le temps et non dans l'espace, et cette propriété mérite que l'on s'y penche pour comprendre les trous noirs.

Les horizons

Quand la matière s'est complètement effondrée en un trou noir et qu'aucune force ne peut plus contrer la gravitation, le trou noir apparaît-il comme un point infiniment dense et isolé dans l'espace ? La réponse est : non, et ce pour deux raisons. D'abord, dans l'état ultime, la matière est complètement effondrée, mais les curiosités de la relativité générale font qu'il ne s'agit pas d'un point dans l'espace. Il vaudrait mieux le décrire comme un « point dans le temps » comme on le verra, mais cela ne suffit pas à décrire ses propriétés. Ensuite, on ne peut pas observer ce point dans le temps de l'extérieur du trou noir ; la singularité est enveloppée d'un horizon situé loin d'elle et l'on ne peut observer que les propriétés de cet horizon et de son entourage. On espère pouvoir le faire dans une dizaine d'années quand le satellite Constellation-X mesurera l'émission de rayons X par l'horizon d'un trou noir massif.

Karl Schwarzschild avait déjà analysé ces propriétés en 1916, un an après la publication de la relativité générale pour des objets à symétrie sphérique. La singularité et l'existence d'un horizon sont connues depuis longtemps, mais il a fallu attendre les années 1960 pour progresser dans la géométrie de l'espace-temps général. Einstein lui-même n'a jamais cru à la réalité des singularités qui mettaient en doute sa théorie. Il pensait, comme la plupart des physiciens de son temps, que la singularité était un artefact induit par la symétrie mathématique et qu'elle disparaîtrait si l'on étudiait des situations plus réalistes. (Einstein avait plusieurs fois attiré l'attention sur le fait qu'il ne considérait pas la relativité générale comme une théorie fondamentale et qu'il en attendait une extension fondée sur la théorie quantique.)

Dans un espace-temps à symétrie sphérique parfaite, décrit par les équations de Schwarzschild, la matière ne peut s'effondrer qu'en un point infiniment dense. On pourrait penser que des écarts inévitables à une symétrie parfaite de l'étoile initiale conduiraient à un effondrement sur une zone plus grande, très dense mais pas singulière, or ce n'est pas le cas : la singularité persiste, comme on le verra, et constitue une menace pour la théorie[1].

Un peu d'intuition aide à comprendre les techniques géométriques mises en œuvre pour analyser ces espaces-temps bizarres, où la courbure intense met à mal l'espace-temps mais aussi notre capacité de représentation. Ces techniques sont fondées sur

1. Les trous noirs typiques, en rotation mais sans symétrie de rotation, présentent cependant de nouveaux phénomènes. Ainsi, d'après le processus de Penrose, des objets passant près d'un trou noir en rotation peuvent être accélérés en prélevant l'énergie de rotation du trou noir, prélèvement qui peut théoriquement aller jusqu'à 30 % de la masse du trou noir. C'est un taux considérable si on le compare au rendement d'une fission nucléaire dans un réacteur.

une construction abstraite introduite par Roger Penrose, dite « complétude conforme de l'espace-temps ». « Complétude » signifie que l'on se place dans un espace-temps visible qui s'étend à l'infini. « Conforme » veut dire que la représentation de l'espace-temps n'est pas trop déformée et conserve la forme des objets, notamment les angles, ce qui est important car les angles de l'espace-temps concernent justement l'espace *et* le temps, comme on l'a déjà vu plus haut. Les vitesses sont alors conservées, notamment celle de la lumière. La représentation conforme respecte donc le fait que la vitesse de la lumière est une limite absolue pour le déplacement dans l'espace-temps.

Pour étudier un problème à symétrie sphérique, comme le faisait Schwarzschild, on n'a besoin que de deux des quatre coordonnées d'espace-temps : le rayon et le temps. « Symétrie sphérique » signifie que, comme pour une sphère, les propriétés de l'espace-temps sont indépendantes de toute rotation autour du centre et que l'on peut négliger tout effet lié aux angles dans l'espace. On représente alors l'espace-temps par des diagrammes à deux dimensions, en relation avec la complétude conforme décrite par le diagramme de Penrose (aussi appelé « diagramme de Kruskal » dans le cas du problème de Schwarzschild, d'après Martin Kruskal qui a introduit les coordonnées adaptées en 1960).

L'idée du diagramme de Penrose est la suivante : comme c'est souvent le cas en astrophysique, on recherche les trous noirs par la diffusion de la lumière. Un trou noir n'émet pas de lumière et l'émission de Hawking déjà mentionnée est trop faible pour être détectée. En fait, on identifie un trou noir à partir de la lumière émise par des étoiles, lumière qui passe au voisinage du trou noir et se trouve déviée par lui ; il est difficile de détecter la lumière ainsi diffusée du fait que le trou noir n'a pas de surface, seulement un horizon.

La représentation bidimensionnelle du trou noir s'appuie sur ce phénomène de diffusion. Sur la figure 17, nous représentons les rayons lumineux dans un diagramme rayon/temps[1].

Traditionnellement, en relativité, le temps se déroule vers le haut, le rayon augmente vers la droite. Contrairement au temps, le rayon est toujours positif, ce qui impose un bord au diagramme, où le rayon est nul à chaque instant.

Que se passe-t-il quand on s'approche de ce bord ? Il ne s'agit pas d'une frontière de l'espace-temps comme le serait la singularité du big-bang ; à cet endroit, il ne se passe rien d'extraordinaire, la ligne matérialise simplement le centre de symétrie. Quand on s'approche du centre, on le franchit comme sur la figure 17. Le centre n'est pas un objet physique, il ne peut influencer ni la matière ni la lumière. Le rayon ne pouvant être négatif, le rayon lumineux semble se réfléchir sur le bord de gauche alors qu'il ne fait que passer au centre. Rien qui ressemble à un miroir : la « réflexion » n'est qu'un artefact de notre représentation bidimensionnelle simplifiée.

Nous possédons là les premiers éléments du diagramme de Penrose : une ligne verticale qui représente l'évolution temporelle du centre, et des rayons lumineux. Comme la lumière se propage toujours à

1. On attire l'attention sur une possible confusion en français entre rayon (du trou noir) et rayon lumineux *(N.d.T)*.

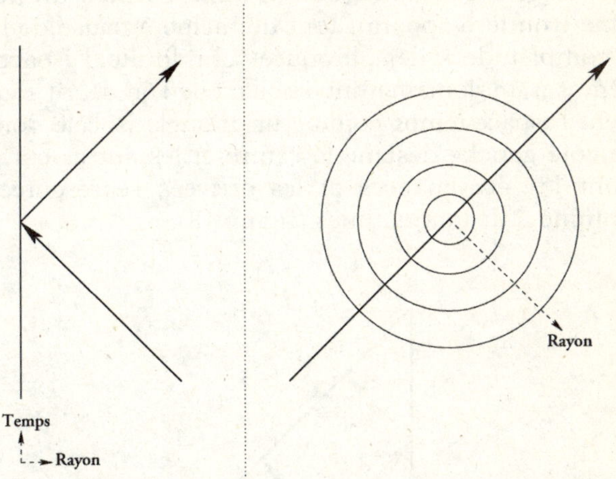

Fig. 17 : un espace-temps à symétrie de révolution peut être représenté avec pour coordonnées le temps et le rayon, forcément positif. Les rayons lumineux suivent des lignes droites inclinées à 45 degrés, moyennant des échelles convenables. Si les lignes de lumière coupent l'axe vertical, elles sont réfléchies car elles passent par le centre, leur distance diminuant, s'annulant et finalement croissant à nouveau.

À gauche : diagramme d'espace-temps, la ligne verticale représente le centre et un rayon lumineux passe par le centre.

À droite : diagramme d'espace du même phénomène, le centre de rotation au milieu et la trajectoire d'un rayon lumineux à divers instants. Le rayon diminue puis s'annule au centre et augmente à nouveau à la sortie.

la même vitesse c dans le vide, nous orientons dans nos diagrammes les rayons lumineux à 45 degrés[1], que la distance au centre augmente ou diminue. On peut imaginer que les rayons lumineux proviennent

1. L'auteur suit la convention, commune en relativité, de prendre c comme unité de vitesse *(N.d.T.)*.

de l'infini et y retournent après passage par le centre, donc il est inutile de fixer une borne à droite. Une frontière apparaît tout de même à cause de la « complétude » déjà évoquée, qui limite l'espace-temps à un domaine fini, si bien que l'on décrit souvent l'espace-temps comme un triangle isocèle dont le côté gauche désigne le centre et les autres côtés sont les provenances et les arrivées représentées comme à distances finies (figure 18).

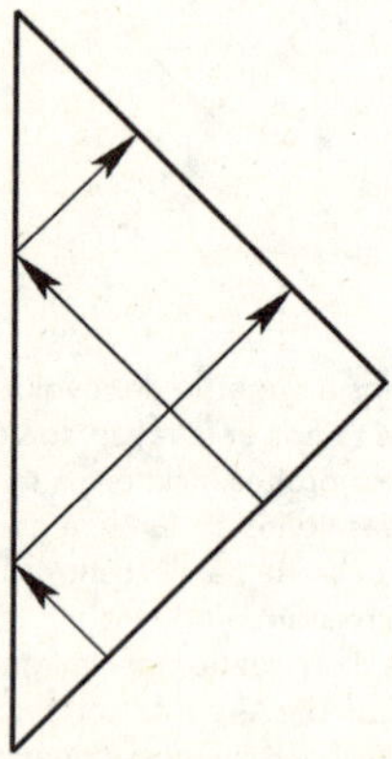

Fig. 18 : diagramme complet d'espace-temps où se propagent deux rayons lumineux. Venant du passé représenté par le côté en bas à droite, ils se rapprochent du bord gauche, franchissent le centre et s'éloignent vers le futur. Cela illustre une diffusion, par laquelle la lumière provient d'une source en bas à droite, illumine le centre et est mesurée par des détecteurs en haut à droite.

On obtient ainsi un diagramme bidimensionnel complet où se propagent des rayons lumineux. (Comme nous avons négligé les angles d'espace, nous ne pouvons représenter que des rayons passant par le centre mais cela suffit pour comprendre les propriétés de diffusion de l'espace-temps.) Un espace ne contenant que des rayons lumineux n'est pas très attrayant, mais on peut compléter le diagramme par d'autres éléments à symétrie de révolution ; alors les lignes à 45 degrés représenteront la lumière diffusée par cet objet, telle que les astronomes l'observent.

On sera peut-être surpris d'apprendre qu'un objet compact comme la Lune, placée au centre, ne se comporte guère différemment du vide. Cet objet a un certain rayon, donc nous devons reporter un peu à droite la trajectoire temporelle de la surface de la Lune : voir figure 19.

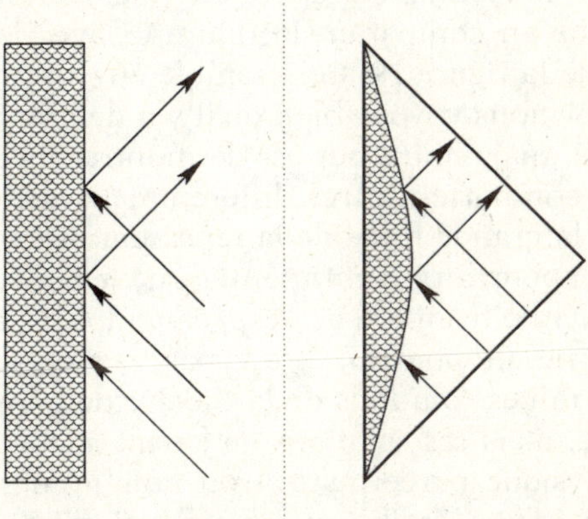

Fig. 19 : diagramme spatio-temporel de la Lune avec trois rayons lumineux, dont le premier est absorbé, les autres étant réfléchis. À droite, on a représenté l'ensemble de l'espace-temps dans sa complétude. Les bords de droite désignent des rayons infinis respectivement dans le passé, en bas, et dans le futur, en haut, qui sont respectivement la source et la destination des rayons lumineux.

Le rayon de la Lune est constant, ce qui fait que la surface reste à distance fixe du centre illustré par le bord gauche du diagramme. La représentation conforme ne respecte pas les distances, si bien que la surface apparaît comme une ligne courbe dans le diagramme conforme ; on évite ainsi que la surface ne coupe les deux bords droits d'où les rayons proviennent et où ils se dirigent.

Sur la ligne courbe qui représente la surface de la Lune, un rayon lumineux se trouve absorbé, un autre se réfléchit, au sens habituel. La seule différence est que certains rayons s'arrêtent (et nous n'en tenons pas compte car ils ne sont pas diffusés), les autres sont envoyés vers la droite. On voit donc qu'avec ce point de vue tous les objets matériels de l'astrophysique ne se distinguent guère du vide, comme on le remarque en comparant la figure 18 avec la partie droite de la figure 19. Cela semble être un inconvénient car nous voyons bien qu'il y a de grandes différences, mais notre but est de montrer qu'un trou noir se comporterait très différemment et c'est justement la grande force de la représentation de Penrose. On pourrait *a priori* penser que le bord gauche est une vraie frontière de l'espace-temps, à savoir la singularité. Ce pourrait être le cas, comme le précisent certaines solutions de la théorie de la relativité générale, mais ces solutions ne jouent aucun rôle en astrophysique parce qu'un trou noir né de l'effondrement d'une étoile est représenté par un autre diagramme. Comme le montre une analyse mathématique, la singularité prolonge la ligne verticale du centre, mais horizontalement et non verticalement ainsi qu'on le voit sur la figure 20 ! Cette singularité n'est donc pas de type temporel (un point fixe où le temps se déroule), mais de type spatial, c'est-à-dire une zone de l'espace à un moment donné. Finalement, le long de la singularité, la position verticale qui représente le temps ne change pas. Il n'est donc pas juste de croire que la singularité est un point de l'espace, que l'on peut voir à chaque instant et qui apparaîtrait comme une ligne verticale dans le diagramme. Comme elle est horizontale, elle occupe plusieurs points de l'espace à un instant précis.

On pourrait s'attendre qu'un effondrement soit étendu dans l'espace-temps parce que ce point se maintient dans le temps. La singularité, qui est l'aboutissement de l'effondrement, est en fait une ligne étendue du diagramme de Penrose, ce qui implique que l'effondrement est lié à une transformation spatio-temporelle au sein du trou noir, si bien que l'extension est spatiale et le caractère ponctuel est temporel, et non l'inverse.

Dans la théorie de la relativité générale, la nouvelle ligne horizontale est la vraie frontière : la courbure de l'espace-temps y devient infinie, de même que la densité de la matière qui s'est effondrée pour constituer le trou noir : c'est le point (temporel) où la matière s'effondre totalement. Les équations de la relativité générale nous renseignent encore sur la forme de la singularité : il s'agit d'un point dans le temps, mais elles n'en disent pas plus. On ne peut utiliser ces équations pour prédire ce qui se passe au-dessus de la ligne horizontale, précisément parce que les solutions deviennent infinies. On peut dire que la matière qui continue à s'effondrer, ou bien un malheureux observateur piégé, atteindra cette frontière au bout d'un temps fini et ensuite cessera d'exister, si l'on en croit cette théorie. Savoir si cette

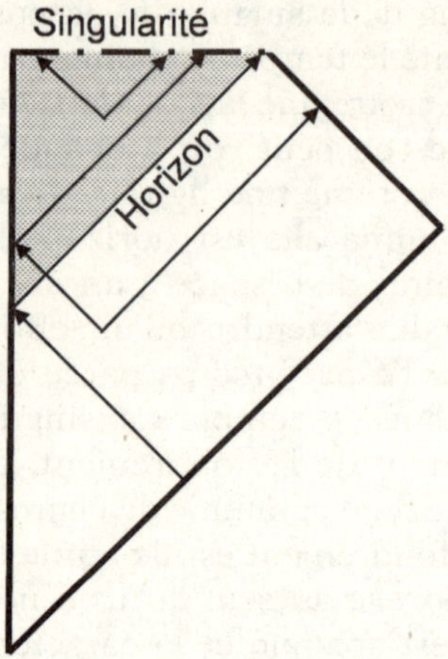

Fig. 20 : diagramme spatio-temporel d'un trou noir, avec la singularité en trait mixte comme frontière additionnelle. Tous les rayons lumineux ne peuvent plus s'échapper vers le bord droit. Il existe un rayon (dessiné venant d'en bas à droite) qui peut s'échapper de justesse et dont la partie sortante marque l'horizon. Les rayons lumineux qui partent au sein de l'horizon (dans le diagramme, au-dessus de la ligne d'horizon) aboutissent à la singularité, qu'ils se dirigent vers le centre ou s'en éloignent. Les rayons lumineux qui partent de l'extérieur et s'éloignent du centre peuvent s'échapper.

limite de l'existence théorique est aussi une réelle frontière physique du monde, est une autre question à laquelle on ne saurait répondre que grâce à une théorie plus vaste, peut-être la gravitation quantique.

Comme cette singularité est un point dans le temps, elle ne serait pas visible par un observateur qui s'y dirigerait : il aurait fallu que de la lumière en émerge et se dirige vers l'observateur. Mais la lumière issue de la singularité se propagerait vers le haut du diagramme, précisément un secteur où la relativité générale supprime l'espace-temps pour cette propagation. La singularité se distingue donc complètement des autres objets astrophysiques, et pas seulement par sa densité exceptionnelle, sa nature spatiale fait au contraire qu'elle se forme au moment précis où l'observateur s'y précipite !

On y verrait une sorte de caractère sournois mais la singularité se fait remarquer déjà plus tôt car, dans son voisinage, — compris au sens temporel, donc avant qu'elle se forme — la courbure de l'espace-temps est très forte avant même de devenir infinie. Comme on l'a vu dans le chapitre sur la relativité générale, une forte courbure signifie que l'intensité et la direction de la gravitation varient très fortement, même entre points très voisins. Un objet un peu étendu comme une sonde spatiale serait soumis à des contraintes qui tirailleraient différemment les parties de l'objet et le feraient éclater.

C'est ainsi qu'apparaîtrait la singularité à un observateur déjà tombé dans le trou noir, qui ne pourrait plus s'en échapper. Qu'en serait-il d'un observateur beaucoup plus éloigné ? Il est essentiel de noter que l'espace-temps contenant un trou noir est divisé en deux zones : la zone triangulaire en dessous de la singularité comme on le voit dans la figure 20, d'où rien ne peut plus s'échapper, et le reste de l'espace-temps, d'où nous pourrions faire des observations. La lumière ne peut sortir de l'intérieur du triangle car elle ne peut suivre que des lignes à 45 degrés qui, de toute façon, vont aller percuter la singularité, il nous faut donc considérer cette frontière comme la limite du trou noir, c'est le légendaire horizon.

L'horizon a plusieurs propriétés très importantes. D'abord, si l'on regarde sa position dans le futur, il est situé loin de la singularité, même très loin pour de gros trous noirs. Si tout le Soleil s'effondrait en un trou noir, la distance entre l'horizon et la singularité — dite rayon de Schwarzschild — serait un millionième du rayon du Soleil présent, qui est d'à peine 700 000 km. Des étoiles ordinaires auraient un rayon de Schwarzschild comparable. Pour des naines blanches, le rayon de Schwarzschild est un dix-millième du rayon, donc un rapport plus grand que pour le Soleil, ce qui traduit une plus forte densité.

Les étoiles à neutrons, qui sont exceptionnellement denses, ont un rayon à peine supérieur à leur rayon de Schwarzschild, elles se trouvent donc au seuil de l'effondrement en un trou noir, car il s'en faut de peu que leur surface soit attirée à l'intérieur de l'horizon. Pour des trous noirs plus gros, le rayon est proportionnel à la masse ; le rayon de Schwarzschild du trou noir au centre de la Voie lactée, dont la masse, déjà mentionnée, est de plusieurs millions de masses solaires, a la taille de notre Soleil. L'horizon est alors si éloigné de la singularité que la courbure d'espace-temps sur l'horizon même est très faible. La gravitation quantique n'est en général pas nécessaire, ici la théorie quantique de la matière suffit, comme dans le cas de l'effet Hawking.

La faible courbure locale fait aussi que l'on ne remarquerait pas un franchissement de l'horizon, ce qui justifie la description. De même que l'horizon sur la Terre apparaît de loin comme une frontière infranchissable, mais comme une réalité quand on s'en approche, de même le franchissement de l'horizon d'un trou noir n'apparaît pas d'abord comme une menace. Un observateur qui le franchirait ne verrait pas de différence sur l'espace-temps qui l'environne, mais ses correspondants remarqueraient que ses signaux arrivent de plus en plus lentement. Le temps passe beaucoup plus lentement dans une zone à forte gravité ; le temps vu par un observateur se rapprochant se déroulerait donc de plus en plus lentement. Si le voyageur envoyait régulièrement des signaux, le correspondant extérieur pourrait prédire quand l'horizon serait franchi.

Ces remarques ne concernent pas seulement un hypothétique voyage vers un trou noir, elles s'appliquent aussi aux observations astronomiques. La lumière n'est jamais qu'un signal envoyé régulièrement ; quand des étoiles ou des gaz chauds se trouvent au voisinage d'un horizon, ce qui est le cas au centre de la Voie lactée, les retards apparaissent comme des changements de couleur : le retard entraîne une diminution de la fréquence, soit un décalage vers le rouge (à une fréquence moindre du spectre visible). On envisage de tirer parti de ces effets pour analyser le voisinage des horizons des trous noirs.

L'horizon et sa signification n'ont été compris que récemment, bien après que Schwarzschild avait écrit ses équations. La difficulté provient du fait que, même à l'horizon, apparaissent des grandeurs infinies, mais de manière moins désastreuse pour l'espace-temps. Ce qui devient infini, c'est le décalage vers le rouge vu par un observateur extérieur : quand il atteint l'horizon et juste avant de disparaître, le signal entrant est infiniment décalé vers le rouge. Vue de l'extérieur, la forme d'un tel signal n'est pas affectée ; si le temps s'écoule normalement loin du trou noir et en gravitation faible, les événements près de l'horizon semblent retardés et cela vaut aussi pour la lumière, dont une grande partie disparaît du spectre visible et semble donc atténuée.

Il en résulte des difficultés quand on veut décrire l'ensemble de l'espace-temps par des coordonnées, comme on le ferait classiquement par la latitude et la longitude sur Terre. Dans des espaces courbes, il n'est pas toujours facile de choisir des coordonnées globales. D'ailleurs, si l'on veut raisonner strictement, on rencontre aussi des problèmes à la surface de la Terre : aux pôles, la longitude n'a pas de sens car tous les méridiens se concentrent en un point. Quelle longitude affecter aux pôles ? Ces points où les coordonnées choisies perdent leur sens sont appelés « singularités de coordonnées ». Ce sont des singularités mathématiques qui peuvent conduire à des grandeurs infinies dans des calculs si l'on n'y prend garde mais, physiquement, il ne s'y passe rien de particulier. C'est pourquoi on parle de singularités de coordonnées et non de vraies singularités.

Le pôle Nord sert souvent de comparaison avec une singularité physique assez troublante : il est aussi absurde de parler d'un « avant le big-bang » (ou bien d'un « derrière le trou noir ») qu'il l'est de parler d'un « au nord du pôle Nord ». La comparaison est un peu trompeuse car le pôle Nord n'est qu'une singularité de coordonnées, tandis que le big-bang et les trous noirs sont bien physiques : la courbure y devient infinie ainsi que, par voie de conséquence, des grandeurs comme la température ou les forces de marées. On y serait déchiqueté, alors qu'au pôle Nord on peut au plus geler[1] (encore faut-il noter que ce pôle Nord s'est trouvé placé dans l'Arctique quand on a arbitrairement choisi de caler la latitude et la longitude sur l'axe de rotation terrestre).

Le cas du cercle fournit un exemple intéressant de singularité de coordonnées. Un angle suffit pour s'y localiser mais il existe forcément un point où cette coordonnée doit sauter de 360 degrés à zéro degré. Cela résulte du fait qu'un cercle est cyclique mais que nous ne souhaitons pas employer des grandeurs périodiques comme coordonnées ; il en résulte un saut brutal de la coordonnée, une singularité de coordonnée mais rien de plus. Une fourmi qui circulerait sur le cercle pourrait poursuivre à chaque tour sans être le moins du monde impressionnée par le saut de l'angle. Il se passe la même chose avec le calendrier : le cercle est la rotation de la Terre autour du Soleil et les coordonnées — mois, jours, heures... — sont une complication de l'angle dont on pourrait se passer. Là encore, on note un saut quand on passe du 31 décembre à 24 heures au 1er janvier à 0 heure. Le nouvel an n'est rien d'autre qu'une singularité de coordonnée — un évènement si insignifiant que l'on se demande pourquoi on dépense tant d'argent à cette occasion.

Une autre propriété importante de l'horizon a déjà été évoquée par les remarques précédentes : c'est que l'horizon n'a pas de bord à proprement parler, ce n'est pas une surface dans l'espace qui entourerait un objet volumineux ; dans le diagramme de Penrose de la figure 20, l'horizon est défini par une ligne à 45 degrés, un rayon lumineux ! Aucun objet

1. Après encore quelques années de réchauffement climatique, on pourra aussi s'y noyer.

massif ni aucune bordure ne peuvent se trouver sur cette ligne de l'espace-temps. C'est pourquoi il n'est pas possible d'avancer jusqu'à la ligne, pas plus que d'atterrir sur le bord et retourner à l'extérieur. Quand on est arrivé à l'horizon, plus d'échappatoire : en tant qu'objet matériel, on tombe à l'intérieur jusqu'à la singularité mais, même si la lumière peut hésiter sur le bord et éviter de tomber dans la singularité, elle ne peut revenir en arrière, c'est du moins ce qu'affirme la relativité générale classique.

Les singularités nues et la censure cosmique

Comme on l'a vu sur la figure 20, un trou noir né d'un effondrement est un point dans le temps et non dans l'espace, donc une ligne horizontale et non verticale dans le diagramme de Penrose. Il existe par ailleurs des solutions de la relativité générale à symétrie de révolution, où la frontière gauche du diagramme est, au moins partiellement, une singularité. Il peut alors se produire qu'une partie de la ligne verticale ne soit pas entourée d'un horizon ; parfois il n'existe même pas d'horizon malgré la singularité, un exemple en étant donné par la figure 21. Cette possibilité de singularités dites « nues » a tellement excité certains chercheurs en relativité que, dans l'espoir que la relativité générale soit assez vertueuse, ils ont introduit le concept de censure cosmique. Il s'agit de l'hypothèse selon laquelle de telles singularités sans enveloppe ne peuvent être créées par effondrement gravitationnel que dans des circonstances si particulières qu'elles ne jouent aucun rôle dans l'univers.

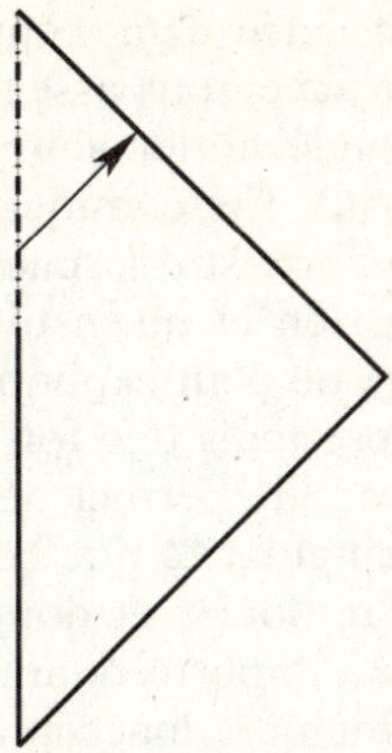

Fig. 21 : l'espace-temps avec une singularité nue. Alors que la ligne verticale pleine représente, comme précédemment, un centre, dans la partie en trait mixte règne une densité de matière infinie, que la relativité générale ne peut montrer que comme un bord singulier et anarchiste de l'espace-temps. De chaque point, un rayon lumineux peut s'échapper vers l'extérieur qui est la frontière en haut à droite ; il n'existe pas d'horizon qui envelopperait la singularité. Les lois physiques s'effondrent sur la singularité, rien ne contrôle les événements, mais, de la singularité, peuvent partir des messages et des effets de l'anarchie qui rendent toute prédiction impossible.

Cette supposition a bien entendu un fond sérieux : si une singularité nue existe, la lumière, et même plus, peut nous parvenir de là. Comme la relativité générale ne saurait renseigner sur la singularité et ne nous renseigne en rien, on peut dire que, sur cette singularité, il peut arriver n'importe quoi. Mais si cela, et les conséquences qui en découlent, peut influencer le reste de l'espace-temps, alors c'est la science qui perd toute capacité de prédiction.

La singularité du big-bang ressemble à ce type de singularité, mais, dans ce cas, nous sommes tellement habitués à l'idée d'un « commencement du monde » que nous acceptons assez aisément la possibilité que le monde entier soit influencé par ce genre de singularité. Un commencement suppose une influence très forte sur l'espace-temps puisque, avant, il n'y avait rien et qu'ensuite il y a quelque chose. La relativité ne peut expliquer ce passage du rien à quelque chose mais une fois ce fait admis, et il est incontestable, elle permet de calculer l'évolution qui suit. La singularité nue continue à exister, et peut-être pour toujours, et donc n'importe quoi peut nous arriver n'importe quand, ce qui viole le déterminisme de manière inacceptable. C'est ce que l'on voit dans le diagramme de Penrose : la singularité du big-bang dans l'espace-temps de la figure 22 est différente d'une singularité nue, susceptible de se former lors d'un effondrement gravitationnel — si elle ne se fait pas censurer. La singularité du big-bang, tout comme celle de la singularité des trous noirs, est un point dans le temps, donc une ligne horizontale dans le diagramme de Penrose ; une singularité nue serait verticale.

L'hypothèse de la censure cosmique est également justifiée par des arguments mathématiques. Il existe des solutions, que l'on pourrait qualifier d'exhibitionnistes, qui montrent leurs singularités à nu, mais elles sont en fait très timides : dans tous les cas étudiés, on a trouvé que la moindre perturbation, soit une très légère modification des conditions initiales, provoque l'apparition d'un horizon qui enveloppe le tout : une véritable censure ! La censure cosmique n'a pas été démontrée dans toute sa généralité,

Fig. 22 : diagramme de Penrose d'un univers qui commence par une singularité originelle sur le bord inférieur. Quoique cette singularité ne soit pas cachée par un horizon, elle n'a pas l'allure de la singularité nue de la figure 21 : elle est représentée par une ligne horizontale et non verticale. Le dessin est incomplet vers le haut car il existe de multiples possibilités : comme cela a été décrit dans le chapitre sur la relativité générale, selon la forme précise de la matière, l'univers peut de nouveau s'effondrer vers une singularité, ce qui limiterait le diagramme vers le haut, mais il peut aussi se déployer pour toujours.

quoiqu'elle ait été proposée en 1969 par Roger Penrose et qu'elle ait suscité l'intérêt de nombreux mathématiciens et physiciens. Elle a impulsé des développements mathématiques importants et constitue aujourd'hui encore un des problèmes majeurs de la relativité générale. Quand on songe qu'il s'agit là de connaissances de base sur la prédictibilité dans l'espace-temps, on voit clairement la portée de la relativité générale et l'importance des questions encore ouvertes.

Les analogues de la gravitation

Du fait de la censure cosmique, seul l'horizon des trous noirs peut être étudié. Une analyse directe par sonde ne paraissant pas envisageable avant longtemps, on peut essayer de reconstituer en laboratoire les conséquences des horizons. Il ne s'agit pas d'étudier le comportement de l'espace-temps mais la matière peut, sous certaines conditions, présenter des phénomènes analogues. C'est le physicien canadien William Unruh qui a, le premier, comparé un trou noir avec une forte chute d'eau : si l'eau se précipite vers le bas suffisamment vite, plus vite en tout cas que les vagues ou le son dans l'eau, alors il devient impossible à un observateur porté par l'eau — disons un poisson équipé d'un sonar — d'envoyer des signaux vers l'amont pour prévenir un autre poisson. On peut le voir sur la figure 23, où la turbulence écumante ne peut remonter le flot dont la surface reste lisse et tranquille. Ce n'est que l'exemple le plus simple d'analogies dans des cas usuels avec des phénomènes d'espace-temps autrement exotiques. Cette branche d'étude de phénomènes géométriques à l'aide de la physique de la matière condensée est appelée « gravitation analogique » (qui n'a rien à voir avec un précurseur d'une gravitation digitale !).

Un horizon de cette nature est assez facile à créer mais, dans un vrai horizon, interviennent des phénomènes de nature quantique. Pour les trous noirs, il s'agit du rayonnement de Hawking, que nous examinerons en détail dans la prochaine section. Quand on considère l'analogue de la gravitation dans des

Fig. 23 : une chute d'eau est l'analogue d'un horizon car des vagues employées comme signaux ne peuvent remonter le courant, comme on peut le voir à l'écoulement tranquille de l'eau dans le bassin supérieur qui n'est pas influencé par la turbulence inférieure. De même, un horizon entoure le trou noir dont la lumière ne peut s'échapper. (Leura Falls, Blue Mountains, Australie, photo : Martin Bojowald.)

matériaux, on a l'avantage que les effets quantiques de ces matériaux ont déjà été totalement élucidés. En lieu et place d'ondes de gravitation, qui sont des excitations de l'espace-temps et qui pourraient nous parvenir, nous avons ici des phonons. Il s'agit de vibrations collectives des atomes dans un solide ou un liquide qui se propagent à une certaine vitesse grâce à la rigidité du matériau, quand un groupe d'atomes transmet sa vibration à ses voisins grâce aux forces de liaison.

Les oscillations d'un atome isolé étant quantifiées, les vibrations d'un groupe d'atomes le sont aussi. Leur intensité ne peut varier continûment, seulement à pas discrets par la création d'autres phonons liés aux déplacements atomiques. Le son est quantifié comme l'est la lumière avec ses photons. Les ondes de gravitation devraient présenter cette quantification qui mobilise la difficile gravitation quantique. Leur structure n'est pas totalement comprise, mais on a déjà trouvé un nom pour ces excitations élémentaires de l'espace-temps : les gravitons. Dans la gravitation quantique à boucles, l'image finale peut être très similaire à celle de la physique des solides car l'espace-temps est discrétisé, on s'attend donc à trouver des gravitons quand on aura compris mathématiquement les excitations de l'espace-temps.

Des vibrations qui se propagent sous forme d'ondes peuvent servir de signaux dans la mesure où l'on sait les provoquer et les détecter. Nos sens suffisent pour détecter et interpréter la lumière et le son, c'est-à-dire les photons et les phonons dans l'air. Ces particules capables d'interactions sont essentielles pour la compréhension de la physique car elles sont porteuses de forces. Les phonons correspondent à l'élasticité : la déformation d'un solide ou l'augmentation de pression d'un fluide créent des ondes acoustiques qui se propagent parfois très loin et que nous interprétons de manière macroscopique, oubliant leur nature élémentaire.

De même, les photons sont les grains élémentaires de la lumière, qui nous parviennent en quantités énormes et nous envoient des informations complexes. La lumière peut se propager dans le vide, donc les photons ne sont pas porteurs d'une force matérielle, mais électromagnétique. On a proposé que la gravitation résulte des échanges de gravitons, mais cela n'est pas bien compris, parce que la gravitation quantique n'est pas complète. On sait quand même que, comme les gravitons seraient l'intermédiaire des forces de gravité, il leur faudrait du temps pour se propager d'une masse à l'autre, et cela ne peut être instantané comme le supposait Newton.

Une formulation cohérente de l'attraction gravitationnelle comme celle de la relativité générale reste très complexe et n'est pas exempte de paradoxes, les trous noirs en étant un des plus révélateurs. Un trou noir influence fortement son environnement, et son champ de gravitation est si intense que la plupart des galaxies possèdent un trou noir en leur centre qui leur donne la forme de disques ; c'est ainsi qu'on les met en évidence. Et là se trouve le paradoxe : si la force d'attraction est si forte que les photons ne peuvent s'en échapper, pourquoi les gravitons y parviennent-ils ? Concilier l'image des gravitons, particules quantiques, avec les puissants phénomènes qui courbent l'espace-temps est une des grandes difficultés de la gravitation quantique.

Revenons à la gravitation analogique : comme nous l'avons déjà évoqué dans la description de l'horizon, la théorie quantique de la matière prédit la création de matière au voisinage de l'horizon des trous noirs : le rayonnement de Hawking. Par analogie, on devrait observer la génération de phonons à l'horizon d'une matière ; comme on a vu qu'il est facile de créer un horizon matériel et que les phonons ne sont rien d'autre que du son, on doit pouvoir le détecter. Ralf Schützhold, par exemple, a récemment proposé des expériences pour les mettre en évidence.

Quoique la chose ait l'air simple, il n'est pas facile d'entendre le bruit de l'analogue du rayonnement de Hawking, parce qu'il est très faible. Il faut isoler le milieu des autres sources de bruit, ce qui n'est pas aisé car le milieu est en déplacement rapide. On place des espoirs dans des formes exotiques de la matière, dites « condensats de Bose-Einstein », qui apparaissent dans certains matériaux à très basse température. Ces condensats ont l'avantage que la vitesse du son y est très faible, donc il n'est pas nécessaire de communiquer une forte vitesse au matériau ; de plus, la température du matériau est inférieure à celle des phonons rayonnés par l'analogue du rayonnement de Hawking. Ces phonons devraient donc ressortir plus aisément du bruit de fond dans le matériau.

Ces expériences sont en phase d'étude, mais elles ouvrent la perspective de tester les propriétés d'un horizon en laboratoire avant de le faire dans l'espace autour de trous noirs. Ces essais seront sans danger car il n'existe pas de singularité et l'horizon disparaît de lui-même dès que l'on arrête le mouvement du fluide. On gagnerait en confiance dans les méthodes mathématiques si l'on parvenait à prouver cet analogue du rayonnement de Hawking, mais on pourrait aussi aborder des problèmes de fond mal compris à ce sujet. Une démarche expérimentale soutiendrait alors les efforts mathématiques qui ne progressent que lentement depuis quelques dizaines d'années.

LA THÉORIE QUANTIQUE DES TROUS NOIRS

Les trous noirs offrent une mine de questions pour la théorie quantique de la matière et la gravitation, par exemple le voisinage de l'horizon et la singularité finale après l'effondrement. Et tout d'abord : qu'est-ce exactement qu'un trou noir ?

Une évolution cosmique ?

Il est assez choquant de penser que l'existence des trous noirs ne fait pas de doute, mais que nous ne savons pas grand-chose sur eux. La question n'est pas seulement de savoir de quel genre d'objets astronomiques il s'agit (après tout les sursauts gamma ne sont pas non plus très clairs), les trous noirs posent en fait un problème d'une autre nature : sont-ce seulement des zones très denses et très courbes de notre univers, ou bien assiste-t-on à une encapsulation de l'espace-temps qui se sépare en un univers fils ? La question fondamentale est alors : l'horizon est-il une zone de passage vers un autre monde que l'on ne peut atteindre qu'en le traversant, ou bien un état intermédiaire d'un domaine de notre monde ?

Les diagrammes de Penrose permettent de visualiser ces deux possibilités si l'on essaie de les prolonger au-delà de la ligne horizontale de la singularité. C'est prendre des libertés vis-à-vis de la relativité générale, mais il est utile d'explorer toutes les possibilités et de les soumettre à la gravitation quantique. Comme on voit sur la figure 24, le nouveau domaine peut être relié à l'ancien extérieur du trou noir, trou noir qui ne serait plus alors qu'un noyau extrêmement dense. Mais il se pourrait aussi que l'on ait affaire à une frontière assez spéculative et que derrière la singularité existe un autre monde, un univers fils. Le trou noir serait alors un portail marquant l'embranchement entre l'univers père et l'univers fils ; et il aurait un horizon qui tranche le lien filial.

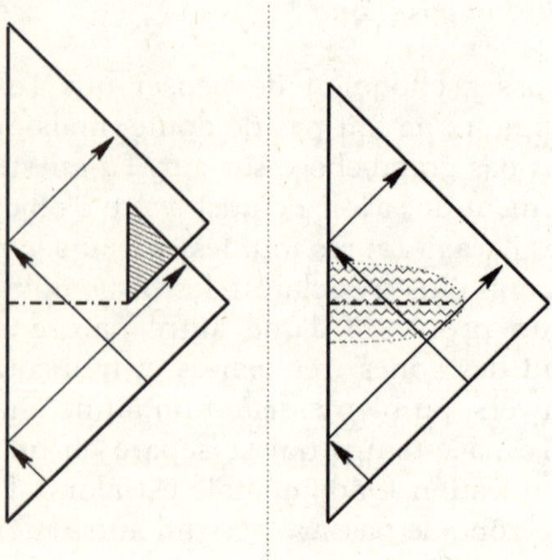

Fig. 24 : possibilités de trou noir à singularité contrariée.

À gauche : derrière la singularité se trouve un univers fils privé de tout contact avec le précédent extérieur du trou noir. (La zone grisée représente un recouvrement dans la représentation, qui n'autorise pas un contact physique entre les régions d'espace-temps.)

À droite : la singularité habituelle n'est entourée que d'une région à forte courbure (traits ondulés) qui, selon la gravitation quantique, peut être traversée. Le diagramme ressemble beaucoup à celui d'un objet compact comme sur la figure 19.

Seule une théorie quantique de la gravitation peut généraliser l'image classique car elle peut rendre compte de la singularité. Tout n'est pas éclairci, mais on peut spéculer à partir des propriétés de la gravitation quantique, notamment sur la plus spectaculaire des possibilités, celle de l'existence d'un univers fils.

Les théoriciens ont déjà beaucoup fantasmé sur ce sujet, le plus créatif étant Lee Smolin, un des pionniers de la gravitation quantique à boucles. Il partait du principe qu'un tel univers fils peut coexister avec le nôtre et même que notre univers est ainsi né d'un prédécesseur. Il faut distinguer ce mécanisme du rebond suggéré par la cosmologie quantique à boucles qui ne parle que d'une inversion de l'expansion d'un seul et même univers. Ici, il s'agit de l'univers qui se sépare en deux à un moment donné, créant un espace-temps coupé en deux, d'une complexité redoutable car chaque trou noir doit conduire à un univers fils qui contiendra ses propres trous noirs avec ses univers petits-fils et ainsi de suite.

Une autre différence avec le rebond cosmique tient au fait que, pour discuter d'univers fils, il faut l'observer de l'extérieur de l'espace-temps. Quand on est un observateur interne, ce que nous sommes tous, il faut choisir une fois pour toutes entre rester en dehors de tous les trous noirs ou bien plonger dans un univers fils donné. Il est donc impossible de considérer tout l'espace-temps comme un objet physique observable et donc physique ; on devrait se placer dans une sorte de perspective métaphysique disjointe de toute observation. Nous avions déjà rencontré d'énormes difficultés pour observer l'univers avant le big-bang mais au moins était-ce envisageable, tandis qu'observer plusieurs univers fils en même temps paraît conceptuellement impossible.

Et c'est là qu'intervient l'astuce de Smolin. Il affirme qu'il peut y avoir des conséquences observables de ces croisements multiples, mais il faut admettre qu'à chaque embranchement les paramètres de l'univers, notamment les constantes fondamentales, changent peu. Cette hypothèse n'est pas argumentée et la gravitation quantique devra la justifier, mais nous l'admettrons.

Smolin précise que l'on a affaire à un processus évolutif comme en biologie. Charles Darwin expliquait l'incroyable diversité de la vie terrestre par une évolution qui repose sur les deux principes de la mutation et de la sélection. « Mutation » signifie que les particularités des descendants diffèrent légèrement de celles de leurs parents, et ensuite la sélection choisit les individus les mieux adaptés à leur contexte de vie. Tout ce processus n'est pas arbitraire, mais presque logique : les qualités les plus couronnées de succès sont celles qui autorisent la plus grande descendance, assurant la survie de l'espèce plutôt que celle des individus.

L'espace-temps pourrait relever de principes similaires : si à chaque univers fils les propriétés changent un peu, on peut parler de mutations. La sélection intervient par le fait que certains univers fils produisent plus de trous noirs que les autres. (La sélection est à comprendre au sens statistique et non existentiel car les univers ne sont pas en compétition pour les ressources, plutôt pour une dominance statistique de leurs caractéristiques.) Prenons l'exemple de la limite de Chandrasekhar qui fixe la taille maximale d'une naine blanche : elle dépend de constantes naturelles, dont la constante de Planck et la constante d'attraction universelle. Si cette limite est réduite parce que les constantes ont changé, alors les trous noirs pourront se former plus facilement et les univers fils seront plus prolifiques et domineront l'espace métaphysique. On construit ainsi le concept d'une évolution cosmique, qui a peut-être engendré la grande diversité des objets astronomiques de notre univers, les trous noirs, mais aussi les objets liés, comme les galaxies ou les sursauts gamma.

L'originalité de la proposition de Smolin est qu'elle peut être testée au moins statistiquement, ce qui lui donne une qualité scientifique et la distingue d'autres propositions comme les prétendus multivers constitués de plusieurs domaines qu'un observateur interne voit séparés. D'un point de vue statistique, nous devrions nous situer dans une partie typique du multivers, c'est-à-dire dans un des univers fils les plus fréquents. Si l'on en croit la comparaison avec la biologie, les univers individuels plus fréquents sont aussi mieux adaptés, avec plus de descendants. La descendance naît des trous noirs où le multivers crée un nouvel univers fils. Si notre univers est typique, il doit y exister de nombreux trous noirs, ce qui semble être le cas. On peut rendre cet argument quantitatif car on peut estimer les valeurs des constantes naturelles les mieux adaptées à la production de trous noirs. Par exemple, si la constante d'attraction universelle de Newton était trop faible, ce qui serait aussi le cas des forces de gravitation, le regroupement de la matière de l'univers serait trop lent et l'on ne trouverait que du gaz dans l'univers ou bien les étoiles à neutrons seraient stables quelles que soient leurs masses et n'engendreraient pas de trous noirs par effondrement.

En principe, on peut analyser si notre univers est bien placé dans la course à la fécondité en trous noirs. Les calculs et les estimations statistiques sont pour le moins délicats, rares et contestés. C'est pourquoi Smolin fait l'hypothèse que les singularités des trous noirs seront éliminées par la gravitation quantique et seront remplacées par des embranchements vers un univers fils. Même cette hypothèse est contestée et difficile à tester ; nous y reviendrons plus loin à propos de la théorie quantique des trous noirs.

Le rayonnement de Hawking et la perte d'information

Pour progresser dans la théorie quantique des trous noirs, il nous faut approfondir le rayonnement de Hawking. Son calcul ne repose pas sur la gravitation quantique mais il fait usage d'effets quantiques sur la matière dans un espace-temps courbé par la transformation temps-espace, mais non quantique. Dans ce cas, comme pendant la période d'inflation, la forme particulière de l'espace-temps permet la création de particules à partir du vide. Ainsi qu'on l'a vu sur la figure 20, le diagramme d'espace-temps d'un trou noir a une tout autre forme que celui d'autres objets astrophysiques sur la figure 19 ou bien du vide sur la figure 18. Les différences apparaissent sur l'horizon et derrière lui, donc au sein du trou noir ; au voisinage de l'horizon, la structure de l'espace-temps est très différente de ce qu'elle est à une distance plus confortable.

Comme le suggérait l'analogie avec la propagation des ondes influencées par le fond de la mer (voir le chapitre sur la théorie quantique) ou l'exemple de la création de matière en contexte d'inflation, la forme de l'espace-temps conditionne les fonctions d'onde quantique de la matière dans l'espace-temps. Les fonctions d'onde de la matière sont tellement influencées par le fond irrégulier de l'espace-temps au voisinage de l'horizon, que des groupes de particules se trouvent séparés. Il apparaît des paires particule/antiparticule dont l'une tombe dans le trou noir tandis que l'autre s'échappe sous la forme du rayonnement de Hawking.

Ces particules qui s'échappent emportent de l'énergie et donc de la masse, ce qui rétrécit l'horizon dont le rayon est proportionnel à la masse. Cet effet démarre lentement car la température d'un trou noir est très faible, donc il rayonne peu d'énergie. Si l'on reprend l'analogie du fond de la mer, on voit que l'horizon d'un grand trou noir est éloigné de la singularité, donc l'espace-temps au voisinage de l'horizon diffère peu de celui dans le vide, moins en tout cas que pour des trous noirs plus petits.

Le rayon de l'horizon rétrécit inéluctablement sous l'effet du rayonnement de Hawking, sauf si de l'énergie arrive. Pour des trous noirs communs, le fond diffus cosmologique apporte assez d'énergie pour compenser cette évaporation de Hawking et stabiliser le trou noir. L'univers poursuivant son expansion, le rayonnement de fond va se refroidir encore et s'affaiblir. Dans un futur lointain, les plus petits des trous noirs vont commencer à s'évaporer.

Ils ne pourront survivre qu'en avalant de la matière proche : étoiles ou gaz interstellaire, mais cela se tarira aussi. La vision de trous noirs qui s'évaporent est donc tout à fait réaliste quand on considère l'univers sur toute son histoire.

Un trou noir deviendra toujours plus petit et plus chaud, ce qui accentue l'évaporation et, par extrapolation, on trouve que l'horizon disparaîtra. Extrapolation contestable car, si l'horizon rétrécit, il se rapproche de la singularité et de la forte courbure d'espace-temps et l'on se trouve dans le domaine de la théorie quantique de la gravitation, ce que Hawking n'avait pas pris en considération ; ses calculs reposaient sur la relativité générale pour décrire le trou noir et son horizon, et sur une théorie quantique de la matière contenue, mais pas sur une théorie quantique de l'espace-temps.

Le processus de Hawking ne renseigne donc pas sur la signification réelle de la singularité du trou noir. La singularité ne s'évanouit pas simplement dans l'air ou dans le rayonnement, et la théorie quantique de la matière seule ne résout en rien le problème de la singularité. L'évaporation montre les problèmes de l'image classique, qui serviront ultérieurement à l'introduction de points de vue divers dans le cadre de la gravitation quantique.

Le problème le plus âprement discuté est ce que l'on appelle le « paradoxe de l'information » : n'importe quoi peut tomber dans un trou noir en emportant une masse d'informations. Mais ce qui sort du trou noir est du rayonnement thermique provenant du voisinage de l'horizon et ignorant tout du contenu du trou noir. Le rayonnement thermique est une des choses les plus ennuyeuses, les plus pauvres en information, de la physique[1], un seul paramètre suffit pour le caractériser : la température. Quand celle-ci est connue, on connaît le profil d'intensité du rayonnement par la formule de Planck.

Les trous noirs sont donc de grands suppresseurs d'information, ce qui présente un gros problème en théorie quantique. Même si l'on ignore les équations précises qui décrivent l'état quantique complet ou la fonction d'onde du trou noir, on peut montrer qu'aucune équation quantique ne peut mener à une telle perte d'information. Ce qui importe, ce n'est pas que l'information soit difficilement accessible, mais qu'il soit, par principe, impossible de la reconstituer. Si l'on brûle un livre, l'information qu'il contient n'est plus disponible, mais il peut être possible, avec de la chance, de la reconstituer à partir des cendres. Cela est impossible dans un trou noir : il n'existe aucun support qui pourrait porter l'information.

On comprendra mieux en raisonnant sur les grandeurs qui se conservent : il existe des grandeurs en physique qui caractérisent le contenu en matière et qui ne peuvent être altérées par aucun mécanisme connu. Un exemple est l'énergie, qui est conservée par le processus de Hawking. Un autre exemple est la charge électrique ou le total des protons, neutrons et particules plus lourdes associées, ce que l'on appelle le « nombre baryonique ». Les antiparticules ont des valeurs opposées à celles des particules, si bien que la création d'une paire parti-

1. Ce qui ne signifie pas que l'étude du rayonnement thermique n'a pas mené à des découvertes importantes. Pensons simplement aux recherches de Planck sur les corps creux ou au rayonnement thermique du fond diffus cosmologique.

cule/antiparticule ne change pas ce nombre. Aussi, rien ne nous empêche d'envoyer plus de protons que d'antiprotons dans un trou noir ; cela sera aisé car la matière est bien plus abondante que l'antimatière dans notre univers. Le trou noir va donc s'enrichir en protons tandis que le rayonnement de Hawking traite la matière et l'antimatière de façon bien plus démocratique. Si le trou noir doit se dissiper complètement par rayonnement, la loi de conservation sera violée.

Ce problème ne peut se résoudre que si l'on admet qu'un reste subsistera après la fin de l'évaporation, mais que sera ce reste ? et pourquoi l'évaporation cesserait-elle ? Seule la gravitation quantique peut répondre car la relativité générale ne prédit aucune fin d'évaporation et aucun reste, elle ne laisse que la possibilité d'un trou noir avec un horizon qui émet le rayonnement de Hawking. Le résidu n'est explicable que quantiquement. Mais si la gravitation quantique n'agit qu'à l'échelle de la longueur de Planck, ce résidu doit être vraiment minuscule et l'on peut se demander si un volume aussi faible peut contenir une proportion suffisante de l'information engrangée et respecter les lois de conservation de la théorie quantique.

Nous ne pouvons échapper à une discussion détaillée, ni de la gravitation quantique, ni de la singularité du big-bang. Là aussi, nous avons affaire à un problème spatio-temporel : l'espace-temps a une limite qui, par exemple, ne laisse pas à la lumière derrière l'horizon suffisamment de temps pour s'échapper. La singularité du big-bang peut être reculée d'un temps discret qui rend du temps derrière la singularité et ce mécanisme peut aider les trous noirs. Finalement, le point dans le temps singulier du trou noir est similaire à la singularité au moment du big-bang —, sauf qu'un trou noir n'a qu'une extension limitée et n'occupe pas tout l'espace. Si l'on peut trouver plus de temps, on verra peut-être s'ouvrir un nouveau domaine de l'espace-temps : un nouveau monde — ou bien un univers fils, ou bien un nouveau secteur de notre univers après évaporation du trou noir — que la relativité générale nous cachait complètement.

La gravitation quantique des trous noirs

Quand des trous noirs envoient de l'énergie, on peut les assimiler à des systèmes atomiques excités, c'est-à-dire des systèmes liés par la gravitation, dont le rayonnement peut renseigner sur leur structure. Des atomes dans un état excité, donc d'énergie supérieure à celle de l'état fondamental, peuvent émettre leur énergie en excès et retourner à l'état fondamental. Les niveaux d'énergie mesurés à partir du spectre de la lumière fournissent des informations cruciales sur la structure quantique des atomes. Les trous noirs aussi émettent de l'énergie, que l'on ne sait mesurer, seulement calculer par le processus de Hawking. On emploie pour cela la relativité générale et la théorie quantique de la matière et l'on obtient un résultat qui, dans le cadre de ces deux théories, n'est pas totalement cohérent, à cause du problème de l'information. L'état final après une évaporation complète, en particulier, ne peut être compris ainsi. Cet état est analogue à l'état atomique fondamental, que seule la mécanique quantique peut décrire. Pour comprendre la fin de l'évaporation de Hawking, il faut quantifier la gravitation et l'espace-temps et pas seulement la matière comme dans le calcul de Hawking.

Un trou noir est donc une sorte de système atomique constitué non d'éléments matériels, mais de quanta d'espace-temps. Un photon de Hawking est émis quand le trou noir change d'énergie — ou de masse. Le rayonnement de Hawking est décrit par une théorie du rayonnement dans un espace-temps donné, comme la formule de Planck donne le rayonnement thermique dans un corps creux. Pour comprendre l'origine du rayonnement thermique, il faut encore disposer d'une théorie du corps creux et de son interaction avec le rayonnement par émission et absorption de photons. C'est ce qu'avait fait Einstein dans son interprétation de la formule de Planck.

Pour les trous noirs, on a donc besoin d'une théorie quantique de l'espace-temps car c'est l'espace-temps qui engendre les quanta de Hawking. Une explication complète doit, par conséquent, employer la gravitation quantique. Quand celle-ci sera disponible, on pourra créer une spectroscopie des trous noirs analogue à celle des atomes et des molécules, qui fut si importante pour le développement de la mécanique quantique. Une comparaison avec les observations ne sera pas possible avant longtemps car il faudrait pouvoir mesurer non seulement le rayonnement de Hawking lui-même, mais encore la répartition de son énergie (son spectre) à diverses longueurs d'onde. Pour des trous noirs astronomiques, et malgré l'expansion, le rayonnement de Hawking est couvert par le fond diffus cosmologique.

Cependant, même une spectroscopie théorique

pose de nombreuses questions intéressantes. La structure discrète de l'espace et du temps, admise dans la gravitation quantique à boucles, implique que la surface et donc la masse des trous noirs, qui sont liées par le rayon de Schwarzschild, ne peuvent prendre que certaines valeurs discrètes. C'était déjà l'hypothèse de Jakob Bekenstein peu avant les calculs de Hawking. La gravitation quantique à boucles fournit une proposition concrète pour l'allure mathématique de ce spectre, à condition de connaître les transitions qui créent le rayonnement de Hawking. La question cruciale est de savoir si un trou noir a un état fondamental comme un atome et à quel espace-temps correspond cet état fondamental. Il faudrait s'attendre que le trou noir occupe cet état après l'extinction du rayonnement de Hawking ; on saurait alors si l'évaporation de Hawking a effectivement anéanti toute l'information ou si cette dernière subsiste dans un coin compact.

Il n'est pas impossible non plus que l'analogie atomique soit une fausse piste, même si elle décrit bien le début de l'évaporation de Hawking. En effet, le trou noir devient de plus en plus petit et l'horizon, source du rayonnement de Hawking, se rapproche toujours plus de la singularité et de sa forte courbure. Rien de tel n'intervient dans un atome, dont l'énergie diminue simplement quand l'atome se rapproche de son état fondamental. Les particularités de la théorie quantique sont tout à fait essentielles dans l'état fondamental puisque seule cette théorie a pu résoudre le problème de la stabilité atomique, mais, dans un atome, ne se pose pas de problème de densité d'énergie car il n'y a pas de singularité. La question fondamentale des trous noirs, à résoudre par la gravitation quantique, est donc celle de la singularité et de son devenir.

Comme en cosmologie, il existe deux particularités de la gravitation quantique à boucles qui peuvent mener à une disparition de la singularité : les forces antagonistes et la mise à disposition de plus de temps par la discrétisation. Quand on étudie les trous noirs, on ne peut faire la même hypothèse de symétrie de révolution qu'en cosmologie, elle ne serait pas justifiée : on a besoin d'un point déterminé comme centre de symétrie de rotation et la force gravitationnelle dépend de la distance à ce point. Cela rend les calculs plus difficiles et les perspectives offertes par la gravitation quantique ne sont pas totalement élucidées. Mais il existe des indications sérieuses de l'existence de forces antagonistes et de temps additionnels, et aussi des modèles de trous noirs sans singularités. Pour Abhay Ashtekar et moi-même, au début de la gravitation quantique à boucles, ces indications étaient une opportunité pour étudier les possibilités de cette nouvelle théorie. Leonardo Modesto, Viqar Husain et Oliver Winkler menaient des études similaires ; plus récemment, Christian Böhmer, Kevin Vandersloot, Rodolfo Gambini et Jorge Pullin s'y sont intéressés aussi. Même s'il n'existe pas de réponse complète à la question de savoir si la singularité engendre un univers fils ou si des restes de trous noirs subsistent dans l'univers originel, le nombre de processus possibles s'est bien restreint.

La nouveauté fondamentale est encore le caractère discret du temps : toutes les valeurs ne sont pas admises, le temps progresse à pas déterminés. Même si ces pas sont très petits et ne jouent pas un grand rôle en dehors du trou noir, sur l'horizon et même plus profondément à l'intérieur, ils sont décisifs au voisinage de la singularité. Contrairement au temps de la relativité générale, qui s'écoule continûment et s'arrête à un moment fini quand la théorie s'effondre, le temps discret se poursuit. Le fait d'éliminer certaines valeurs temporelles à des échelles microscopiques a pour conséquence l'apparition de domaines temporels bien plus grands, macroscopiques même, derrière la singularité du trou noir. C'est ce que représente la partie gauche du diagramme de Penrose de la figure 25.

Il est ici décisif que la singularité dans le trou

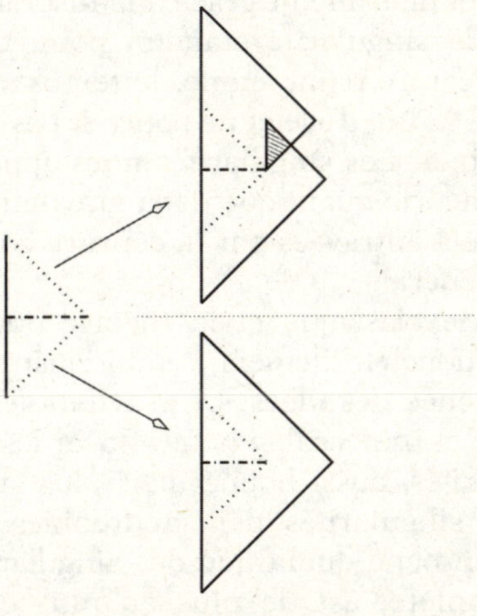

Fig. 25 : les deux possibilités pour relier le monde extérieur avec l'intérieur d'un trou noir débarrassé de sa singularité, dans le cadre de la gravitation quantique. Ou bien il existe derrière la singularité un embranchement vers un univers fils, ou bien l'intérieur se trouve simplement dans un espace-temps qui l'entoure complètement.

noir soit un point dans le temps, bien différent du centre d'une étoile qui est un point dans l'espace. C'est cela qui permet au temps discret de sauter ce point et d'ouvrir un nouveau monde dans le futur.

Nous voyons ici l'une des importantes manifestations de la cohérence, qui, en l'absence d'observations directes, guide le développement d'une théorie : les détails de la théorie classique jouent un rôle décisif dans les mécanismes concrets de la théorie quantique qui les généralise, même s'ils ne comptent pas parmi les postulats de cette théorie. Selon la relativité générale, les trous noirs engendrés par l'effondrement de la matière sont un point dans le temps singulier derrière un horizon, que la cosmologie permet de franchir grâce à la discrétisation du temps. Si la singularité était un point de l'espace comme le centre d'une étoile, le temps s'écoulerait simplement à côté d'elle et ne pourrait pas la pénétrer puis l'éliminer. Les singularités nues apparaîtraient dans une théorie quantique de la gravitation, si elles n'étaient déjà entravées par la censure cosmique en relativité générale.

La théorie classique et la théorie quantique se mélangent donc étroitement, ce qui illustre l'élégance et la cohérence des idées. La gravitation quantique est efficace et impeccable pour effacer les dangereuses singularités, aussi bonne mais plus simple pour traiter les singularités déjà abordables classiquement. L'approche quantique des singularités, quoique incomplète, est de plus en plus crédible et s'appuie sur des calculs. Plus les tests s'accumulent, plus la théorie apparaît fiable. Si un test échoue, on essaie d'abord d'améliorer la théorie pour la rendre compatible avec le nouveau test, sans sacrifier les anciens. Si cela échoue ou si la modification se révèle trop artificielle, on l'abandonne. Même sans observations, les spéculations théoriques sont soumises à de fortes contraintes.

Quand on a éliminé la singularité en tant que point dans le temps, alors il y a du temps et de l'espace derrière la singularité ou bien, si l'on regarde de l'extérieur du trou noir, il reste un univers après l'évaporation de Hawking de chaque trou noir. Il est donc essentiel de savoir si ce nouvel espace-temps à l'intérieur du trou noir après la singularité est relié à l'espace-temps primordial, ce qui revient à demander, comme nous l'avons déjà fait : l'espace-temps du trou noir se sépare-t-il en un univers fils ou bien la matière dans le trou noir est-elle expulsée à l'extérieur ? Cette question est importante pour la représentation physique et aussi pour de possibles observations (dans un lointain futur) ; c'est un point essentiel qui conditionne la vision d'ensemble du cosmos.

Le point d'embranchement supposé impose une étude précise et détaillée des éléments discrets de l'espace-temps, étude bien plus délicate que pour la région courbe de la singularité. L'embranchement vers un univers fils représenterait une déchirure de l'espace-temps entre deux éléments d'espace, d'abord liés puis séparés lors du quantum de temps suivant, c'est-à-dire après la singularité. Cet argument souffre de l'incomplétude de la théorie et aussi de la complexité mathématique. On peut tout de même avoir un aperçu d'une réponse qui sera possible dès que la théorie sera complètement cohérente : il n'y a pas d'embranchement vers un univers fils, mais la zone interne s'unit de nouveau avec l'extérieur quand l'horizon s'est évaporé.

La matière effondrée devrait alors réapparaître, en une explosion spectaculaire. La zone de densité d'énergie et de courbure exceptionnelles redeviendrait accessible de l'extérieur et cela de manière brutale. La perte d'information, originellement crainte par Hawking, n'existerait pas car l'information stockée avec la matière réapparaîtrait, peut-être très déformée et difficilement décodable à cause de son voyage dans une zone de très forte courbure. Cette question est un élément essentiel de la cohérence de la théorie.

La justification provisoire de ce comportement repose sur des propriétés caractéristiques de la dynamique d'un espace-temps discrétisé, traité par la gravitation quantique à boucles. Cette dernière prévoit que, dans des domaines de très forte courbure, où les aspects quantiques dominent, des éléments d'espace peuvent se déchirer, ce qui provoquerait la déchirure d'un espace-temps précurseur en domaines séparés. Selon la forme exacte de la dynamique, encore mal cernée, il peut exister deux possibilités : ou bien les parties brièvement séparées se raccommodent lors du quantum de temps suivant, ou bien elles restent à jamais séparées. L'embranchement en un univers fils ne peut avoir lieu que dans le second cas. Le problème est que le point dans le temps a une extension spatiale, tout comme le centre ordinaire d'une étoile a une extension temporelle. Pour un embranchement de l'intérieur d'un trou noir en un univers fils, il faudrait donc que la déchirure ne se produise qu'à une extrémité de la singularité classique, celle présentant la plus forte courbure en gravitation quantique, tandis que l'espace-temps aux autres endroits resterait intact. Si ce n'est pas le cas, alors l'intérieur devrait se déchirer de l'extérieur sur l'horizon et éclater aussitôt en un grand nombre d'éléments d'espace-temps complètement disjoints — un avortement cosmique que l'on ne peut considérer comme un univers fils.

La zone courbe est soumise sur toute son extension, et pas seulement sur son pourtour, aux lois de la gravitation quantique, aussi une déchirure peut-elle se produire n'importe où à l'intérieur, et pas seulement sur le pourtour. Il règne partout une très forte courbure, d'où des effets quantiques marqués, et le pourtour ne se comporte pas différemment du reste. La théorie n'a donc plus besoin de distinguer entre la séparation en un univers fils et une ouverture du trou noir vers l'espace-temps d'origine, mais simplement entre cette ouverture et l'éclatement de l'intérieur.

Comment peut-on alors exclure cet éclatement désastreux ? C'est heureusement assez facile car l'intérieur d'un trou noir sans rotation obéit aux mêmes lois que la cosmologie d'un univers totalement homogène. Certes, l'espace-temps d'un trou noir, surtout l'extérieur, est tout sauf homogène, car la force de gravitation dépend fortement de la distance à la singularité mais, à l'intérieur de l'horizon, la variation avec la distance devient une dépendance temporelle. Cela est lié à la nature de point dans le temps de la singularité : quand nous nous rapprochons de l'horizon depuis l'extérieur, nous réduisons le rayon (la distance), qui est une coordonnée spatiale, mais, une fois l'horizon franchi, si nous continuons à nous rapprocher de la singularité, nous avançons vers le temps puisque la singularité est dans notre futur. C'est donc le temps et non pas une coordonnée d'espace qui change quand nous avançons vers de plus fortes courbures. De fait, les équations de Schwarzschild montrent que l'intérieur du trou noir peut être considéré comme homogène mais — comme en cosmologie — rapidement variable dans le temps.

Ce caractère homogène facilite beaucoup l'étude de la dynamique car il permet d'examiner tous les points de l'espace simultanément. À la manière de l'équation des fonctions d'onde[1], une seule équation suffit pour résoudre tout l'espace interne au lieu d'un nombre infini pour tous les endroits dans l'espace. La cosmologie quantique nous a déjà donné le résultat : on dépasse la singularité de la théorie classique sans provoquer de déchirement. Reporter ce résultat cosmologique sur un trou noir implique que son intérieur doit s'ouvrir vers l'extérieur après épuisement de l'horizon par radiation, et ainsi devenir visible de l'extérieur.

Quelques résultats sont ainsi acquis dans l'état actuel de la gravitation quantique. Il faut bien, dans ce raisonnement, faire l'inventaire des hypothèses et des indices dont on fait usage et qui n'ont pas forcément tous été justifiés. C'est particulièrement le cas pour le lien entre la dynamique de l'extérieur, peu comprise, et celle de l'intérieur, pour laquelle nous avons exploité des résultats de cosmologie. Dans notre argumentation, nous sommes partis de

1. Voir chap. 4, p. 130.

la cohérence de la théorie complète, selon laquelle la dynamique interne fondée sur l'homogénéité peut être combinée de manière cohérente avec la dynamique de l'évaporation de l'horizon. L'image ainsi esquissée fait deviner avec quels éléments on pourra rechercher la cohérence dans des calculs futurs. Si cela réussit, il faudra étendre le résultat à des trous noirs en rotation où l'intérieur n'est pas homogène, ce qui ruine le raisonnement précédent.

La similitude avec les équations de la cosmologie fournit une image concrète, mais provisoire, pour l'intérieur d'un trou noir et son devenir après évaporation. La gravitation quantique recherche toujours des forces antagonistes intervenant à haute densité. La matière ne peut alors pas s'effondrer dans le point dans le temps qui représente la singularité classique, elle sera repoussée quand la densité sera suffisante. Comme en cosmologie, on peut expliquer ces forces antagonistes par la capacité d'absorption limitée d'un temps discrétisé. La densité est maximale au centre du trou noir, là où serait la singularité selon la relativité générale. Vu de dehors, ce point dans le temps se signale par la disparition de l'horizon, maintenant évaporé. Comme on le voit sur la figure 26 et contrairement à la théorie classique, l'intérieur est de nouveau visible de l'extérieur sous forme de matière extrêmement chaude et dense qui, sous l'effet des forces de répulsion de la gravitation quantique, va ressembler à un small-bang. Selon ce modèle, on devrait d'abord observer le reste du rayonnement de Hawking, rapidement couvert par l'explosion de l'intérieur.

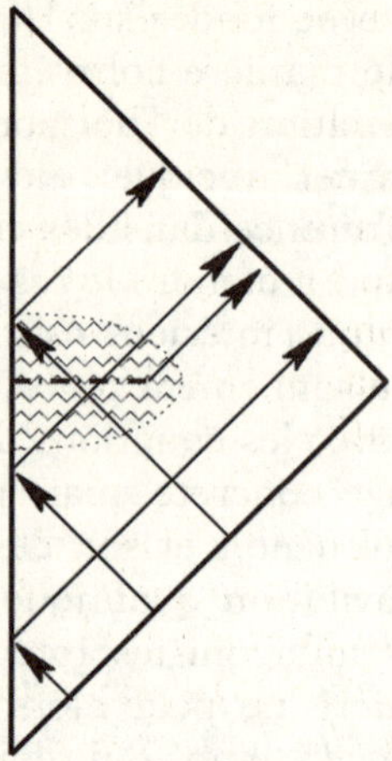

Fig. 26 : représentation d'observations dans un trou noir démuni de singularité. Nous observons depuis la frontière en haut à droite. D'abord, nous parvient le rayonnement qui a dépassé le trou noir avant sa formation (flèche du bas). Ensuite, le premier signal du trou noir vient du bord de la singularité classique sous forme de rayonnement de Hawking. Après cela, tout le rayonnement qui provient du domaine du trou noir a passé la forte courbure, il porte les restes de la matière accumulée dans le trou noir et peut être très énergétique.

Comme on l'a déjà dit, cette représentation a encore besoin d'être argumentée par d'autres calculs, notamment pour apprécier la quantité d'énergie disponible. Il est à peu près certain que l'énergie libérée par l'intérieur sera supérieure au rayonnement de Hawking au stade final, mais elle ne représentera peut-être qu'une petite fraction de la matière effondrée. En effet, l'évaporation des gros trous noirs est un processus lent et, pendant ce temps, le rayonnement de Hawking, quoique faible, aura pu dissiper une partie appréciable de l'énergie. On ne sait donc pas dire précisément l'intensité de l'explosion possible d'un trou noir ; on s'attend tout de même à quelque chose d'important, à cause de la courbure extrême de l'intérieur, qui dépasse tout ce qui existe dans l'univers, big-bang mis à part. Malheureusement (ou heureusement ?), cela ne se passera pas avant longtemps dans notre univers car le fond cosmique, malgré sa faiblesse, protège les trous noirs de l'évaporation.

Tout d'abord, la tache de lumière sur le ciel noir n'apparut pas très excitante pour le gravonome de service, quoique cela apportât un peu de nouveauté dans le train-train habituel. Des explosions de ce genre avaient perdu depuis longtemps leur attrait initial, même si elles étaient les seules apparitions cosmiques visibles à l'œil nu. Tout le reste était éteint de longue date, depuis que l'expansion de l'univers avait éloigné les autres galaxies et même ensuite les étoiles proches. L'expansion non contrôlée avait conduit à un fort refroidissement du fond diffus cosmologique et permis la vaporisation des trous noirs, même des plus gros. La matière qui s'y était effondrée et comprimée depuis longtemps revenait au jour sans cesse. Ces explosions étaient la source des ondes de gravitation dont la mesure par gravonomie avait succédé à la traditionnelle cartographie du ciel.

Les études scientifiques de l'univers devenaient de plus en plus rares et la gravonomie était aux mains des militaires. L'origine et le devenir d'un univers toujours plus grand et plus vide semblaient clairs, et l'intérêt scientifique porté aux ondes gravitationnelles et autres signaux cosmiques s'estompait. Les anciens observatoires n'avaient plus qu'un intérêt militaire. Après l'épuisement des énergies classiques, l'extraction de l'énergie des trous noirs selon le processus de Penrose était une question de survie. Dans ce but, on avait agrandi artificiellement quelques trous noirs naturellement existants en popularisant l'élargissement de l'horizon de manière contrôlée. Au début, on avait évacué des civilisations inamicales, mais cette pratique avait vite été interdite. Comme d'habitude, les Terriens s'étaient fait remarquer dans l'univers par leur capacité de destruction. Ils avaient quand même eu la chance de créer assez tôt une description théorique satisfaisante de l'espace-temps par la relativité générale. (Pour des raisons géopolitiques, la recherche des Terriens sur la gravitation avait été ralentie pendant quelques décennies, mais cela n'avait pas pesé lors des siècles suivants.) L'humanité avait employé ce savoir et ces applications pour établir sa domination et officiellement bannir l'élargissement d'horizon grâce à des régimes politiques forts. Seules quelques galaxies-voyous employaient encore cette technique, pensait-on, et c'est pourquoi on devait surveiller les ondes de gravitation émises par ces élargissements de l'horizon.

Les inquiétudes sur l'énergie avaient ensuite, et pour d'autres raisons, poussé à de multiples élargissements d'horizons : l'humanité avait compris le danger que représentait l'expansion toujours accélérée de l'univers. La dilution de la matière qui en résultait devait, lentement mais sûrement, tarir la source d'énergie qu'étaient les gros trous noirs. On mit donc en place le décélérateur de Buchert : l'énergie sombre, cause de l'accélération de l'expansion, était perçue de longue date comme conséquence des inhomogénéités appa-

rues lors de la structuration de l'univers après le big-bang. Dans l'espoir de réduire l'inhomogénéité par l'effondrement de galaxies entières en trous noirs, on avait largement entrepris les élargissements d'horizons.

Cela se révéla être une grosse erreur, car la matière concentrée dans les trous noirs contribue à leur masse et ne réduit pas appréciablement la gravité et sa répartition inhomogène. À part la disparition de maintes galaxies, l'élargissement excessif des horizons ne présentait guère d'effets, sinon une réduction de l'accélération, qui d'ailleurs résultait tout naturellement d'une dilution croissante de l'inhomogénéité de l'univers en expansion. Comme il se doit, les politiciens avaient présenté cela comme une réussite de leurs initiatives militaires et politiques.

Tout en remuant ses souvenirs tirés des livres d'histoire, notre gravonome comprit rapidement qu'il se trouvait face à l'explosion naturelle d'un trou noir après son évaporation et il était sur le point de reprendre son livre. Mais ce signal-là était différent : en parcourant son écran qui cartographiait en détail les ondes de gravitation, il remarqua quelque chose de singulier.

L'évaporation et l'explosion des trous noirs étaient correctement décrites par la théorie des cordes, qui, après des siècles d'efforts, s'était imposée comme théorie de la gravitation quantique en assimilant les concepts des théories précédentes. La théorie avait été mise au point juste à temps pour permettre des tests profitant des derniers instants du rayonnement de fond cosmique : un succès spectaculaire. Par la suite, quand les premiers trous noirs explosèrent, on put confirmer la théorie des cordes, qui était devenue la théorie ultime de l'univers. Dans ce nouvel événement, on reconnaissait aisément les traits marquants des ondes gravitationnelles d'un trou noir en explosion, avec, en plus, une faible partie à haute fréquence qui se distinguait à peine du bruit de mesure. La théorie des cordes aurait-elle manqué quelque chose ?

La nouvelle d'un possible écart, le premier depuis plusieurs siècles, entre la théorie et les observations se répandit comme une traînée de poudre. On lança de nouveaux calculs et l'on proposa des modifications à la théorie des cordes, sans succès. L'explication, un peu prosaïque, fut trouvée par un historien grâce à des archives sur la sonde Kruskal, qui avait autrefois effectué une mission vers le trou noir d'une galaxie moyenne. Les détails n'étaient plus disponibles mais on put assez facilement trouver la composante à haute fréquence des ondes gravitationnelles enregistrées et émises par la sonde en route vers le centre, avant sa destruction. Finalement, cette observation menait au triomphe de la théorie car, pour la première fois, on avait capté un signal clair qui, contrairement à la lumière, pouvait traverser le cœur extrêmement chaud et dense d'un trou noir. Une fois que l'on avait compris l'origine du signal, on pouvait le mettre en parfait accord avec la théorie.

Chapitre VII

LA DIRECTION DU TEMPS

Le temps est souvent une chose assez agaçante, tout pourrait être plus simple s'il voulait bien se comporter comme l'espace ; on pourrait simplement revenir en arrière dans le temps, corriger une erreur ou bien saisir une opportunité manquée. Ou bien on pourrait acheter un peu de temps, comme un bout de terrain, quand les rendez-vous se font trop nombreux. Le temps gouverne notre vie : d'abord, tout va si rapidement et fébrilement que nous ne remarquons même pas que nous consommons notre propre futur ; cela dure un peu mais le temps ne se laisse pas décontenancer. Finalement, après nous avoir longtemps pressés, il nous laisse tranquilles et continue son chemin, mais avec d'autres personnes.

Pourquoi le temps est-il si différent de l'espace, alors qu'il est associé à l'espace par la relativité et que les deux peuvent même se transformer l'un en l'autre ?

LES CONCEPTS DE TEMPS

Le temps n'a-t-il pas le temps[1] ?

Friedrich NIETZSCHE,
Par-delà le bien et le mal.

Le temps tel que nous le percevons tous les jours est marqué par son avancée irrésistible (et jugée irrégulière), qui distingue nettement le passé du futur. Nous avons une claire mémoire des événements du passé, ce qui nous rend sensibles à la notion de futur : le passé récent est pour nous le futur du passé ancien. Certains faits, même insignifiants, ont des conséquences directes, ce qui nous fait sentir les liens de causalité et nous fait penser que les mêmes enchaînements peuvent se reproduire.

Cette notion du temps, quoique commune, est extrêmement complexe et ne doit pas être confondue avec le temps mathématique, qui décrit la nature indépendamment de notre mémoire. Le temps est semblable aux tops sur un film, qui ne jouent pas sur son déroulement mais montrent l'ordre des choses dans le respect de la causalité. Nous représentons les positions d'objets en physique classique, les fonctions d'onde en théorie quantique. Il en va de même en relativité générale, quoique le temps y joue un rôle plus actif et puisse même connaître une fin. Comme il peut se transformer en espace, le temps ne se prête pas à une graduation absolue, celle-ci dépendant de l'observateur ; il indique tout de même

1. « *Hat die Zeit nicht Zeit ?* »

quels événements sont la conséquence d'autres et quand il ne peut y avoir de lien de causalité.

La représentation mathématique du temps, certes utile pour des recherches concrètes, est cependant idéalisée car, ce que nous voyons, ce n'est pas le temps, c'est la matière qui change de position ou de forme, comme la position du Soleil dans le ciel ou l'aiguille de l'horloge sur le cadran. Les horloges de tous types sont bâties avec de la matière et sont soumises aux lois naturelles et à l'influence des autres matières. On parle d'une bonne horloge quand elle se laisse peu influencer par les facteurs externes, mais ces influences existent toujours, si bien qu'un temps totalement déconnecté de la matière est irréaliste. Le mouvement réel implique des relations entre éléments, comme le balancement d'un pendule est relié aux aiguilles de l'horloge. On observe donc toujours de la matière, jamais le temps[1]. Ces remarques prennent leur sens en cosmologie, comme nous allons le voir. Dans les conditions actuelles, il est facile de se procurer de bonnes horloges mais, dans les premières phases de l'univers, du fait de la forte densité, tous les éléments matériels étaient en forte interaction, et les seuls éléments pouvant mesurer le temps étaient cosmologiques, par exemple le volume de l'univers en expansion.

Que l'on parle d'un temps mathématique ou physique, les lois naturelles conditionnent le comporte-

1. L'application de ce principe est plus réaliste mais aussi bien plus difficile que le temps mathématique idéal. En relativité générale, Peter Bergmann avait tenté des approches dans les années 1960, mais ce travail théorique n'est toujours pas achevé ; Carlo Rovelli et, par la suite, Bianca Dittrich y ont travaillé également. Julian Barbour étudie aussi ces questions.

ment général d'un système, les conditions initiales fixent les cas précis, ce qui se traduit directement par des équations différentielles. Si l'on se donne par exemple les positions et les vitesses initiales des planètes à un moment précis, les lois de la relativité générale fourniront les trajectoires autour du Soleil et la manière dont elles sont parcourues dans le temps. On ne parle pas alors de passé ou de futur : si, à un moment donné, on arrête le mouvement et que l'on renverse les vitesses, la relativité générale fournira exactement les mêmes trajectoires mais parcourues en sens inverses. Comment parler de mémoire et distinguer le passé du futur dans un tel monde ?

L'ENTROPIE

La plupart des processus, en particulier les processus vitaux, dont la mémoire, n'impliquent pas seulement quelques objets bien cernés, comme des planètes, mais le mouvement d'une quantité innombrable d'atomes qu'il est impossible de suivre individuellement. Les mesures, ainsi que les descriptions théoriques, s'orientent plutôt vers des grandeurs collectives regroupant de nombreux éléments, comme le volume, la pression (qui est la force exercée sur les parois par les chocs des atomes) ou la température (qui est la vitesse moyenne des atomes).

Mais beaucoup de ces grandeurs collectives, contrairement à l'ensemble des positions atomiques, n'évoluent pas de manière réversible. Nous le constatons chaque jour, lorsque la forme d'un vase, reflet de la disposition de ses atomes, change dramatiquement et sans espoir de retour quand on le casse. On ne saurait confondre le film du bris d'une cruche avec celui du raccommodage miraculeux de cette cruche à partir des débris, alors qu'à l'échelle atomique on pourrait s'y laisser prendre.

Le paradoxe entre la réversibilité temporelle du mouvement de tous les composants du vase et l'irréversibilité macroscopique de son propre mouvement a pour origine la forme précise des conditions initiales qui décrivent les grandeurs collectives du vase, sa forme par exemple. Si le récipient tombe au sol où il va se briser, les positions initiales et les vitesses de tous ses éléments sont parfaitement coordonnées pendant la chute. Quand le vase est brisé en mille morceaux, les positions et les vitesses de ces morceaux sont totalement décorrélées. Il serait très difficile d'inverser les vitesses pour que les morceaux aillent reconstituer le vase.

La différence entre un vase entier et un vase cassé est leur état d'ordre. Dans un vase entier, l'ordre des parties est scrupuleusement respecté, positions et vitesses. Quand le vase est cassé, l'ordre est affecté et les morceaux s'étalent dans l'espace. Un vase entier est donc un cas bien plus particulier qu'un vase brisé, et il existe bien plus de configurations que l'on pourrait qualifier de vase brisé que celles qualifiant un vase intact. La grandeur associée à cette quantité d'ordre/désordre s'appelle « entropie », elle correspond au très grand nombre de positions atomiques qui réalisent l'état macroscopique pouvant, lui, être décrit par quelques nombres seulement. L'entropie d'un vase intact est basse, elle est forte pour un vase brisé et elle augmente bien plus facilement qu'elle ne diminue. Quand on a fabriqué le vase, on a créé un état de basse entropie mais son destin est de voir son entropie augmenter, quand on le cassera ou qu'il s'usera.

Comment faire pour fabriquer un vase de faible entropie ? Le matériau doit être mis en forme et stabilisé par un processus qui réduit son entropie. Cela n'est possible qu'en consommant de l'énergie, en brûlant du charbon ou du pétrole, par exemple. La combustion augmente l'entropie car les éléments chimiques, qui doivent se regrouper de manière relativement ordonnée, ressortent sous forme d'un gaz désordonné de plus haute entropie. On doit donc augmenter l'entropie de l'ensemble carburant-comburant pour créer le vase de basse entropie. La thermodynamique enseigne que l'entropie gagnée par les gaz de combustion est supérieure à celle que le vase a perdue, si bien que l'entropie de l'ensemble ne peut qu'augmenter.

C'est ainsi que se crée une dissymétrie entre passé et futur dans notre perception grossière qui néglige les détails microscopiques. La mémoire se fonde sur la perception et nous révèle un monde où le passé se distingue du futur. Il serait vain de vouloir analyser les mouvements atomiques car cela représenterait bien trop d'informations et nous obligerait à nous limiter à quelques grandeurs collectives. On comprend ainsi l'opposition entre la réversibilité microscopique et l'irréversibilité collective.

Si l'on applique ce concept à la cosmologie, on tombe sur un problème qui a fait couler beaucoup d'encre : si l'entropie augmente toujours, elle a dû être bien moindre dans le passé. À la limite, elle a dû être minimale à un moment donné, correspondant à un état d'ordre parfait. Comment un tel état a-t-il pu exister en étant condamné à devenir imparfait ? Ce problème apparaît quand on transpose à l'univers entier la thermodynamique des machines ordinaires, mais, ce faisant, nous oublions de prendre en compte un élément essentiel : la gravitation, partout présente dans l'espace. Cette gravitation est à même d'augmenter l'ordre à cause de son caractère attractif. Prenons le cas d'un gaz réparti à peu près uniformément comme l'était la matière peu après le big-bang, il présente forcément peu d'ordre et d'organisation, donc il a une forte entropie. Sans gravitation, la répartition du gaz changerait peu et son entropie resterait élevée.

Mais la gravitation intervient forcément et mène à un renforcement des densités là où le gaz est, par hasard, un peu plus concentré. Progressivement se forment dans l'univers des structures ordonnées qui aboutissent à des galaxies et à des étoiles. L'ensemble de ces structures est bien plus ordonné que l'état initial et son entropie a baissé sous l'effet de la gravitation. Il peut aussi arriver que des étoiles aient des planètes et les approvisionnent avec l'énergie lumineuse issue des réactions nucléaires qui interviennent dans leur cœur, initiées par la gravitation. Si les circonstances sont favorables, comme c'est le cas sur la Terre, il peut apparaître des structures encore bien plus organisées, qui sont vivantes et tirent leur énergie en consommant celle fournie par l'étoile.

Plutôt que parler d'une entropie toujours croissante, et comme le reconnaissait déjà le fondateur Ludwig Boltzmann, il vaut mieux admettre un niveau presque constant qui peut se trouver diminué localement par des processus physiques ou simplement par hasard. Dans ces oasis d'ordre se déroulent alors des processus qui augmentent lentement l'entropie et la ramènent sensiblement au niveau final. Cependant, si l'on imagine un observateur métaphysique externe contemplant l'univers sans en faire partie, mais qui observe son évolution temporelle, il dirait sûrement que, dans le contexte actuel, l'entropie est énorme, parce qu'il existe un grand nombre de possibilités pour bâtir un univers d'une taille donnée, d'un taux d'expansion et d'une accélération imposés. Il n'est même nul besoin de connaître la répartition exacte des galaxies, des étoiles et des planètes, l'univers actuel ressemble plus à un vase en mille miettes qu'à un objet intact. L'univers que nous connaissons nous apparaît comme une des nombreuses dispositions qui auraient par exemple le même genre de bruit de fond cosmologique ou la même répartition des galaxies à grande échelle (donc des paramètres globaux). Tout bien considéré, l'univers se comporte comme notre univers familier, dont l'augmentation d'entropie nous est familière.

Les cosmologues voient là un problème si l'on admet que l'entropie diminue nécessairement quand on remonte le temps et tout particulièrement si l'on considère que l'âge de l'univers n'est pas fini mais arbitraire, par exemple s'il a connu une longue série de cycles, tantôt en expansion, tantôt en effondrement, comme on le verra au chapitre suivant. Plus l'instant initial de l'univers est ancien, plus son entropie devait être faible à ce moment-là, pour qu'elle puisse croître continuellement jusqu'à sa valeur présente. Cela oblige à postuler un état très particulier, extrêmement ordonné, qui a conduit de manière déterministe l'univers dans son état actuel (ce que les cosmologues appellent le « réglage fin »). Ce cas très spécial peut sembler acceptable mais, si l'on introduit un tel cas, on doit être capable d'expliquer de manière convaincante comment il est arrivé. La question a donc évolué : comment expliquer l'état présent si spécial de l'univers sans admettre d'abord un état initial très spécial ?

Ce point de vue problématique est fécond, quoiqu'il fasse souvent appel à des analogies peu fiables. Ce que la cosmologie aimerait expliquer, c'est, d'une part, l'aspect de l'univers à grande échelle et, d'autre part, la possibilité d'un système solaire capable de supporter la vie. Nous disposons pour cela d'observations valables maintenant et dans un futur prévisible. Pour la cosmologie, seul l'aspect macroscopique de l'univers actuel est intéressant, à condition qu'il se déduise bien des théories cosmologiques admises.

Les observations, comme la répartition du fond diffus cosmologique ou celle des galaxies, fournissent quelques paramètres globaux, sur lesquels la position exacte des étoiles n'a pas d'influence. Certaines propriétés du système solaire, comme la distance optimale entre la Terre et le Soleil, sont très importantes pour notre existence, sinon il ferait trop chaud ou trop froid. Cette condition n'impose qu'un nombre limité de paramètres qui sont des grandeurs collectives. Cet état macroscopique peut être réalisé par une multitude d'états microscopiques qui, si l'on fait abstraction du système solaire, ne diffèrent que par des détails dans des galaxies que l'on connaît à peine. En cosmologie ces détails sont inintéressants, quoiqu'ils soient essentiels pour la vie.

Un superobservateur posté en dehors de l'univers trouverait que la configuration exacte des galaxies et des étoiles, y compris notre système solaire, mais aussi tous les systèmes de l'univers, sont très particuliers. Il en conclurait que cet univers n'a pu naître que d'un état initial finement ajusté, même si l'on ignore quand cela s'est fait. Mais nous ne sommes pas cet observateur, qui ne peut d'ailleurs pas exister, nous sommes des observateurs qui doivent tirer leurs conclusions, parfois audacieuses, d'un endroit situé quelque part dans l'univers. D'un côté, nous nous intéressons à l'état macroscopique de l'univers et de ses grandeurs collectives, tandis que, de l'autre, nous étudions quelques états microscopiques dans notre vie quotidienne. Même si nos études se traduisent par des grandeurs collectives, on peut dire qu'elles caractérisent souvent des états microscopiques.

L'entropie n'est un facteur intéressant que quand on s'intéresse à des grandeurs macroscopiques ; nous sommes en fait assis sur un des débris du vase cassé et nous affirmons que ce morceau est aussi important que le vase entier. Les débris ont toutes les formes possibles mais très peu ont exactement la forme du débris que nous analysons, et qui est en fait aléatoire. Comme nous nous localisons à l'intérieur du système, nous nous intéressons à des détails microscopiques et soulevons des problèmes à cause de la croissance de l'entropie. Nous connaissons très bien notre environnement, qui, en cosmologie, est un état microscopique et aléatoire. Sa configuration est de fait très particulière, mais tout de même microscopique et aléatoire. Le débris sur lequel nous habitons est unique dans son état présent, il n'y a rien de plus à en dire.

LA FLÈCHE DU TEMPS

Chaque instant ne paraît que pour amener ceux qui suivent.

Jean-Paul SARTRE,
La Nausée.

L'existence d'une flèche du temps est souvent considérée comme un des grands mystères de la physique, et particulièrement de la cosmologie. Parfois, on dit que l'entropie est à l'origine du sens du temps. Selon ce concept, le désordre de l'univers croîtrait sans cesse et le futur se distinguerait du passé (à moins que ce ne soit l'inverse). Mais cette explication du sens du temps ne tient pas si l'on prend en compte le fait que nos observations sont partiellement microscopiques. En réalité, l'entropie dépend de l'exactitude avec laquelle on mène les observations et de la manière dont on les intègre dans une description théorique. Cela n'est certes pas compatible avec les phénomènes du quotidien où le temps nous pousse sans cesse vers l'avant, sans pause et sans recul possibles. En fait, si nous pouvions enregistrer avec précision tout ce qui arrive aux atomes, nous pourrions remonter le temps, en vertu du principe de réversibilité de la physique au niveau atomique.

Avant de poursuivre, et pour éviter les malentendus, il nous faut expliquer ce qu'est la flèche du temps et même, plus important, ce qu'elle n'est pas. La question essentielle est de savoir pourquoi nous ne pouvons renverser le sens du temps, indépendamment des possibilités de voyage dans le temps, vieux fantasmes. Pendant un voyage dans le temps au sens habituel, dont nous ne discuterons pas l'éventualité, le temps ne se déroule pas à l'envers, il ne change que pour quelques personnes. Un homme ou un groupe sont enfermés dans un local qui, par un processus mal décrit, se retrouve dans le passé, mais dans le même environnement. Le temps ne revient en arrière ni pour les gens de l'extérieur ni pour les voyageurs dans le temps ; simplement on a isolé un domaine spatial du monde extérieur et on l'a soumis à une évolution différente du temps. Quoique les voyageurs remontent le temps de leur environnement, cet environnement continue à évoluer comme si de rien n'était. Les voyageurs conservent la mémoire de leur passé, dont une partie se situe maintenant dans le futur de l'environnement et ils ne rajeuniront pas, ne mourront pas davantage en arrivant à une époque antérieure à leur naissance. La question de savoir pourquoi, contrairement à l'espace, le temps est à sens unique, est donc indépendante de la possibilité de voyager dans le temps.

Pourquoi le temps ne revient-il pas en arrière ? Cette question repose en fait sur un malentendu de vocabulaire. Notre première expérience est celle du mouvement, pas dans l'espace ou le temps, mais dans l'espace-temps. Cela n'a pas plus de sens de parler d'un mouvement dans l'espace en dehors du temps que de parler d'un mouvement dans le temps en dehors de l'espace. Le mouvement est donc un changement de position pendant un intervalle de temps donné. Espace et temps sont indissociablement liés, indépendamment de toute théorie relativiste. Tout mouvement nous serait impossible si nous devions décider dans quelle direction d'espace et quel sens du temps nous allions bouger. Le temps, tel qu'il nous apparaît à partir du mouvement — indépendamment de concepts raffinés comme celui de la mémoire — n'est pas un paramètre rigide, mais simplement une manière de décrire les changements et le mouvement.

Comme on l'a dit au début de ce chapitre, on emploie souvent en physique l'image d'un processus qui se produit au long d'un temps mathématique et qui est modélisé dans ce cadre. Ce que l'on mesure en fait, ce sont les liens entre certaines mesures et d'autres. Nous mesurons le temps avec une horloge, une mesure physique fera par exemple le lien entre la position d'un objet et celle de l'aiguille sur le cadran. Introduire la notion de temps n'est qu'une convention de langage. Il en va de même en cosmologie : on ne mesure pas l'expansion de l'univers en fonction du temps, même si c'est là le résultat de la relativité générale, on mesure par exemple la position ou vitesse de fuite d'une étoile grâce au décalage de fréquence de son spectre d'émission. C'est la relativité générale qui permet de relier ces deux grandeurs, de les interpréter comme une expansion de l'univers au cours du temps et d'y plaquer des équations. L'examen des solutions de ces équations pour de nombreuses supernovae a amené à faire l'hypothèse de l'énergie sombre, comme on l'a vu plus haut. Cette approche est essentielle pour la gravitation quantique, qui ne répond pas à notre question du temps car l'espace est de nature relationnelle, donné par la mesure de distances entre objets matériels. Cette nature relationnelle n'explique pas la différence apparente entre les directions possibles de l'espace et du temps.

Cela pourra paraître surprenant, mais, dans un monde où le temps et l'espace jouent le même rôle, ou bien le temps est orienté ou bien aucun mouvement n'est possible. Impossible, en effet, d'avoir un temps qui permette de choisir d'avancer dans le futur ou dans le passé, l'embarras du choix serait intolérable. Car que se passerait-il si l'on choisissait de remonter le temps ? Ce qui m'est arrivé il y a cinq minutes est le résultat de l'influence du monde sur mon corps (y compris celle de mon propre corps), tandis que je me trouvais dans une situation donnée caractérisant ma vie il y a cinq minutes. Dans un autre contexte, je subirais d'autres influences, ce que l'on appelle le fleuve de la vie, parce que je garde en mémoire une partie des situations passées. Le temps lui-même est une grandeur abstraite, un paramètre choisi par convention qui nous sert à décrire des mouvements, qui sont en fait relationnels et désignent des relations complexes entre objets différents, pas entre un objet et le temps. Il en va finalement de même de la perception psychologique d'un temps qui sert à mettre de l'ordre dans nos souvenirs au moyen d'une convention profondément ancrée en nous et indispensable pour comprendre le mouvement. Si le temps pouvait changer de direction, cette convention perdrait son sens. Nous ne pouvons décider de changer ces rapports entre les choses, même si nous le souhaitons.

Si donc on veut expliquer le sens du temps, on tombe sur un problème bien plus ancien que la théorie relativiste de l'espace et du temps : le problème de la réalité du mouvement et des changements. Parménide en était déjà conscient et la seule solution qu'il avait trouvée était de considérer tout mouvement comme une illusion. Bien qu'en claire contradiction avec le sens commun, cette hypothèse d'illusion a traversé les siècles, en commençant par interpeller son plus proche successeur, Zénon, puis Leucippe l'atomiste et Démocrite, jusqu'à des philosophes comme Schopenhauer et des physiciens comme Schrödinger. Ce problème intéresse toujours les philosophes contemporains mais il ne s'agit plus là de physique, dont la vocation est de décrire des changements et des mouvements sans contester leur existence.

Certains recherchent une échappatoire au renversement du temps du côté de la cosmologie quantique. Là, il est commode, pour des raisons mathématiques, de prendre le volume de l'univers comme paramètre pour décrire rationnellement les changements temporels. Ce temps-là va de l'avant tant que dure l'expansion, mais que se passerait-il si, un jour, l'expansion devait s'arrêter et être remplacée par un effondrement ? Le volume diminuerait et se rétracterait, et peut-être le temps avec lui. Thomas Gold avait introduit cette théorie dès 1958, soit avant le développement de la cosmologie quantique.

La relativité générale permet un tel comportement qui suivrait le volume, même si les paramètres cosmologiques actuels rendent cette inversion invraisemblable. Est-ce qu'en ce point de rebroussement le temps s'inverse, non pas par la volonté d'un observateur, mais en raison de l'évolution même du monde ? On ne peut totalement exclure cette possibilité car la nature du temps en gravitation quantique n'est pas complètement éclaircie.

Le plus vraisemblable est tout de même qu'une telle inversion de la flèche du temps n'est qu'une illusion des modèles mathématiques. Quand, sur la Terre, on avance vers le pôle Nord, la latitude augmente d'abord puis, quand on a franchi le pôle, elle diminue de nouveau, mais cela ne signifie pas que l'on revient sur ses pas : on a changé de longitude. De même, l'inversion de l'évolution du volume de l'univers vers une contraction ne signifierait pas que le temps s'inverse, il faudrait simplement employer d'autres paramètres, à l'instar de la longitude, pour distinguer l'univers avant et après qu'il ait atteint son extension maximale.

Tous les scénarios de décadence s'étaient révélés être de fausses prophéties, comme il arrive souvent. Certes, l'économie mondiale s'était pratiquement effondrée, entre autres sous l'effet de la panique provoquée. Il y avait longtemps que l'on savait mesurer le rayonnement cosmique de fond des ondes gravitationnelles avec suffisamment de précision pour connaître l'arrangement de l'univers et son futur. Après le ralentissement de l'accélération dû à l'extinction de l'énergie sombre, l'expansion elle-même s'était ralentie et allait s'inverser vers un effondrement de l'univers entier. Le moment de l'inversion n'était pas connu avec exactitude, mais les estimations concordaient pour un délai de quelques décennies. Cela ne semblait pas être une menace directe car il faudrait des milliards d'années avant que l'univers ne devienne trop dense et trop chaud pour que l'on puisse y vivre. Au contraire, un retour vers un univers plus chaud semblait être une aubaine.

Et pourtant, on entendait de plus en plus de voix annonçant la fin du monde en conjonction avec l'arrêt de l'expansion. La théorie des cordes, malgré ses succès, n'avait pas réussi à répondre à une question : qu'est-ce exactement que le temps, son avancement est-il inéluctable ou bien est-il lié au développement de l'univers ? On se souvenait que d'anciennes théories avaient lié le sens du temps avec l'expansion de l'univers, se risquant même à prédire l'inversion du sens du temps le jour où l'expansion s'arrêterait. On se souviendrait alors du futur et l'on prédirait le passé. Cette vision des choses reposait sur quelques variantes de la cosmologie quantique mais on pensait que, dans un univers aussi vaste, les effets de l'expansion resteraient faibles ; d'ailleurs, on n'avait jamais vraiment testé cette théorie. Maintenant, on se souvenait vaguement d'une possibilité d'inversion du sens du temps et l'idée, pour exotique qu'elle fût, faisait rapidement son chemin.

Du coup, il paraissait inutile d'épargner, dans la mesure permise par la survie dans ce monde froid et vide où toute vie était déjà ralentie. Si le temps s'inverse, les intérêts et les investissements n'ont plus de sens, il vaut mieux dépenser son argent et jouir de la vie, pour en profiter à nouveau quand le temps reviendra. De nombreuses personnes agissaient ainsi dans l'attente de l'effondrement et la forte demande créa un boom économique. Mais, finalement, quand l'expansion s'arrêta, l'inversion du temps ne se produisit pas ! Le seul effet cosmologique était que l'univers rapetissait irrémédiablement et devenait plus chaud et plus dense : le fleuve du temps poursuivait son cours.

Chapitre VIII

LA COSMOGONIE

> Ce qui est mystique, ce n'est pas comment est le monde, mais le fait qu'il est[1].
>
> Ludwig WITTGENSTEIN,
> *Tractatus logico-philosophicus*.

L'économie était tombée au plus bas ; la société était désorganisée car la fortune se trouvait maintenant dans les mains de ceux qui avaient résisté à l'appel de jeter l'argent par les fenêtres. Les civilisations se traînaient et se résignaient à leur décadence dans la chaleur d'un cosmos en phase de rétrécissement. L'économie se rétablit péniblement mais, après quelques milliards d'années, la reprise se précisa car, dans un univers en réchauffement, on disposait d'énergie en quantité. Les technologies adaptées à la sécheresse faisaient des prouesses et produisaient des richesses en quantités phénoménales. Les civilisations sauvées de la crise de l'effondrement pouvaient enfin exploiter les connais-

1. « *Nicht wie die Welt ist, ist das Mystiche, sondern dass sie ist.* »

sances acquises lors de l'expansion turbulente et lointaine. Malgré quelques incommodités quotidiennes, on put réaliser des machines sophistiquées ; après tout, on disposait d'assez d'énergie. Commença un âge d'or, presque sans qu'il soit besoin de travailler, où la culture et la science purent s'épanouir comme jamais auparavant.

On ne perdait cependant pas de vue l'issue fatale de toute vie dans un univers en phase de rétrécissement. On décida d'employer les ressources restantes pour fabriquer une bouée culturelle dans la perspective, peut-être optimiste, que le savoir commun pourrait s'avérer utile pour l'univers — ou une partie. Des conquêtes culturelles, ainsi que les détails moléculaires et anatomiques des civilisations survivantes furent largement codés dans un fort signal gravitationnel pour sauver, sinon la vie, du moins la pensée, suivant l'esprit de la légendaire sonde Kruskal, dans un périple au sein de l'univers densifié — tant que le temps existait…

Si la théorie progresse un jour jusqu'à une compréhension du big-bang et du reste de l'univers, on cherchera forcément à expliquer l'apparition du monde. Les interprétations théoriques et les solutions mathématiques ouvrent des perspectives fascinantes sur la vision du monde. Cependant, des interprétations trop directes ou dont le caractère général serait surévalué présentent de gros risques — pas seulement parce que les théories à même de traiter ce genre de questions sont, et pour longtemps encore, au berceau, mais aussi parce que la physique, sans parler de sa grande sœur, la philosophie, n'est pas seule sur ce secteur ; le marché est encombré de sornettes. Et cependant, comparer diverses visions du monde présente un attrait certain et peut se révéler instructif.

De manière surprenante, on peut faire des parallèles entre des idées issues des traditions les plus diverses, ce qui ne prouve en rien leur bien-fondé mais seulement le manque d'imagination des hommes, malgré tous leurs excès. La section suivante évoque des analogies qui ne suggèrent en aucun cas un lien entre les approches, car les similitudes apparentes dissimulent des représentations qui diffèrent dans les détails, sans parler des messages qu'elles véhiculent.

LES ANALOGIES

> Les comparaisons ne décident pas de ce qui est vrai, mais elles peuvent faire qu'on se sent plus à l'aise[1].
>
> Sigmund FREUD,
> *Nouvelle suite des leçons d'introduction à la psychanalyse.*

D'une certaine manière, on peut comparer les scénarios de création du monde avec la nature atomique de la matière. Comme on le sait, l'idée et le nom d'atomes ont été introduits, il y a 2 500 ans, par les présocratiques Leucippe et Démocrite, et ensuite prouvés physiquement au début du XXe siècle — notamment par Einstein en 1905, dans ses publica-

1. « *Vergleiche entscheiden nichts, das ist wahr, aber sie können machen, daß man sich heimischer fühlt.* »

tions sur la relativité restreinte et l'hypothèse des photons. Dans ces deux cas, image ancienne et image moderne, on considère que la matière est composée d'éléments indivisibles, les atomes. Cependant, les détails et les motivations des présocratiques ne ressemblent pas à la conception moderne fondée sur l'expérience et l'observation, même si l'on pousse jusqu'aux éléments ultimes. Les atomistes de l'Antiquité développèrent leur proposition atomique en réponse à la vision troublante de Parménide, selon laquelle tout mouvement n'est qu'illusion. Pour faire simple, Parménide formulait sa théorie en peu d'étapes, établies sur l'adage sensé que le Rien n'existe pas. En conséquence, le mouvement est impossible car pour qu'un corps se déplace il faut qu'il occupe une position occupée par Rien, qui n'existe pas. Cette contradiction logique avait été soutenue par Zénon, comme on l'a déjà vu, et contrée par les atomistes qui acceptaient l'idée du vide dans lequel les atomes se déplacent et forment la matière.

Ce cheminement de pensée impressionnant est très différent de la naissance du concept atomique en physique moderne. Nous sommes aujourd'hui habitués à des représentations et à des images, comme celle de la figure 27, obtenue grâce à un microscope à balayage à effet tunnel, pas totalement nette, mais qui montre bien l'assemblage des atomes.

L'hypothèse atomique, soutenue par des indices indirects, a largement précédé la vision directe des atomes. Par exemple, Einstein, dans un de ses célèbres articles de 1905, avait analysé le mouvement brownien en l'attribuant à des collisions erratiques

Fig. 27 : réseau d'atomes d'or sur une surface de silicium, image obtenue avec un microscope à balayage à effet tunnel.

entre grains de pollen et particules de fluide, ce qui se traduisait par de microscopiques mouvements saccadés des grains. Il ne présentait pas cela comme une hypothèse gratuite, il posait des arguments mathématiques reliant les saccades et les propriétés du fluide. Une comparaison précise avec l'expérience amena, dès les années suivantes, une acceptation générale du modèle atomique. Ce n'est que cinquante ans plus tard qu'Erwin Müller, de l'Université d'État de Pennsylvanie, put créer les premières images directes d'atomes à l'aide d'un microscope ionique à effet de champ de sa conception.

Il en va de même avec les images de la création du monde. Les diverses cultures ont fait des propositions différentes au cours de l'histoire, souvent avec un grand luxe de détails. Depuis quelque temps, la

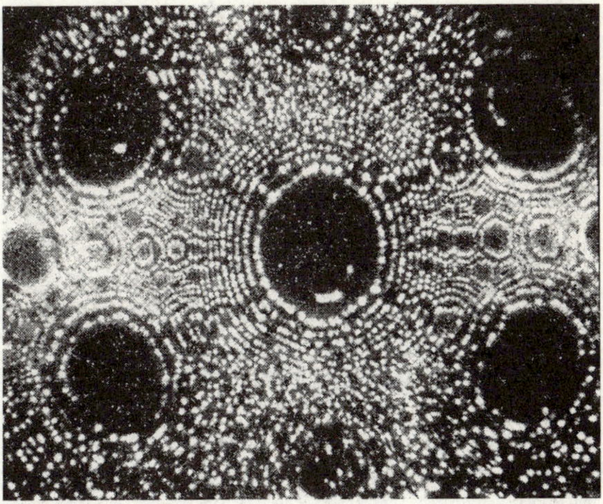

Fig. 28 : la pointe d'une aiguille de tungstène vue dans un microscope ionique à effet de champ, qui en montre la structure atomique.

physique se préoccupe aussi de ces questions avec ses moyens éprouvés : observations fines, quoique indirectes, avec un fort soutien théorique. Par opposition avec le concept atomique, nous ne disposons pas encore d'une image directe de la création du monde et il n'est pas sûr que nous en disposerons jamais. Ce qui se rapproche le plus d'une telle image, c'est le fond diffus cosmologique créé peu après le big-bang, mais tout de même nettement après. Obtenir une image directe du big-bang même, voire de l'univers antérieur, relève de l'utopie à cause de la densité de cette phase et des particularités quantiques. Et cependant, comme ce fut le cas pour le mouvement brownien, on peut mettre en œuvre des moyens indirects, comme une analyse fine du fond diffus cosmologique en micro-ondes ou par d'autres rayonnements, et en tirer des renseignements sur les phases primordiales de l'univers. Nous n'en sommes pas là, mais la possibilité de faire un jour une observation justifie les spéculations fondées sur les théories actuelles.

LES MYTHES

Les gens vont là après leur mort[1] !

Fillette de Joshimath.

On peut classer les mythes de la création du monde en créations primaires ou secondaires ; la figure 29 en donne une illustration. La création primaire fournit un motif pour la naissance du monde en soi, la création secondaire expliquant le monde tel que nous le connaissons aujourd'hui. Certaines peuvent être couplées, d'autres disjointes.

Les créations primaires et secondaires sont identiques pour des concepts linéaires du monde, qui commencent par un moment initial et progressent ensuite pour parfois culminer en une apocalypse. C'est le cas de la culture chrétienne, mais aussi de la culture chinoise.

Plus fréquent est le cas de créations primaires et secondaires séparées, impliquant souvent des images cycliques du monde. L'hindouisme est typique :

1. « *People go there after they die !* »

Fig. 29 : création primaire et création secondaire : la création primaire est l'idée de l'artiste, ainsi que sa réalisation. Une fois cela en place, a lieu la seconde création, bien plus simplement et presque automatiquement (ici par grattage du mur blanc au-dessus d'une plaque de marbre noire placée de manière idoine), ce qui ressemble à la mise en place de structures dans l'univers. (*Dispositivo per creare spazio [Device to create space]*, 2007, marbre noir de Belgique, marbre blanc, papier de verre, poudre de plâtre [au mur], 121 × 110 × 5 cm, projet et réalisation : Gianni Caravaggio, photo : Paul Andriesse.)

initialement, le monde fut créé par Brahma et s'ensuivirent des cycles de destruction et de reconstruction. Destruction et reconstruction sont inséparables et font partie des pouvoirs des dieux. C'est la raison pour laquelle le dieu Ganesh a une tête d'éléphant[1] (figure 30).

Fig. 30 : Ganesh avec sa défense brisée.

Ganesh est le fils de Shiva et de Parvati, qui sont dieux l'un et l'autre et mènent une vie familiale non conventionnelle. Un jour, tandis que Shiva est en

1. Il faut remarquer que la représentation habituelle de Ganesh figure une défense saine et une défense abîmée, comme sur la figure 30, ce qui symbolise le mélange de perfection et de désordre du monde réel ; voir le dernier chapitre à ce propos.

voyage depuis longtemps, Parvati donne naissance à Ganesh, qui grandit rapidement, comme tout fils de dieux. Quand Shiva rentre chez lui, il découvre un jeune homme inconnu de lui, à qui Parvati a confié la garde de la maison. Ganesh interdit donc à Shiva l'accès à sa propre maison et ce dernier, dans un corps à corps, lui coupe la tête. Parvati découvre trop tard l'erreur ; elle ne peut qu'apprendre à Shiva qu'il vient de tuer son propre fils et qu'il ne peut donc plus entrer dans la maison avant d'avoir réparé sa faute. Shiva part et le premier être qu'il croise sur sa route est un éléphant dont il ajuste la tête sur Ganesh. (Apparemment, même un dieu ne peut voyager dans le temps pour éviter la querelle ; c'est peut-être un argument valable dans la discussion sur la flèche du temps.)

En plus de ces évocations embellies des pouvoirs des dieux, on trouve dans l'hindouisme une description minutieuse des cycles qui se déroulent depuis la création secondaire jusqu'à son anéantissement. On donne même les durées précises en années de ces cycles, malheureusement sans justification. À l'opposé de ces enjolivements typiques de la culture indienne, on découvre un symbole, la *svastika*, ou croix gammée, singulière par sa simplicité et même son abstraction. Comme image stylisée d'une roue, elle représente le déroulement cyclique du monde, mais aussi la flèche du temps par l'orientation des crochets.

On connaît le lien entre l'image d'un monde cyclique et la réincarnation ou, plus généralement, une vie terrestre après la mort. Au lieu d'entamer une discussion détaillée, contentons-nous d'une anecdote significative : après une conférence dans la ville de

Roorkee, à environ 100 km au nord de Delhi, j'avais décidé, avec deux étudiants indiens de mes amis, d'employer les trois jours qui restaient avant notre retour à une excursion dans le proche Himalaya. Après concertation avec des Indiens et mes amis scientifiques, nous nous sommes lancés dans un périple le long du Gange avec un itinéraire approximatif.

On ne peut pas dire que le voyage par les transports locaux le long de la merveilleuse vallée du Gange, sur des routes à peine tracées, ait été des plus directs, mais après quelques hésitations et une journée et demie de trajet, soit en début d'après-midi du lendemain, nous sommes arrivés au bourg de montagne de Joshimath, non loin de Gangroti, le glacier qui est la source du Gange. Nous avons pris un téléphérique pour monter jusqu'à un point de vue sur les chaînes de montagnes avoisinantes. Mais avant la fin de la journée, nous voulions redescendre jusqu'au Gange qui, à cet endroit, n'est qu'un petit torrent, bien différent du fleuve qu'il est de l'autre côté de l'Himalaya.

Nous sommes donc retournés vers le bourg et l'avons traversé par un chemin sinueux et en pente. De là, nous ne pouvions voir le Gange qui se cachait derrière l'horizon de la vallée qu'il avait creusée au fil des siècles en une forme de V avec des parois très convexes. En fait, il y avait toujours du terrain entre nous et la rivière. Par moments, on se croyait dans les Alpes, mis à part les impressions exotiques qui nous assaillaient régulièrement. En altitude, nous avancions à travers une forêt de grands arbres couverts de lichen, dans une neige épaisse ramollie par le soleil de mars, entourés de papillons blancs. Dans la vallée, nous marchions parmi des vaches solitaires au bord du chemin, et dépassions des groupes d'enfants qui interrompaient leurs jeux un court instant pour regarder passer les Européens, un peuple très exotique pour eux.

C'est comme cela que nous avons remarqué un groupe de fillettes en vêtements multicolores assises juste à côté du chemin sur le toit d'une maison accrochée à la pente. Mon guide, Rakesh, s'adressa à la plus âgée et lui demanda en hindi comment aller à la rivière ; l'anglais n'est guère usité dans cette région, si bien que je ne pus suivre la conversation qui semblait assez joyeuse. Rakesh me fit par la suite part de la surprenante teneur de cet échange : la fillette n'arrivait pas à comprendre pourquoi nous voulions descendre vers la rivière et finit par s'expliquer : « *People go there after they die* » : « Les gens vont là après leur mort » !

La signification de cette sentence ne me sautait pas aux yeux, pas plus d'ailleurs qu'à mes compagnons férus d'hindouisme. Était-ce une plaisanterie pour étrangers ? Une histoire terrifiante que les parents racontent à leurs enfants pour les détourner du dangereux à-pic vers la rivière ? Est-ce que cela ne les inciterait pas plutôt à y aller ? En poursuivant notre route, nous méditions sur cette phrase énigmatique mais dite d'un ton très convaincu. Le fleuve se trouvait toujours en dessous de l'horizon, la nuit approchait et les nuages commençaient à couvrir les sommets. De la pluie était annoncée pour le soir et nous ne savions pas si les routes seraient praticables pour l'autobus qui, le lendemain matin, devait nous reconduire péniblement en dix-huit heures à Delhi, juste à temps pour prendre le

Fig. 31 : la vallée du Gange près de Joshimath.
(Photo : Martin Bojowald.)

train ou l'avion qui nous ramènerait chez nous. L'obscurité nous força à faire demi-tour, sans que nous ayons jamais vu ce Styx hindou. Tout aussi caché restait le sens de la phrase de la fillette de Joshimath. Et pourtant, elle symbolise les représentations cycliques du monde sous la forme d'une existence terrestre après la mort, étroitement liée aux particularités locales de la nature.

De nombreuses autres cultures décrivent une vision cyclique du monde, ce qui ne doit pas surprendre, eu égard aux divers phénomènes cycliques qui marquent le monde, comme la suite des jours. Le rythme circadien et le Soleil jouent un grand rôle dans l'Égypte ancienne. Le dieu du Soleil traverse le ciel comme s'il s'agissait d'un fleuve et doit, chaque nuit, affronter des périls qui menacent son retour au matin. Il n'est donc pas exclu que le cycle des jours se termine par une singularité. En cosmologie, il existe aussi une « première fois » de la création primaire, suivi d'un nombre infini de cycles. De plus, cette culture était fortement influencée par les crues périodiques du Nil. Des événements aussi importants se prêtent bien à une vision abstraite du monde. Sur le continent américain, on trouve cela également, par exemple chez les Mayas et les Aztèques, qui traçaient leurs calendriers sous forme de cercles pour rappeler la révolution cyclique des jours (figure 32).

Aux débuts de la civilisation européenne, les concepts de cycle ont joué aussi un rôle décisif, malgré la présence occasionnelle du christianisme qui favorisait plutôt une vision linéaire de la cosmogonie. La philosophie occidentale et la science ont pris leur essor grâce aux présocratiques grecs.

Fig. 32 : calendrier maya sous forme de cercle.

Déjà chez Hésiode, on trouve les quatre âges du monde, image manifestement cyclique du monde. (Soit dit en passant, il existe aussi des allusions à une nature discrète du temps, surtout sous la forme d'une faucille comme sur la figure 33 où l'on voit Chronos qui, à chaque andain, raccourcit d'une longueur le fil de la vie.)

De tels mythes influencèrent la philosophie présocratique, qui s'efforçait de bâtir une image logique du monde. On a déjà mentionné la vision statique de Parménide, qui, du fait de son immobilisme, n'est

Fig. 33 : Chronos (ou Saturne)
et sa faucille symbolisant l'avancement du temps.

ni linéaire ni cyclique. Chez les autres philosophes antérieurs à Socrate, on trouve à peu près toutes les visions du monde imaginables. Comme nous quittons la période des mythes pour nous intéresser au crépuscule de l'occident des philosophes et des scientifiques, nous traiterons les idées des présocratiques dans la section suivante.

On fait parfois remarquer que les différences entre des représentations essentiellement linéaires et cycliques du monde affectent aussi le niveau social des cultures. Les images cycliques du monde sont souvent associées à un certain fatalisme, parce qu'un écoulement cyclique du temps ne récompense pas spécialement les efforts. Cet éternel retour a aussi posé des problèmes à Nietzsche. Inversement, des représentations linéaires sont volontiers associées à une recherche du progrès. (C'est ce que l'on mentionne à propos de l'industrie indienne du logiciel, qui met intelligemment en œuvre des technologies existantes, mais ne serait pas particulièrement innovante. C'est un collègue indien porté sur l'autocritique qui m'a le premier mentionné ce problème, quoiqu'il soit par lui-même le contre-exemple d'une trop forte tendance à la généralisation.) Tout cela est cependant une généralisation de cas individuels facilement récusables. En Europe, par exemple, les débuts significatifs et parfois encore actuels de la philosophie se sont accompagnés de représentations essentiellement cycliques du monde, tandis que, par la suite, la tradition linéaire chrétienne n'a pu empêcher la paralysie du progrès scientifique durant le Moyen Âge, qu'elle aurait plutôt provoquée.

LES THÉORIES

Réveille-toi ! (pas la Grèce, elle *est* réveillée[1] !)

Lord BYRON.

Au début, les mythes se distinguent difficilement des théories philosophiques ou scientifiques. Chez

1. « *Awake ! (not Greece — She* is *awake !)* »

Thalès (v. 580 avant notre ère), on trouve par exemple l'idée de l'eau comme fluide originel, ce qui la singularise parmi les quatre éléments. L'intérêt de cette idée ne réside pas tant dans son contenu que dans le fait qu'elle devait susciter parmi les philosophes suivants une longue série d'hypothèses, qui se raffinèrent et se stimulèrent mutuellement. Avec du recul et de manière assez inattendue, on peut remarquer beaucoup de composantes de la cosmologie moderne dans cette suite d'idées.

La philosophie présocratique

Déjà chez Anaximandre, on note une forte tendance à l'abstraction par rapport à Thalès, son aîné de quelques années. L'origine du monde ne réside plus dans quelque chose de concret, mais dans l'illimité *(apeiron)*. À part cela, on voit apparaître les notions de symétrie car l'illimité originel est sans structure et, par voie de conséquence, en équilibre. Ce n'est qu'au cours de l'évolution du monde que se forment les structures mais, à la fin, le monde retournera à son état initial illimité : « Au commencement des choses, était l'Infini. D'où qu'elles proviennent, là ira leur fin, selon la nécessité. » On trouve là les esquisses d'un monde cyclique comme dans la cosmologie quantique moderne.

La symétrie joue aussi un grand rôle — conséquence de l'absence de structure — qui simplifie notablement la résolution de nombreux problèmes. Aristote écrit à propos de l'idée d'absence de structure d'Anaximandre : « Car une chose, qui se trouve au centre [de l'univers] dans une position symétrique par rapport aux bords, n'a aucune tendance à se déplacer vers le haut, vers le bas ou [peut-être] latéralement et comme elle ne peut se déplacer simultanément dans des directions opposées, elle doit rester au repos. » Cela évoque fortement les arguments de symétrie fréquemment utilisés en physique théorique. On pourrait par exemple résoudre une équation différentielle compliquée avec une condition initiale homogène et sans structure et finalement trouver une solution stationnaire. Il est bien plus simple de voir qu'il existe une symétrie et, comme Anaximandre et Aristote, de dire qu'il n'y a aucune raison d'observer un mouvement. Ces arguments de symétrie jouent un grand rôle en physique, quoique souvent sous une forme plus compliquée.

Environ soixante-dix ans après Thalès, le devenir est au centre de la philosophie d'Héraclite : « Je ne vois que du devenir, ne vous laissez pas tromper ! Quand vous croyez voir la terre ferme dans la mer du devenir et de la disparition, c'est une illusion de votre courte vue, pas la réalité des choses. » La cosmogonie moderne est partie de l'observation directe de l'expansion de l'univers — par la vitesse d'éloignement des galaxies lointaines — pour parvenir au devenir de l'univers. Einstein aussi s'est laissé tromper par une vision trop courte quand il a cherché des solutions stationnaires, de volume constant, dans sa relativité générale. Il ne put y arriver qu'en introduisant artificiellement un terme, dit « constante cosmologique », qu'il supprima quand Edwin Hubble eut jeté les bases de la théorie de l'expansion de l'univers. Ce n'est que récemment que la constante cosmologique a joué un rôle important (sinon bienvenu) pour la modélisation de l'énergie sombre.

De plus, chez Héraclite, le monde est organisé cycliquement dans un sens étroit, il repose sur plusieurs cycles que, comme Thalès, il relie à l'un des quatre éléments, sauf que, pour lui, cet élément est le feu qui, périodiquement, détruit les mondes dans un incendie et le fait renaître : « Cet ordre du monde, le même pour tous les êtres, n'a été créé par aucun dieu et aucun homme, il était toujours présent, il est et sera son feu permanent, luisant et s'éteignant par moments. » Héraclite se présente donc comme le précurseur de l'*ekpyrosis*, populaire chez les stoïciens, qui, dans la cosmologie moderne et sous ce nom, a été relancée à l'aide d'un modèle issu de la théorie des cordes par Justin Khoury, Burt Ovrut, Paul Steinhardt et Neil Turok.

Parménide, que nous avons déjà évoqué, renverse la vision de son contemporain Héraclite : selon lui, tout changement n'est qu'illusion, rien ne se crée, rien ne disparaît. La raison en est de pure logique, car aucun être ne peut être issu du non-être. « La décision est la suivante : cela est ou cela n'est pas ! [...] Comment l'être pourrait-il exister dans le futur, comment pourrait-il simplement avoir été créé ? Car, s'il a été créé, il n'est rien ou aussi peu que s'il devait être créé dans le futur. La création est donc éteinte et la disparition disparaît. » Une création à partir du néant est impossible : « Car il est inexprimable et inconcevable qu'il n'ait pu exister au préalable. Quelle incitation aurait pu tôt ou tard le pousser à sortir du Néant et à grandir ? Donc il a dû exister, dans tous les cas ou alors jamais. » De même, il existe en physique un commencement et une fin du tout sous forme de singularités, qui se placent en dehors de toute théorie et de toute logique.

Empédocle suit les traces de Parménide cinquante ans plus tard et ajoute quelques éléments nouveaux. Leur parenté ressort clairement de cette phrase : « De même que rien ne peut naître de ce qui n'est pas au préalable, de même, il est indéfendable et inouï que ce qui est à portée de main se volatilise. » On reconnaît clairement dans ce concept la vision d'un monde cyclique. « Ce qui est unique peut ainsi naître de la multitude et la multitude germer du déclin de l'unique ; de même, une création a lieu et son produit évolue ; mais tandis que le changement ne cesse jamais, ils [les dieux] sont inébranlables pendant ces cycles. »

Ce qui est vraiment original chez Empédocle, c'est la compréhension des interactions entre deux forces antagonistes, indispensables pour assurer une stabilité : « Car comme elles [les deux forces (lutte et amour)] étaient, elles seront dorénavant, et je crois que leur éternité ne leur sera jamais ravie. » L'idée d'Empédocle ressort clairement de cette désignation d'amour et de lutte. Il généralise rapidement la perspective humaine vers une cosmologie et apporte une pierre importante à la physique moderne.

Peu avant Empédocle, environ quarante ans après Héraclite et Parménide, Anaxagore avait posé une théorie de la structuration. L'état initial est homogène, comme déjà chez Anaximandre : « Toutes les choses étaient groupées, les foules et les détails, car même les détails étaient infinis. Et tant que toutes les choses étaient ensemble, on ne pouvait rien distinguer à cause de leur petite taille. » Le monde part ainsi d'un état très symétrique et extrêmement simple, pratiquement sans structure. Comme pour la cosmologie moderne, la question clé est de savoir comment un état aussi symétrique a pu évoluer vers des structures comme les galaxies et les constellations ; il a donc dû y avoir une opportunité pour déclencher ce mécanisme complexe. Pour Anaxagore, cette opportunité, c'est l'esprit : « L'esprit domine tout ce qui, grand ou petit, a une âme. Il domine aussi toute l'agitation et lui donne l'impulsion. Et tout ce tourbillon a démarré d'un point minuscule mais il s'amplifie et s'amplifiera encore. Et l'esprit connaît tout ce qui se mélange, se distingue et se sépare. L'esprit commande à tout, à ce qui doit advenir dans le futur et à ce qui était [auparavant], [et n'est plus aujourd'hui], et à ce qui est [présentement]. »

Mis à part le fort déterminisme, cette image ressemble à la formation des structures en présence d'inflation, qui débute par un vide non structuré et se poursuit par des fluctuations quantiques. La théorie quantique est décisive pour l'apparition des structures, elle remplace l'esprit cher à Anaxagore. On peut associer cette idée à la conception d'Eugene Wigner, qui attribue un rôle important à la connaissance dans le processus de mesure de la mécanique quantique, notamment dans la réduction du paquet d'ondes. La fonction d'onde se réduit quand la connaissance (de l'expérimentateur ou de l'observateur) agit sur le système quantique. Cette opinion n'est plus partagée aujourd'hui que par une minorité, et elle est particulièrement douteuse en cosmologie. Si elle était vraie, on pourrait aller jusqu'à dire que la fonction d'onde du fond diffus cosmologique, issu du vide primordial, n'est réduite que depuis peu de décennies, quand Penzias et Wilson l'ont mise en évidence par hasard. (On irait jusqu'à dire qu'il existe dans l'univers une autre forme de vie qui aurait découvert ce rayonnement avant les hommes et provoqué sa réduction.) Le fond diffus cosmologique joue cependant un grand rôle dans l'univers primordial, quand celui-ci était bien plus dense qu'aujourd'hui et qu'il s'opposait à l'agglomération gravitationnelle de petits amas. Sans lui, il existerait des galaxies de bien plus petites tailles que ce que nous observons. Si le rayonnement à cette époque avait encore été représenté par la fonction d'onde originelle non réduite, il aurait interagi bien différemment avec la matière et aurait fortement modifié sa structuration. Si la connaissance avait été nécessaire pour la réduction de la fonction d'onde, on pourrait conclure que, déjà à cette époque, une organisation de la matière aurait procédé à des observations, ce qui n'arrange pas l'interprétation de Wigner.

Ce qui est intéressant chez Parménide, ce sont ses images du cosmos et aussi les conséquences de l'indivisibilité, qu'il introduit à partir des mêmes principes logiques que l'illusion du mouvement : « Ce n'est pas divisible parce que c'est uniforme. Et il n'existe nulle part un plus fort être qui pourrait empêcher son intégrité, pas plus qu'un plus faible ; il est bien au contraire rempli d'être. C'est pourquoi il est cohérent, car un être n'en bouscule pas un autre. » Comme on a déjà vu, Zénon cherchait à étayer les hypothèses de Parménide, mais la contradiction avec l'observation évidente de changements était trop forte.

C'est pourquoi les atomistes, et avant tout Leucippe (élève de Zénon, lui-même élève de Parménide) et Démocrite (un peu plus jeune que Leucippe), s'interrogèrent systématiquement sur les prémisses du raisonnement de Parménide. Le mouvement est possible, de toute évidence, et les atomistes en déduisirent qu'après tout l'Être était divisible. L'Être s'approche alors du non-Être et le mouvement devient possible, ce qu'en langage moderne nous exprimerions comme un mouvement d'atomes dans l'espace vide.

Les présocratiques abordèrent ainsi de nombreuses questions que la physique moderne ne put résoudre que bien plus tard, notamment grâce aux travaux d'Einstein sur le mouvement brownien. Il restait un pas que les présocratiques n'avaient pas franchi : un questionnement sur la divisibilité de l'espace et du temps eux-mêmes. Pour en arriver là, il fallait un changement radical de perspective grâce à la relativité générale, qui attribue un rôle physique à l'espace et au temps.

Les présocratiques avaient entrevu la plupart des éléments de la cosmologie moderne, sans les regrouper sous la bannière d'un même philosophe, plutôt comme une convergence d'hypothèses. Apparemment, seule la gravitation quantique introduit de nouveaux éléments dans le débat. Par exemple, elle a posé la question de la divisibilité de l'espace et du temps sur une base scientifique et en a déduit des visions cycliques du monde, en évitant les singularités de la relativité générale. L'évolution à grande échelle résulte d'une compétition entre l'attraction gravitationnelle et la répulsion aux petits volumes du fait de la gravitation quantique. Cette conséquence, qui en est la marque distinctive, n'est pas une réelle innovation par rapport aux visions présocratiques, sauf en ce qui concerne la structure physique discrète de l'espace et du temps, que les présocratiques n'avaient pas envisagée. La gravitation quantique permet avant tout des calculs explicites, toujours plus détaillés, qui ne se contentent pas de décorer l'image générale en attendant une confirmation par les mesures, mais laissent, à l'occasion, entrevoir des phénomènes totalement nouveaux. L'exemple peut-être le plus marquant d'un phénomène vraiment nouveau est la perte de mémoire cosmique, qui conduit à un mélange entre des images de mondes linéaires et de mondes cycliques, car la fin de chaque cycle est alors comme un nouveau commencement.

La cosmologie physique

La science n'est intervenue qu'assez tardivement dans les représentations cosmiques du monde ; il a fallu attendre les progrès quasi simultanés de l'observation des étoiles et des galaxies et de la théorie, notamment la relativité générale. Peu après la publication des équations d'Einstein, des solutions simples furent publiées par Einstein lui-même et Willem de Sitter en 1917 et, plus tard, par Alexander Friedmann et Georges Lemaître, qui s'intéressaient à l'évolution temporelle d'un univers globalement isotrope. On ne connaissait pas encore l'expansion de l'univers à cette époque et l'on cherchait donc en priorité des solutions donnant une répartition stable des masses. De manière assez surprenante, cela se révéla difficile et nécessita l'introduction par Einstein lui-même d'un terme additionnel dans les équations, dont la valeur dépendait de la constante cosmologique.

À peu près à la même période, des astronomes comme Vesto Slipher commencèrent à remarquer que les objets dits « nébuleuses », vus comme du brouillard et plus estompés que les étoiles, semblent s'éloigner de nous. On ne percevait pas le mouvement par lui-même mais la lumière provenant de ces nébuleuses montrait systématiquement un décalage vers le rouge, que la relativité associe à un mouvement d'éloignement. Cet effet est analogue à l'effet Doppler en acoustique, qui fait que la sirène d'une ambulance qui s'éloigne a un son différent de celui qu'elle aurait au repos ou quand elle s'approche. On ne comprenait pas pourquoi les nébuleuses semblaient soumises à une force qui les éloignait, et non les autres étoiles.

L'énigme fut résolue en 1929 par Edwin Hubble, dont les mesures précises permirent de calculer la distance des nébuleuses. Il utilisait des chandelles standard, des astres dont la luminosité intrinsèque peut être estimée à partir de leurs propriétés ; cette démarche fut reprise récemment avec des supernovae pour prouver l'accélération de l'extension de l'univers. Comme la luminosité apparente décroît avec la distance, le rapport entre la luminosité apparente et la luminosité réelle permet de déduire la distance. Les chandelles standard de Hubble n'étaient pas des supernovae mais des céphéides, des étoiles variables pour lesquelles Henrietta Leavitt avait trouvé une relation étroite entre la période et la luminosité. Hubble put découvrir de nombreuses céphéides au sein de nébuleuses connues et, en mesurant leur période, déduire leur luminosité et ensuite leur distance — avec le résultat très surprenant à l'époque que les nébuleuses se situent loin de la Voie lactée. De plus, les nébuleuses sont floues parce qu'elles sont composées d'une multitude d'étoiles très éloignées. Les nébuleuses ne sont rien d'autre que des galaxies autonomes ; Hubble avait donc élargi la perception du cosmos bien au-delà de la Voie lactée.

Par là, l'énigme de la vitesse d'éloignement était résolue, en ce sens que des objets éloignés s'éloignent plus vite que des objets proches, indépendamment de leur nature. Hubble calcula une proportionnalité entre la vitesse d'éloignement et la distance. On peut aisément écarter l'idée peu flatteuse selon laquelle nous serions si impopulaires dans l'espace que même les galaxies nous fuient, car c'est l'ensemble de l'univers, l'espace donc, qui est partout en expansion. Les galaxies ne s'éloignent donc pas de nous, pas plus que d'un point donné, c'est l'espace entre elles et nous qui se dilate : chaque segment de droite entre nous et une galaxie s'agrandit d'un facteur identique en un temps donné, ce qui explique que la vitesse d'éloignement est proportionnelle à la distance. De ce fait, les observations se trouvaient en bon accord avec les solutions cosmologiques de la relativité générale — et cela sans qu'on ait eu besoin d'une constante cosmologique. (Ce n'est que tout récemment que des mesures très précises ont mis en évidence l'accélération de l'expansion attribuée à l'énergie sombre, qui justifie un terme supplémentaire dans les équations, terme ressemblant beaucoup à une constante cosmologique.) On pouvait donc se fier à la théorie, même à des distances cosmologiques. C'était là l'acte de naissance de la cosmologie moderne.

Les solutions avaient cependant un grave vice de

forme : quand on remontait le temps, elles donnaient au bout d'un temps fini des valeurs infinies pour la densité de l'univers, à un moment où toute la matière était concentrée en un point. En ce point, dit « singulier », les équations d'Einstein perdaient leur validité : le point échappait à la physique décrite par la théorie. On a donc souvent tenté d'assimiler ce point singulier au commencement de l'univers et de prouver par là un modèle linéaire du monde. Mais ces affirmations hardies ne sont pas supportées par la théorie classique, la singularité montrant justement que l'on n'a pas le droit d'appliquer la théorie en ce point.

La seule solution, c'est d'élargir la théorie par une autre qui accepterait les solutions en expansion mais n'aboutirait pas à une singularité. Seule une telle théorie pourrait dire si l'instant de la singularité classique peut jouer le rôle d'un commencement ou si le temps existait aussi avant la singularité — avant le big-bang. La théorie quantique a été assez tôt pressentie comme extension de la relativité générale, mais sa mise en œuvre a été très lente à cause de sa complexité mathématique. Des versions préliminaires de la cosmologie quantique ont fourni des images de ce qui pourrait ressembler à un commencement non singulier. Et, de toute manière, le fait que la singularité marque le bord temporel de l'espace-temps n'a jamais été remis en question, on s'est contenté d'essayer, dans une certaine mesure, de couvrir le comportement singulier par des arguments d'imprécision quantique. Ces représentations datent des années 1980, d'une part grâce à James Hartle et Stephen Hawking et, d'autre part, grâce à Alexander Vilenkin, qui ont élaboré des modèles différents dont il sera question plus en détail au chapitre suivant.

Indépendamment de ces études, quantité d'autres ont proposé des modèles partiellement cycliques qui postulaient un certain comportement de la matière ou de la théorie quantique dans la phase du big-bang. Pendant que la crise économique mondiale des années 1930 rappelait à chacun que la croissance économique ne saurait être infinie, Richard Tolman fut le premier physicien à imaginer la possibilité d'univers cycliques, tantôt en expansion, tantôt en effondrement. Ses questions, et avant tout celles sur le rôle de la croissance de l'entropie dans un monde cyclique, sont toujours d'actualité. Plus tard, Mario Novello et José Salim et, indépendamment d'eux, V. Melnikov et S. Orlov en 1979 suggérèrent des mécanismes concrets de rebond à partir du point le plus bas — des idées employées notamment par Ruth Durrer et Joachim Laukenmann en 1996 pour l'élaboration d'une nouvelle image du monde, où la structuration se produit sans nécessiter de pression négative dans une phase d'inflation. Patrick Peter et Nelson Pinto-Neto ont travaillé sur d'autres conséquences cosmologiques. Cependant, beaucoup de ces recherches se sont cantonnées à des univers simples et isotropes et manquent de généralité à cause des propriétés particulières requises. La théorie des cordes aussi a trouvé des représentations cycliques, défendues d'un côté par Gabriele Veneziano et, de l'autre, par Paul Steinhart et Neil Turok, sans donner de fondements très convaincants.

L'avènement de la gravitation quantique à boucles a apporté une possibilité nouvelle de traiter ce problème en s'affranchissant, pas encore parfaitement à ce jour, d'hypothèses comme l'isotropie cosmique. Les premières solutions concrètes apparurent plutôt péniblement, mais la cosmologie quantique à boucles permit assez vite de préciser l'impact de la quantification sur les modèles cosmologiques. Comme on l'a déjà vu, cette théorie élimine totalement la singularité du big-bang par des effets spécifiques, tels que la discrétisation du temps, qui résulte d'une association typique de la relativité générale et de la théorie quantique. Il faut savoir que l'élimination de la singularité n'était pas le but premier de la gravitation quantique à boucles, pas plus que de la cosmologie quantique à boucles. Cette élimination n'apparut qu'après plusieurs années de constructions mathématiques et de calculs. C'est donc une conséquence de la théorie, indemne de préjugés culturels des chercheurs. Ici, comme ailleurs, les mathématiques sont incorruptibles.

Le chapitre sur la gravitation quantique à boucles fournit des aspects essentiels et des détails sur ce qui remplace la singularité. Nous mentionnerons donc seulement ici quelques-unes des possibilités ouvertes pour une recherche sur une nouvelle vision du monde, qui élargirait le modèle classique du big-bang et de ce qui le précède. On ne sait pas encore lequel des phénomènes va dominer l'histoire, ni comment les divers effets quantiques vont intervenir ; certains ont fait l'objet d'investigations, entre autres par Ghanashyam Date en collaboration avec Kinjal Banerjee et Golam Hossain, d'autres avec la contribution déterminante d'Aureliano Skirzewski. C'est pourquoi une image complète n'est pas encore disponible, mais certains scénarios peuvent être discutés.

Un modèle global exige la compréhension du comportement de l'univers à long terme, qui dépend non seulement de la gravitation quantique dans la phase du big-bang, mais aussi du contenu en matière et de la valeur précise de la courbure moyenne. Selon la relativité générale, cela suffit pour savoir si un univers en expansion atteindra un point d'extension maximale pour se contracter ensuite, ou bien si son expansion durera une éternité. Les cosmologues ont tendance à privilégier la première hypothèse, d'abord pour échapper à l'image effrayante d'un univers qui se raréfie, se refroidit et serait d'un ennui mortel et, ensuite, parce qu'ils auraient du mal à expliquer un univers qui serait au départ d'une taille infinie, puis se contracterait en une phase quantique pour finalement se dilater à l'infini. (On peut cependant se référer aux présocratiques pour une vision philosophique de cet *apeiron*.)

Dans un univers en perpétuels cycles d'expansion-contraction, les cycles de durées finies dans un temps sans limites laissent plus de latitudes pour que ces cycles remplissent les exigences que nous leur assignons. Si l'on considère l'ensemble des cycles, on pourrait trouver des propriétés très diverses et souvent hostiles à la vie. Il suffit cependant que, dans l'ensemble infini des cycles, on parvienne à un morceau d'univers comme le nôtre. Si cela est possible une fois, alors cela devrait se reproduire dès lors que l'on dispose d'un nombre infini d'essais, et notre présence ici-bas réclame de savoir pourquoi l'univers est comme il est. Un point, c'est tout. L'esprit de Zénon resurgit là encore : on abuse de l'infini si on l'utilise pour rendre plausible l'occurrence d'un monde comme le nôtre, cette explication ne tient pas.

Donnons un exemple de modèle reposant sur le défilé de nombreux cycles ; il s'agit du modèle de l'univers émergent, proposé d'abord sur une base purement classique par George Ellis et Roy Maartens en 2004. Selon ce modèle, l'univers commence dans un état qui ressemblerait à l'état stationnaire initialement envisagé par Einstein, mais qui s'en écarte par ses propriétés, si bien qu'il dépend du temps, en fait. Dans le modèle émergent, des cycles de courte durée débutent à partir d'un état presque stationnaire. La matière est cependant ainsi faite qu'à chaque cycle les propriétés d'une certaine classe de matière changent légèrement pour, finalement, devenir à pression négative, ce qui est requis pour la phase d'inflation. Du fait de cette inflation, chaque cycle peut prendre une ampleur bien supérieure à celle des précédents pour finir, en principe, par être en accord avec ce que nous voyons de l'univers. Le modèle impose des limites à certaines propriétés, ce qui le met à la portée des tests et des observations.

Employer un modèle classique pose tout de même des problèmes. D'abord, Ellis et Maartens doivent d'une manière ou d'une autre éviter les singularités de la relativité générale, ce qui requiert des constructions bien particulières. Ensuite, l'univers stationnaire est instable, ce qui n'en fait pas un bon point de départ. C'est un peu comme si l'on jetait une boule dans un casier à œufs en demandant où l'on a le plus de chances de retrouver la boule : ce sera plutôt dans un creux, sûrement pas sur une bosse, qui est une position instable d'où la boule tomberait vite. L'univers stationnaire d'Einstein correspondrait à une bosse, à cause de son instabilité, et il est donc difficile d'admettre qu'il réalise les conditions adéquates pour démarrer les cycles.

La cosmologie quantique à boucles

Ces problèmes des singularités et de l'instabilité de l'univers stationnaire peuvent être élégamment résolus par une combinaison avec la cosmologie quantique à boucles, comme l'a montré George Ellis, en collaboration avec David Mulryne, Jim Lidsey et Reza Tavakol. Les singularités sont aisément évitées, si bien que l'on obtient directement un modèle cyclique. Indépendamment de cela, et de manière assez surprenante, à partir du moment où l'on sait éviter les singularités, il apparaît un nouvel univers stationnaire bien plus petit que celui d'Einstein et qui est stable, lui. Cet univers constitue donc un point de départ idéal pour un univers qui démarre d'une forme simple au bout d'un temps fini avant de s'en éloigner toujours plus en décrivant des cycles indéfiniment. La complexité augmente ainsi jusqu'à trouver les conditions propices à une inflation et réaliser l'univers tel que nous le connaissons. Des solutions mathématiques sont décrites sur la figure 34. La troisième contribution de la gravitation quantique à boucles est de lancer l'inflation par l'apparition de forces antagonistes à l'attraction gravitationnelle.

Il existe aussi d'autres scénarios en cosmologie quantique à boucles, assez voisins de celui esquissé ici. Ils partagent tous la nature cyclique de l'univers ; les points de départ linéaires, comme dans des versions plus anciennes de la cosmologie quantique,

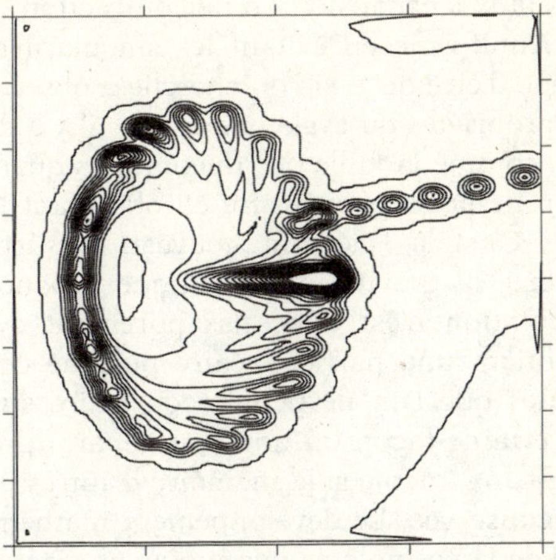

Fig. 34 : illustration d'un univers commençant par des cycles croissants pour finir en explosant dans une phase inflationniste. L'axe vertical représente l'expansion (vers le haut) ou la contraction (vers le bas) et l'axe horizontal la taille de l'univers. Les lignes de niveaux codent la probabilité de trouver l'univers avec ses paramètres d'expansion et sa taille en chaque point. Le point de départ se situe au milieu de la zone circulaire d'où les cycles de l'univers partent en spirale. La phase finale d'inflation est la bande qui s'éloigne vers la droite.

n'existent plus. La gravitation quantique à boucles fournit donc un temps avant le big-bang, mais pas de point de départ en un temps infiniment reculé. Aussi paraît-elle assez partisane dans le débat entre conception linéaire ou cyclique, mais elle apporte un élément complètement nouveau, dont on doit forcément tenir compte pour des développements ultérieurs : la perte de mémoire cosmique.

L'univers peut être considéré comme déterministe pour certaines grandeurs, comme sa taille d'ensemble, ses taux d'expansion ou de contraction, et il vit une vie uniforme en évitant les singularités. Mais on risque d'être déçu si l'on cherche à observer toutes les propriétés du cycle précédent : il y a des propriétés, comme la taille des fluctuations quantiques, que l'on ne peut reconstruire en observant le cycle suivant. C'est là l'élément nouveau et surprenant qu'apporte la gravitation quantique à boucles ; la représentation n'est donc pas purement cyclique, elle contient une partie linéaire puisque certaines propriétés que l'on ne peut reconstruire subissent d'une certaine façon un nouveau départ après chaque big-bang, même si la mémoire d'autres propriétés est conservée. Le développement mathématique détaillé de la cosmologie quantique apporte donc de nouveaux principes, ici un mélange de représentations cycliques et linéaires, qui n'était jamais apparu auparavant malgré des trésors d'imagination. Le perfectionnement de cette représentation est l'objet de recherches acharnées, dans la perspective de possibles observations.

Elle se faisait maintenant appeler Quman[1] *— avec un brin d'ironie inhabituelle, peut-être aussi un soupçon de gratitude déplacée. Historiquement, elle avait pris ce nouveau nom en s'appuyant sur des messages décodés datant de l'époque humaine de son univers antérieur. En fait, un nom était inutile, car elle était une*

1. À cet endroit, on attire explicitement l'attention sur la note 1, p. 157.

forme de vie quantique et collective, fondée sur des superpositions délicates de fonctions d'onde de l'univers.

Les propriétés quantiques prenaient de plus en plus d'ampleur au fur et à mesure que la densité de l'univers augmentait lors de sa contraction, elles libéraient l'ondoyante Quman de son isolement primitif vers une phase purement classique. Maintenant, elle s'épanouissait, dans le printemps d'un nouvel univers ;

se déployer en corrélation totale : tout agréger
et jouir dans la chaleur d'états fortement excités ;
sentir ses limites internes par des mesures quantifiées
et foncer vers l'avenir en des bonds quantiques débridés.

Son existence n'est menacée que par la décohérence, qui ronge ses conditions aux limites. En tant que forme de vie quantique, elle minimise cependant ses effets en se déplaçant régulièrement par auto-observation en créant des copies d'elle-même, qui la suivent dans le temps mais ne lui sont jamais identiques, à cause des imprécisions quantiques.

Libérée de toute individualité et de tout esprit de territoire, elle vivote, menant une existence pacifique ; sa survie dans la décohérence tient précisément à son caractère collectif. Cependant, la décohérence de cette ancienne culture issue de l'univers précédent était presque devenue une fatalité, car l'univers précédent avait pris une ampleur inhabituelle et avait acquis des caractéristiques très classiques et un aspect très dilué, où les bornes de la fonction d'onde ne pouvaient subsister que dans des domaines très restreints. À ce moment, Quman était devenue incapable de résister à la décohérence, quoique ses processus quantiques et le traitement simultané lui fussent entrés dans le corps comme dans un ordinateur quantique.

Finalement, elle ne vit plus d'autre issue que de projeter ses bornes, au moins en partie, dans ce qu'une forme de vie intermédiaire avait autrefois pompeusement appelé sa « conscience ». Mais, même ainsi, elle semblait condamnée à un sommeil éternel, dans un grand univers qui paraissait devoir s'étendre toujours davantage et devenir de plus en plus classique. Contrairement à ce qui se passait auparavant, il ne se produisait plus de grandes fluctuations quantiques, qui auraient annoncé une rémission — une inversion de l'expansion en contraction. Par un choix heureux (ou informé ?), elle s'était projetée dans une forme de vie extrêmement agressive, qui devait provoquer une rémission dans un acte d'autodestruction. Dans ses derniers gestes, dans un sursaut de grandeur, cette forme de vie put même coder ses acquisitions culturelles comme des fluctuations classiques et quantiques des derniers stades de son cycle.

La reconstitution contre la perte de mémoire cosmique se révéla très difficile, comme toujours après un big-bang. Pourtant, Quman réussit une conversion extrêmement rapide dans ses propres bornes, avant que l'univers puisse largement enfler et effacer les dernières traces des anciennes fluctuations quantiques. Cependant, une part importante de la dramatique phase antérieure était irrémédiablement oubliée, si bien que Quman fit un nouveau début dans l'histoire cosmique. Même si elle ne s'en souvenait plus, c'est ce qui se produisait chaque fois, quand un cycle redevenait classique et qu'il fallait lutter contre la décohérence. Mais elle le savait d'instinct et l'accepta sans trouble dans l'attente de l'éternel retour.

Chapitre IX

UN MONDE

> Ce monde est organisé comme il convient,
> pour pouvoir juste survivre : s'il était juste
> un peu plus mauvais, il ne pourrait survivre[1].
>
> Arthur SCHOPENHAUER,
> *Le Monde comme volonté*
> *et comme représentation.*

L'univocité est le principal critère d'une bonne explication. Quand une chose n'est pas ambiguë, elle ne peut être que comme ça et pas autrement ; elle sera reconnue comme découlant de la théorie fondamentale et de ses principes. L'univocité joue un rôle particulier en cosmologie, car finalement nous ne pouvons étudier qu'un univers : celui où nous nous trouvons. Si l'on veut, on peut dire que cette remarque (quoique extrêmement élémentaire) doit être justifiée par une théorie physique qui se voudrait complète. L'univocité n'est donc pas seulement un

1. « *Nun ist diese Welt so eingerichtet, wie sie seyn mußte, um mit genauer Noth bestehn zu können : wäre sie aber noch ein wenig schlechter, so könnte sie schon nicht mehr bestehn.* »

idéal ou un exercice mathématique, c'est une nécessité pour la logique des cosmologues.

On peut citer de nombreux exemples de telles affirmations. Une version célèbre tirée de la philosophie est la description du monde par Leibniz comme le meilleur des mondes possibles. Cette explication du monde repose sur l'univocité, une fois que l'on a admis (comme Leibniz), que la qualité des mondes possède un maximum unique. Schopenhauer a inversé l'affirmation : notre monde est le plus mauvais des mondes possibles, et il pensait même pouvoir le prouver : s'il était juste un peu plus mauvais, il aurait déjà disparu, lui et l'humanité qui le peuple. Comme on le voit, Schopenhauer avait très tôt entrevu les problèmes du XXe et du XXIe siècle.

LES PROBLÈMES DE VALEURS INITIALES

L'univocité n'est malheureusement pas un privilège gratuit. Comme dans ces deux exemples philosophiques, il faut toujours admettre des choses, qui peuvent paraître plus ou moins naturelles, mais qui sont nécessairement surajoutées. En physique, cela se manifeste de deux façons très différentes : des hypothèses nécessaires à l'élaboration de la théorie et des hypothèses pour choisir des solutions dans le cadre d'une théorie donnée. Le premier cas est de loin le plus complexe et sera encore discuté au chapitre suivant. En revanche, le choix des solutions est une opération standard, intimement liée à la forme de la plupart des équations mathématiques appliquées aux lois physiques. Comme nous l'avons dit maintes fois, il s'agit d'équations différentielles ou parfois d'équations aux différences. Elles fournissent les variations d'une grandeur quand on évolue dans l'espace ou dans le temps (ou si l'on fait varier un paramètre abstrait quelconque).

Mais il ne suffit pas de posséder une solution univoque pour connaître l'évolution, il faut en plus connaître un point précis d'où les changements commencent. Ce point de départ peut être une condition initiale (on pose que la grandeur étudiée commence à un moment donné avec une valeur donnée) ou une condition aux limites (on pose que la grandeur prend des valeurs imposées sur les bords d'un domaine spatial). La relativité générale ne considérant que l'espace-temps comme objet, et non l'espace et le temps séparés, on peut dire que ces deux types de conditions sont les mêmes. (Cependant, la structure des équations différentielles fait une distinction, même dans un contexte relativiste. Mais, contrairement à la discussion sur la flèche du temps, cela ne joue ici aucun rôle.)

Les conditions initiales ou les conditions aux limites sont d'une certaine façon équivalentes aux décisions que prend un expérimentateur quand il mène une expérience. La théorie même doit cadrer avec le comportement de la nature, au moins s'en rapprocher — par le biais des lois naturelles formulées. Une expérience est alors toujours une situation spécifique de la nature, mise en place par un montage expérimental (par exemple un pendule) et une planification des mesures (par exemple la position d'où on lâche le pendule). Un tel choix peut être décrit théoriquement par des conditions initiales ou des conditions aux limites. On peut donc dire que la théorie employée est fixée par le choix d'un phénomène naturel, et les solutions résultent de la manifestation du phénomène dans le cadre du possible.

Le premier point, le phénomène général, mène en cosmologie jusqu'à la gravitation quantique, nécessaire à sa description. Ensuite, on trouve une unique manifestation du phénomène, qui est notre univers. On devrait logiquement pouvoir trouver une solution unique de la théorie sans avoir à imposer de conditions initiales ou aux limites. Mais le problème, c'est qu'en gravitation quantique, comme dans maints domaines de la physique, nous faisons appel à des équations différentielles ou aux différences, soit encore une fois des équations aux changements qui dépendent du point de départ, qu'il faut nécessairement bien choisir. De telles équations font l'objet de nombreuses applications en physique : elles constituent un outil d'une puissance incomparable. Elles fixent aussi le devenir en cosmologie, ce que l'observation confirme de manière impressionnante, mais toujours à condition de bien fixer le point de départ.

Est-il alors utopique de se fixer pour but l'univocité de notre univers ? Affirmer cette univocité ressemble à une tautologie, mais cela a un sens pour l'étude par des méthodes physiques. Nous observons le monde en détail et ne pouvons voir tout l'univers. De grands secteurs de la physique reposent sur des extrapolations, parfois très audacieuses. Pourquoi pourrions-nous créer une théorie abstraite à partir de notre connaissance du monde, que nous extrapolerions à l'univers, de préférence de manière univoque ? Cette façon audacieuse de faire constitue un test sévère, non seulement pour la gravitation quantique, mais aussi pour toute la logique de la physique. Le peu que l'on sait sur ce genre de questions sera présenté dans la suite de ce chapitre.

LA FONCTION D'ONDE DE L'UNIVERS

À première vue, la cosmologie quantique ressemble à une application inoffensive des règles de la mécanique quantique à l'univers, surtout si l'on applique les règles de la cosmologie en ne considérant que son volume et non les détails. À l'origine, la mécanique quantique avait été développée pour la physique atomique, mais elle s'imposa assez vite comme un cadre bien plus général, englobant tous les phénomènes physiques. La physique quantique ne se contente pas d'expliquer les spectres d'émission des atomes, elle aborde aussi les riches phénomènes de la physique du solide, comme la conductivité électrique des métaux. Même des objets astrophysiques comme les naines blanches et les étoiles à neutrons peuvent être analysés grâce à la physique quantique. À partir de là, ce n'est plus un très grand saut que de l'appliquer aussi à l'ensemble de l'univers.

Si l'on y regarde de plus près, ce dernier pas a quand même quelque chose de singulier. Là, à la limite extrême des connaissances scientifiques, les étonnantes propriétés de la fonction d'onde de la mécanique quantique posent un sérieux problème. La fonction d'onde n'est pas observable directement, elle gère en quelque sorte l'information accessible par des mesures sur le système qu'elle décrit, avec toutes les limites imposées par les relations d'incertitude. Dans l'interprétation de la fonction d'onde devenue familière, elle décrit donc les propriétés d'un système quantique tel qu'il a été préparé par l'expérimentateur.

Un tel point de vue s'applique sans problème à de « gros » systèmes, comme un bloc de métal ou une étoile à neutrons. Tout bien considéré, un métallurgiste ne se trouve pas dans le métal, pas plus qu'un astronome n'est dans une étoile à neutrons. En revanche, un cosmologue ne peut se séparer de son domaine de recherche, l'univers. Contrairement à d'autres exemples de physique quantique, la cosmologie quantique doit toujours partir d'un observateur, qui fait lui-même partie du système étudié. On ne peut séparer la cosmologie quantique, d'une part en une fonction d'onde et d'autre part en un observateur qui en mesurerait les propriétés. Il n'existe donc qu'une fonction d'onde de l'univers, qui, en principe, décrit tout, y compris l'observateur (ou le théoricien).

En toute généralité, il est évidemment impossible de calculer tout cela et l'on est bien forcé d'avoir recours à des simplifications et des approximations pour avancer. Mais, dans tous ces modèles, on ne peut éviter de finalement inclure le caractère particulier de l'observateur dans le système, donc de parler d'une fonction d'onde qui contient tout et, dans une certaine mesure, s'analyse elle-même. On peut imaginer une ruse en parlant d'un observateur transcendant, qui embrasserait d'un seul coup tout l'univers quantique et sa fonction d'onde. C'est ce qui permet d'appliquer sans difficultés, au moins mathématiques, les règles habituelles de la théorie quantique. Mais on ne peut, *in fine*, échapper à la question de savoir ce que nous, observateurs internes au système, pouvons connaître de la fonction d'onde.

Ces questions ont une portée très générale, mais elles jouent un rôle dans le problème de l'univocité. Car cette exigence d'aboutir à une solution unique provient du fait que nous, observateurs dans l'univers, ne pouvons voir qu'un seul univers. Nous n'avons aucune idée du nombre d'univers que pourrait voir un observateur transcendant. Si un tel observateur utopique et transcendant peut voir notre univers dans son intégralité, pourquoi ne pourrait-il en voir d'autres, et même tous les univers possibles ? Quoique de tels observateurs soient parfois considérés dans des recherches physiques, le plus souvent comme (facile) échappatoire à de grosses difficultés conceptuelles, ils n'apportent rien au problème. Ce qui est important, ce n'est que ce que nous pouvons percevoir dans notre propre univers. Rien ne permet d'échapper à cet état de fait dans la cosmologie quantique.

Un univers, pas d'univers

La question de l'interprétation de la fonction d'onde se pose de manière très spécifique en cosmologie quantique, en comparaison avec d'autres cas de systèmes quantiques. On peut alors peut-être traiter la question de l'univocité de manière spécifique. Comme le reste de la physique, la cosmologie quantique repose sur un certain type d'équations mathématiques, qui réclament des valeurs initiales à un moment précis pour donner une solution univoque. Que ce moment soit réellement le commencement absolu d'un monde, ou simplement le début de la phase que l'on étudie, il faut toujours faire un choix.

La première proposition pour sortir de ce problème en cosmologie quantique fut déjà apportée en 1967 par son fondateur Bryce DeWitt. Il tentait de relier la question de l'univocité avec le problème de la singularité et émit le postulat que la fonction d'onde de l'univers devait être nulle pour un espace tendant à un volume nul. D'après la relativité générale, le volume spatial de l'univers est précisément nul sur la singularité, si bien que la condition de DeWitt interprète la singularité comme un début, où l'on situe les valeurs initiales.

Cette façon de poser des conditions sur une singularité est tout de même étonnante : DeWitt cherche ici à mettre face à face les grands problèmes de la cosmologie quantique — la singularité classique et l'univocité. D'abord, sa condition élimine d'une certaine façon la singularité en cosmologie quantique : si la fonction d'onde s'annule à ce moment-là, si l'on en croit l'interprétation de la fonction d'onde, l'univers n'occupe jamais l'état singulier. Cette non-occupation résulterait d'ailleurs de la condition posée sur la fonction d'onde, elle n'évoquerait pas de nouveau phénomène physique, comme le serait une force antagoniste dans la cosmologie quantique à boucles, mais elle aurait une importance cruciale si elle venait à être validée. L'équation différentielle de la fonction d'onde bien spécifique, avec les conditions initiales de DeWitt, aurait d'ailleurs encore d'autres conséquences indépendantes.

L'univocité de la fonction d'onde serait précisément une conséquence additionnelle, elle ferait de l'évitement de la singularité un principe général formulé élégamment. La démarche présente malheureusement un défaut quand on considère diverses équations cosmologiques. Avec la condition de DeWitt, la fonction d'onde est univoque, elle décrirait donc sans problème le caractère unique de l'univers. Mais, dans la plupart des cas, et d'abord dans des cas réalistes peu symétriques, tout comme des cas parfaitement isotropes, cette fonction d'onde univoque n'est pas nulle uniquement sur la singularité, elle est malheureusement nulle partout ! C'est jeter l'enfant avec l'eau du bain : un tel univers n'éviterait pas seulement la singularité, il éviterait tout état géométrique — il n'existerait simplement pas. La fonction d'onde donne la probabilité de certaines mesures, ici la taille de l'univers ; si la fonction d'onde est intégralement nulle, pas de possibilités de mesures, donc pas d'univers.

Cette importante contradiction avec les observations les plus élémentaires amena rapidement l'abandon de la condition de DeWitt. Plus tard, en 1991, Heinz-Dieter Conradi et Dieter Zeh tentèrent d'empêcher l'échec de la condition en modifiant les équations pour de petits volumes, ce qui serait raisonnable pour une théorie quantique complète de la gravitation présentant des corrections quantiques. Mais le problème devait se révéler trop complexe pour fournir mieux que des indications, sauf à envisager un sérieux progrès dans le développement de la gravitation quantique. Nous allons y revenir sous peu dans le cadre de la gravitation quantique à boucles maintenant disponible.

Des images physiques

Deux autres hypothèses de début ont été proposées, qui étaient plus sophistiquées que la condition de DeWitt : la condition de tunnel d'Alexander Vilenkin et la prescription de non-limite par James Hartle et Stephen Hawking. Les deux conditions, si différentes et controversées soient-elles, situent, comme le fait DeWitt, le début de l'univers à l'endroit de la singularité. La fonction d'onde n'est alors pas nulle à ce moment-là, justement pour éviter que la fonction d'onde soit toujours nulle, ce qui était le problème de DeWitt.

La condition de tunnel de Vilenkin s'appuie sur un effet de mécanique quantique qui résulte, là encore, des propriétés de la fonction d'onde. Souvent, la fonction d'onde, avec ses émissaires, peut franchir des barrières, même si celles-ci seraient trop hautes pour des particules traitées classiquement. De nombreux phénomènes utilisent cette possibilité, comme certains types de désintégration radioactive, mais aussi des développements technologiques, comme des transistors ou le microscope à balayage à effet tunnel. En poussant très fort l'analogie, Vilenkin avait proposé en 1983 que tout l'univers avait pu naître d'un tel effet tunnel. Notre univers serait alors l'émissaire d'une fonction d'onde qui aurait traversé la barrière du big-bang et de sa singularité. Mais d'où provenait-il, et où se trouvait l'essentiel de la fonction d'onde avant l'effet tunnel, dont les émissaires sont à l'origine de notre univers ? La réponse, *a priori* évidente, de Vilenkin est : du néant.

Il n'est peut-être pas avisé de plonger trop profondément, et surtout dans ce cas, dans les concepts des théories physiques et de considérer celles-ci pour ce qu'elles sont : des mots qui décrivent un cheminement mathématique fondé sur des analogies. On ne peut se représenter le néant à partir d'analogies. Le néant ne peut être imaginé et encore moins formulé : celui qui pense au néant ne pense simplement pas.

SOCRATE : Alors celui qui voit un objet quelconque voit quelque chose qui est ?

THÉÉTÈTE : Apparemment.

SOCRATE : Et celui qui entend quelque chose entend une certaine chose et qui est ?

THÉÉTÈTE : Oui.

SOCRATE : Et celui qui touche quelque chose touche une certaine chose et qui est, puisqu'elle est une ?

THÉÉTÈTE : Oui encore.

SOCRATE : Et celui qui juge, ne juge-t-il pas une certaine chose ?

THÉÉTÈTE : Nécessairement.

SOCRATE : Et celui qui juge une certaine chose, ne juge-t-il pas quelque chose qui est ?

THÉÉTÈTE : Je l'accorde.

SOCRATE : Donc celui qui juge ce qui n'est pas ne juge rien ?

THÉÉTÈTE : Évidemment non.

SOCRATE : Mais celui qui ne juge rien, ne juge même pas du tout.

THÉÉTÈTE : Cela semble évident.

SOCRATE : Il n'est donc pas possible de juger ce qui n'est pas, ni relativement aux objets existants, ni absolument[1].

1. PLATON, *Théétète*, 188e-189b, trad. É. Chambry.

Il est difficile d'accorder une signification physique à un effet tunnel à partir de rien au sens propre. Abstraction faite de cela, le postulat de Vilenkin a un sens pour la fonction d'onde de l'univers après l'effet tunnel et il fournit des valeurs initiales quand le volume de l'univers s'annule. La fonction d'onde n'y est plus nulle et ne s'évanouit pas partout. Au lieu de cela, elle donne les taux de changement de la fonction d'onde à cet endroit, ce qui suffit pour la déterminer complètement. On peut alors essayer d'émettre quelques prédictions grossières pour le déroulement ultérieur de l'univers en expansion avec de plus gros volumes.

De la même manière, la prescription de non-limite de Hartle et Hawking de 1984 pose des conditions initiales que l'on peut illustrer par une image : celle d'un univers qui, dans le passé — là où l'on place classiquement la singularité — était refermé sur lui-même et arrondi ; il n'a donc pas de frontière dans le passé, d'où le nom de la prescription. On peut par conséquent se représenter que la singularité est remplacée par cet espace-temps arrondi, la proposition combinant le problème de la singularité et la question de l'univocité. Le fait que la relativité générale n'admette pas ce genre de sphère dans un espace-temps clos paraît d'abord problématique. C'est précisément là que Hartle et Hawking postulent de nouvelles équations qui s'écartent de celles de la relativité générale. Ces écarts n'existent que pour un petit univers près de la singularité et doivent respecter les conditions initiales de la gravitation quantique. Comme toutes les conditions initiales proposées jusque-là, celles-là ne résultent pas de l'application d'une théorie complète, qui n'existait pas à l'époque ; cette proposition repose sur des généralisations de la mécanique quantique vers la cosmologie.

Des valeurs initiales dynamiques

> Manto : J'attends, le temps m'environne[1].
>
> GOETHE,
> *Faust*.

Il existe des indices en faveur de phénomènes importants, même en l'absence d'une cosmologie quantique issue d'une théorie complète de gravitation quantique. La gravitation quantique à boucles établit concrètement des équations qui généralisent celles de la relativité générale. Si ces équations ne sont pas totalement formulées, elles ont été testées théoriquement de plusieurs manières. Ce faisant, on a mis en évidence différentes corrections aux équations classiques qui doivent être considérées comme typiques de la gravitation quantique. Nous avons déjà évoqué l'élimination des singularités lors du big-bang et dans les trous noirs, intéressons-nous maintenant à l'univocité.

Les équations de la gravitation quantique à boucles n'ont pas été totalement explorées et l'on peut voir leur impact dans différents modèles. Il en résulte automatiquement des conditions pour la fonction d'onde de l'univers, qui correspond à un mélange entre la condition de DeWitt et la prescription de non-limite de Hartle et Hawking. Le problème

1. Trad. Gérard de Nerval, *op. cit.* « *Manto : Ich harre, um mich kreist die Zeit.* »

d'origine du modèle de DeWitt est réglé car les corrections quantiques emploient d'autres équations, qui incluent notamment les importantes forces répulsives dans un petit univers. La gravitation quantique à boucles ouvre ainsi une possibilité d'emprunter systématiquement la voie proposée par Conradi et Zeh. La similitude avec la prescription de non-limite apparaît lors de l'évolution de la fonction d'onde à plus grande distance de la singularité, où elle augmente dans tous les cas. Le modèle à effet tunnel, qui présente la fonction d'onde comme l'émissaire d'un univers passé par effet tunnel, mènerait en revanche à une tout autre fonction d'onde, qui retournerait au néant à grande distance. Il est donc possible de comparer et de différencier les anciennes propositions.

La gravitation quantique à boucles présente tout de même deux importantes différences par rapport aux anciennes conditions : d'abord, la singularité du big-bang n'apparaît ni comme un commencement ni comme une lisière de notre univers, mais comme un point de passage ; cette phase classique singulière a un impact sur la fonction d'onde et explique ses limitations. Ensuite, ces limitations ne sont plus imposées par des raisons physiques, elles résultent des équations d'Einstein, elles-mêmes quantifiées. Même si l'on n'a pas encore éclairci la forme exacte et la grandeur des conditions, ni la question de savoir s'il en résulte une fonction d'onde univoque plutôt qu'une fonction d'onde bornée mais d'une classe supérieure, on perçoit une grande innovation en physique : un système, dont la description théorique n'est plus l'assemblage de lois dynamiques naturelles et de conditions initiales fixées par les physiciens, mais où les conditions initiales suivent de manière dynamique les conséquences des lois. Cela serait l'idéal d'une cosmologie, qui ne se contenterait pas d'expliquer l'évolution temporelle de l'univers, mais aussi le fait qu'il n'existe pas d'autre univers que celui-ci.

Nous sommes ramenés au problème de la singularité, mais au niveau élémentaire de la fonction d'onde de l'univers. Son comportement régulier n'est pas garanti, malgré l'existence des forces antagonistes de la gravitation quantique à boucles, forces à même d'empêcher l'effondrement de l'univers en une singularité. Les forces antagonistes créent une barrière infranchissable pour l'univers en effondrement ; si bien que, une fois effondré, il repart en expansion quand il a atteint une taille minimale. Pourtant, ce n'est pas une barrière qui saurait arrêter une fonction d'onde, qui peut passer par effet tunnel. Nous avons laissé ce phénomène de côté jusqu'ici car l'essentiel de la fonction d'onde se réfléchirait quand même sur la barrière. Si donc une partie de cette fonction d'onde parvient jusqu'à la singularité, cela peut compromettre toute la théorie. La question décisive pour un éclaircissement définitif du problème de la singularité en gravitation quantique est de savoir si la fonction d'onde peut parvenir jusqu'à la singularité. Et, si oui, est-ce la fin de la gravitation quantique comme description complète de l'univers ?

C'est là que se joue le destin de la gravitation quantique, entre une généralisation acceptable de la relativité générale et une théorie incomplète et à compléter (mais comment ?). La cosmologie quantique à boucles enchaîne logiquement, comme je l'ai mis en évidence en 2001 : elle permet l'existence d'un état où le volume disparaît, qui correspondrait à la singularité dans le modèle classique. Elle aborde donc le problème sans préjugés et n'impose pas d'emblée, comme DeWitt avait en vain cherché à le faire, l'absence de l'état singulier du début. Les équations dynamiques décrivant l'évolution de la fonction d'onde de l'univers décident d'elles-mêmes quel rôle cet état doit jouer : celui d'une apocalypse dans une singularité, ou bien un inoffensif point de passage.

Les équations mathématiques sont relativement simples à aborder dans des systèmes simples qui respectent les habituelles hypothèses de symétrie de la cosmologie. Ces équations ne sont pas différentielles, ce sont des équations aux différences (analogues à celle de la page 130), qui concernent des temps discrets et non plus continus. Tandis qu'une équation différentielle doit suivre une courbe de solution, comme sur les figures 3 et 4, une équation aux différences fixe des pas dans un intervalle fini, pendant lequel la solution change. Le résultat est bluffant : les solutions de ces équations ne sont absolument pas affectées par la valeur de la fonction d'onde dans l'état singulier. La fonction d'onde de l'univers suit son chemin avant et après la singularité du big-bang, sans se trouver affectée ni même voir la singularité potentielle, et le développement temporel ne s'effondre pas. La singularité reste isolée, elle reste là, séparée de l'évolution de la fonction d'onde avant et après elle — ou bien autour d'elle.

Ce découplage de la singularité et du développement de l'univers a une autre conséquence : la dynamique de la cosmologie quantique à boucles consiste en l'assemblage d'équations mathématiques qui donnent les changements d'état, une équation pour chaque pas temporel. Si l'un des états — la singularité — est découplé, une équation est de trop, elle ne joue aucun rôle pour le développement ; on peut pourtant la résoudre et elle fournit exactement les bornes souhaitées pour une fonction d'onde univoque.

C'est ainsi que les conditions initiales sont créées de manière dynamique en cosmologie quantique à boucles : elles ne sont pas indépendantes des équations dynamiques — les lois naturelles —, mais elles s'en déduisent. Nous assistons là au triomphe final du temps discret, qui, seul, permet le découplage de la singularité et la limitation de la fonction d'onde qui y est associée ; cela n'aurait pas été possible si l'on avait pu s'approcher arbitrairement près de la singularité, comme avec le temps continu de l'ancienne cosmologie quantique. L'évitement final de la singularité est lié à l'univocité de la fonction d'onde car, même si celle-ci peut traverser la barrière des forces antagonistes, cela n'entraîne pas un effondrement de la théorie.

UN MONDE ?

Qu'en est-il de l'univocité de la fonction d'onde dans des situations complexes ne respectant pas exactement les symétries cosmologiques ? Une règle parfaitement générale pour une fonction d'onde univoque de l'univers, couplée à de puissants moyens mathématiques de calcul, aurait sans nul doute de nombreuses applications prédictives. Le physicien Murray Gell-Mann (récipiendaire du prix Nobel de physique 1969 pour sa contribution au modèle des quarks des particules élémentaires) posa un jour, en plaisantant, cette question à James Hartle : « Si tu connais la fonction d'onde de l'univers, pourquoi n'es-tu pas riche ? » Sobre réponse de Hartle : « On peut très bien, à partir de la fonction d'onde de l'univers, déduire l'évolution de la bourse de New York. La réponse est qu'elle montera avec une probabilité de 50 % et qu'elle descendra avec une probabilité de 50 %. » Cet échange illustre le caractère particulier de la fonction d'onde quantique : elle caractérise entièrement un système mais, même si elle est parfaitement connue, on ne peut en tirer de prédictions déterministes.

Un noyautage des bourses est encore hors de portée de la physique théorique, quoique cela serait une source intéressante de financement de la recherche, notamment à cause de notre rejet de l'aléatoire. Même si l'on pouvait prouver l'univocité mathématiquement, un calcul complet serait trop compliqué pour apporter des prédictions utilisables au quotidien. Cependant, des prédictions à grande échelle intéressant la cosmologie restent dans le domaine du possible, l'univocité est donc très importante. Cette perspective de compréhension de l'univers est, dans son principe, très séduisante. Mais bien des questions restent ouvertes pour prouver cette univocité, si l'on en juge d'après les modèles les plus simples.

Pour décrire véritablement le monde réel, il faut apporter bien des extensions aux modèles existants.

Ces modèles sont isotropes, donc identiques dans toutes les directions, ce que le monde réel n'est pas. L'isotropie en chaque point résulte de l'homogénéité. Un tel univers serait partout uniforme, ce qu'il n'est pas. La cosmologie quantique à boucles peut formuler des modèles contenant des anisotropies et des inhomogénéités, au prix cependant d'innombrables équations, car il faut décrire non seulement les changements de la taille de l'univers sur des pas temporels successifs, mais encore les changements de contenu. Si l'on rédige ces équations complètement, même sous une forme compacte, elles occuperont plusieurs pages et leur résolution numérique est hors de portée des ordinateurs actuels.

On doit donc se rabattre sur une recherche abstraite, hors de toute solution explicite, ce qui n'est pas rare en physique théorique et en mathématiques. La question de l'unicité des solutions de ces équations est elle-même complexe et loin d'être résolue. Le découplage des états singuliers entraîne de nouvelles limitations pour la fonction d'onde, mais rien ne garantit que cela suffise à la rendre univoque, rien ne dit non plus que cela ne réussirait pas trop bien, comme pour la première tentative de DeWitt.

Un point encourageant est le fait que le découplage des états singuliers et le nombre de limitations de la fonction d'onde ne dépendent pas de la forme exacte de la matière dans l'univers, ce sont de purs effets de la géométrie de l'espace-temps. Une analyse d'univocité ne serait donc pas gênée par la question, encore sans réponse, du contenu exact de matière de l'univers, impliquant l'énergie sombre ou la forme de la matière aux hautes énergies du big-bang. Il est quand même vrai que la forme exacte de la fonction d'onde est tributaire de la matière car celle-ci conditionne le développement de l'univers comme l'espace-temps classique. Et l'on ignore toujours si la solution est unique ou pas.

Une indication intéressante de plausibilité des conditions initiales dynamiques résulte d'une comparaison de cohérence entre la cosmologie et les trous noirs. Les trous noirs contiennent en effet une singularité et la gravitation quantique les décrit au moyen d'une fonction d'onde. Comme en cosmologie, les singularités se découplent du reste dans le développement temporel et apportent des limitations à la fonction d'onde. Ces conditions sont exploitables dans le modèle le plus simple de trou noir, seul dans l'espace et sans rotation — le trou noir étudié par Schwarzschild aux débuts de la relativité générale. L'environnement d'un tel trou noir — en dehors de l'horizon — est parfaitement statique : rien n'y change. D'ailleurs, il n'y a plus de matière qui pourrait tomber dans le trou noir et le trou noir, en l'absence de rotation, reste immobile dans l'espace-temps : comme dans la description faite par Aristote du non-structuré d'Anaximandre, citée en lien avec la philosophie présocratique, le trou noir n'a aucune raison de bouger ou de changer, du fait de sa symétrie de rotation ; il laisse donc statique l'espace-temps qui l'entoure.

À ce propos, Abhay Ashtekar et moi-même avons pu, en 2003, mettre en œuvre les équations de la gravitation quantique à boucles et les analyser non pas à l'extérieur, mais à l'intérieur de l'horizon, posant ainsi les bases de la connaissance de la forme des trous noirs dans une théorie quantique de la gravitation. Les équations de l'intérieur, ainsi que le diagramme de Penrose de la figure 26, montrent que la singularité classique peut être traversée comme en cosmologie et que, selon toute apparence, l'intérieur derrière l'horizon est relié à l'extérieur. Certes, comme en cosmologie quantique, il apparaît des limitations pour la fonction d'onde du trou noir, du fait du découplage des états singuliers. La compatibilité entre ces conditions pour l'intérieur et le comportement statique de l'extérieur est un important test de cohérence pour la forme du trou noir vue par la gravitation quantique.

Daniel Cartin et Gaurav Khanna ont, les premiers, montré en 2006 que les limitations impliquent simplement que la fonction d'onde après la singularité, donc dans la partie normalement invisible, est le reflet-miroir de la fonction d'onde avant la singularité — donc dans la partie classiquement visible. Cela paraît invraisemblable mais cela traduit la cohérence de tous les indices déjà disponibles pour le comportement des trous noirs en gravitation quantique : nous savons que la singularité est traversée par la fonction d'onde de l'intérieur et aussi que le monde extérieur est statique pour ce genre de trou noir. On a presque prouvé que l'intérieur est relié à l'extérieur, tant avant qu'après la singularité, donc qu'il n'existe pas d'embranchement vers un univers fils. Quand l'espace extérieur ne subit aucune transformation, l'intérieur ne peut être relié qu'à lui, qu'il soit situé devant ou derrière la singularité (quoique l'intérieur lui-même ne soit pas statique). C'est exactement ce qu'exige la condition initiale dynamique, si bien que toutes les connaissances acquises et les indices encore à consolider sont liés de manière cohérente.

Si le trou noir n'était pas localisé dans un espace vide, l'espace-temps extérieur serait bien plus dynamique et complexe, mais aussi plus intéressant. Cela vaudrait la peine de mieux comprendre la liaison entre l'intérieur et l'extérieur à l'aide de la fonction d'onde et de ses limitations, cela permettrait des prédictions sur ce qui arrive au trou noir après l'évaporation de Hawking et sur les conséquences astrophysiques. Les analyses de fonctions d'onde promettent un approfondissement de notre vision de l'univers, même si cela n'a pas de retombées financières.

Du temps de l'humanité — dans le cycle de l'univers, avant qu'elle s'appelle Quman — les formes de vie commencèrent par coloniser la planète Terre et c'étaient elles qui, par leurs connaissances, avaient sauvé Quman de l'univers devenu trop classique. Il y avait là un parasite, la douve du foie, qui comptait parmi ses hôtes tant les fourmis que les vaches. Pour passer de la fourmi à la vache, le parasite migrait dans le cerveau de la fourmi et l'influençait de telle manière que l'hôte allait se fixer au bout d'un brin d'herbe, ce qui garantissait la transmission vers une vache en train de paître.

Quman s'était abritée dans l'esprit humain, résistant à la sécheresse classique. Ainsi arrimée, elle pouvait attendre. Mais, comme la petite douve du foie, elle préparait son transfert vers un nouvel hôte — un nouveau cycle de l'univers de toute fraîcheur quantique. Partagée en d'innombrables individus, elle trouvait l'avancement d'une lenteur frustrante, mais cela avançait. Comme le parasite des fourmis, elle provoquait des comportements apparemment insensés chez son hôte. Elle le rendait si avide qu'il détruisait son propre espace vital en dépit du bon sens — tout cela afin de le pousser à voyager dans l'espace. Quand la Terre mourut, l'homme venait de réussir le bond vers d'autres planètes et leurs lunes. Au lieu de tirer les leçons des échecs passés, ce qu'il ne faisait jamais, l'homme s'accrocha sur la pointe d'un brin d'herbe : de nouveau, il se mit à détruire son espace vital déjà étroit et dut coloniser d'autres systèmes solaires et finalement la galaxie. C'est là que l'homme, faute d'autre énergie, apprit à exploiter et manipuler les trous noirs. Il en vint à influencer l'univers lui-même et le fit basculer comme un brin d'herbe dans l'effondrement et le nouveau bain quantique, pour la régénération de Quman.

Tout cela s'était-il fait de manière consciente, l'homme étant le jouet d'une forme supérieure d'intelligence ? Quman ne suivait pas de plan, pas plus que la petite douve du foie. Elle colonisait l'univers et suivait ses méandres. Elle ne connaissait pas de soucis car elle savait que tout se passerait comme c'était écrit — dans la fonction d'onde de l'univers.

Chapitre X

UNE THÉORIE DU TOUT ?

> Même si par hasard il se trouvait qu'il dît l'exacte vérité, lui-même ne saurait pas en prendre conscience : car tout n'est qu'opinion.
>
> XÉNOPHANE DE COLOPHON,
> Fragment 34.

Le chapitre précédent traitait des solutions cosmologiques univoques dans une théorie donnée, avec des lois imposées. Une tout autre question est celle de l'univocité des lois elles-mêmes. Comme une théorie univoque doit décrire tout ce qui est observable, il nous faut utiliser le concept de « théorie du tout ».

LES PRINCIPES

> Il n'y a, en bonne logique, pas de science « inconditionnelle » ; la seule pensée d'une telle science est inconcevable, paralogique : une science suppose nécessairement une philoso-

> phie, une « loi » préalable qui lui donne une direction, un sens, une limite, une méthode, un *droit* à l'existence[1].
>
> Friedrich NIETZSCHE,
> *La Généalogie de la morale*.

La question de l'univocité de la théorie est d'une tout autre nature que celle de l'univocité de solutions dans le cadre d'une théorie donnée. Il peut paraître difficile de prouver l'univocité des solutions d'un ensemble d'équations, mais la preuve repose sur une procédure mathématique claire. En physique, une solution univoque, si elle existe, a une signification incontestable, prouvée par la comparaison entre ses conséquences et les observations. On peut aussi, en principe, vérifier qu'une solution a un sens physique. Mais comment définir l'univocité d'une théorie ? Comment mener des tests pour vérifier cette univocité ?

Tous les aspects de l'univocité d'une grande théorie contiennent forcément une dose d'arbitraire. L'élaboration de théories est le plus souvent d'abord issue de principes généraux, que l'on aime bien voir se développer en une théorie. Par exemple, la relativité générale dérange les principes traités avec tant de succès par la relativité restreinte et essaie de les étendre à la force de gravitation. La relativité générale n'est pas la seule façon de réaliser cela et, dans

1. Trad. Henri Albert, Paris, Société du Mercure de France, 1900. « *Es gibt, streng geurteilt, gar keine "voraussetzungslose" Wissenschaft, der Gedanke einer solchen ist unausdenkbar, paralogish : eine Philosophie, ein "Glaube" muss immer erst da sein, damit aus ihm die Wissenschaft eine Richtung, einen Sinn, eine Grenze, eine Methode, ein* Recht *auf Dasein geint.* »

ce sens, elle n'est donc pas univoque. Mais, parmi ses concurrentes, elle est la théorie qui rend le mieux compte des observations et, parmi les théories aussi bonnes, elle est la plus élégante ; elle est consacrée par les expériences, et non par une preuve mathématique d'univocité. Le simple fait de parler d'élégance, allusion à un haut degré d'économie mathématique et à la longueur des équations, introduit déjà une part d'arbitraire dans le jugement.

Quand les principes souhaités sont suffisamment forts et précis, on peut envisager un traitement mathématique de la question d'univocité, mais comment alors parvenir à des principes capables de museler la fantaisie ? La physique théorique a une évolution historique, comme toutes les sciences, ce qui fait que les principes se fondent d'abord sur des analogies ou des généralisations admises et sur des théories déjà confirmées. Le plus souvent, les principes n'ont pas une forme judicieuse qui saute aux yeux, ils ont été rendus fortement abstraits au cours de leur histoire, ce qui facilite leur transfert vers des théories en cours d'élaboration, mais ne change rien au lent développement permis par la contribution de chaque chercheur.

Sur cette idée, on peut voir que les principes et les théories qui en découlent dépendent des courants de pensée traditionnels en physique. Dans les avancées, la physique n'est jamais garantie, au sens où tous les chercheurs concernés, tous les développements seraient unanimes à un instant donné. Même la formulation de certains principes d'une façon plutôt que d'une autre dépend des goûts des chercheurs. L'arbitraire peut facilement trouver sa place, principalement du fait d'impulsions pas toujours intellectuelles mais aussi, hélas, parfois politiques, ou résultant de différences de personnalités ou de coquetteries[1]. La paresse peut également intervenir : une fois que l'on a opté en faveur de certains principes, il peut être difficile de s'en écarter, même si l'on reconnaît leur insuffisance. La recherche aussi est pressée par le temps ; cela ne laisse pas la place à une réorientation, qui de plus mettrait en retard par rapport aux concurrents en matière de publications, de crédits de recherche et de postes. Finalement, on défend les vieux principes pour eux-mêmes, et la vraie physique disparaît du panorama.

À part cela, l'univocité des théories est conditionnée car les principes sous-jacents doivent d'abord être acceptés. Même si une théorie s'affirme univo-

1. « Ce qui incite à regarder les philosophes avec autant de défiance que de raillerie, ce n'est pas de s'être convaincu toujours davantage de leur innocence — de la fréquence et de la légèreté avec laquelle ils se méprennent et font erreur, bref de leur puérilité et de leur enfantillage — mais c'est plutôt de découvrir chez eux une insuffisante bonne foi : tandis qu'ils se livrent en chœur à un tapage vertueux dès que le problème de la véracité est effleuré, serait-ce de loin. Ils se posent comme les découvreurs et les conquérants de leurs propres doctrines en vertu du déploiement d'une dialectique froide, pure et divinement impassible (à la différence des mystiques de tout acabit qui sont plus honnêtes et plus lourdauds qu'eux — ceux-là parlent d'"inspiration" ; tandis qu'au fond, c'est une thèse préconçue, une lumière subite, une "suggestion", la plupart du temps un vœu du cœur, conceptualisé et décanté, qui se trouve ainsi défendu par eux à coups d'arguments *a posteriori*. Ce sont tous, tant qu'ils sont, des avocats, bien qu'ils refusent de s'appeler ainsi et, à vrai dire, le plus souvent rien que des intercesseurs de leurs propres préjugés, qu'ils baptisent du nom de "vérité" — ils sont très éloignés de la bravoure, de la conscience qui s'avoue précisément ce qu'il en est, très éloignés du bon goût de la bravoure, qui donne à entendre ce qu'il en est, soit pour prévenir un ennemi ou un ami, soit par orgueil, soit pour se moquer de soi. » Friedrich NIETZSCHE, *Par-delà le bien et le mal*, trad. Angèle Kremer-Marietti, Paris, L'Harmattan, 2006.

que, on trouve facilement des candidats très différents qui revendiquent le même but, mais à partir d'autres principes. À titre d'exemples, citons la gravitation quantique avec la théorie des cordes, la gravitation quantique à boucles avec des variantes.

Pour aborder la question de l'univocité d'une théorie, une mathématisation marquée est d'abord un avantage car elle permet une formulation très précise et une preuve plus claire de l'univocité. Mais pour apporter des connaissances sur la nature, ce processus est plutôt un inconvénient car les observations n'entrent que très indirectement dans les principes que développe la théorie. Aussi a-t-on opté une bonne fois pour les principes et bâti une théorie avec l'appareillage mathématique adapté, si bien que la nature n'entre plus en ligne de compte dans l'analyse de l'univocité. Même s'il en résultait réellement une théorie mathématique univoque, qu'est-ce que cela pourrait bien faire à la nature si oubliée ? Comme on l'a dit en introduction, ce n'est pas aux physiciens d'imposer des lois à la nature, si élégantes fussent-elles.

Quand les mathématiques sont mises en œuvre, toutes les formulations sont équivalentes. Le résultat n'est ni plus ni moins significatif que les hypothèses, même si elles paraissent très différentes. En exagérant un peu, tous les théorèmes mathématiques énoncent des trivialités : le résultat est déjà contenu dans les hypothèses, même s'il est parfois caché. C'est en levant le voile que le mathématicien prouve son art, permettant l'application des résultats dans de nombreuses applications — ce qui n'est sûrement pas un modèle de la nature ; pour avancer, il faut toujours des observations qui cristallisent une théorie, qu'elle repose sur des principes clairs ou non. Aucun développement mathématique de théorie du tout ne saurait les remplacer.

UNE THÉORIE, UNE SOLUTION ?

> Tu es l'égal de l'esprit que tu conçois[1].
>
> GOETHE,
> *Faust*.

L'idéal serait une théorie univoque avec une solution univoque. Si l'on pouvait calculer la solution, ne serait-ce que de manière approchée, on aurait un contrôle absolu sur tous les phénomènes naturels. C'est concevable mathématiquement — avec la réserve déjà mentionnée qu'il faut faire des hypothèses pour appliquer une théorie univoque. Physiquement, c'est une tout autre situation. Si étonnant que cela puisse paraître : la possibilité d'une théorie physique univoque et celle d'une solution univoque ne sont pas compatibles.

Admettons que nous ayons une théorie avec une solution univoque. Si nous contrôlons bien la forme de la solution, nous pouvons tester cette théorie directement en comparant la solution univoque avec des observations ; la théorie aussi bien que sa solution sont donc vérifiables scientifiquement. Mais le nombre d'observations est forcément fini, même avec les moyens modernes. Or, à partir d'une solution, nous pouvons calculer un nombre illimité de pro-

1. « *Du gleichst dem Geist, den du begreifst.* »

priétés ; on peut donc toujours imaginer de nouveaux tests pour la théorie mais certains ne pourront jamais être réalisés à un moment donné ou alors leur précision sera insuffisante. On ne peut jamais totalement vérifier une théorie, tout au plus la falsifier, au cas où un test ne fonctionnerait pas — une attitude bien connue en sciences, qui prend une signification nouvelle dans le cadre de l'univocité des théories ou des solutions.

Comme nous ne pouvons jamais complètement vérifier une solution univoque de la théorie, nous avons toujours la possibilité d'ajuster la théorie en choisissant d'autres paramètres ou en modifiant légèrement les principes de base. Si l'on s'y prend avec suffisamment de précautions, on peut conserver le caractère univoque de la solution et aussi le bon accord avec les tests expérimentaux. Le progrès aidant, on trouvera un jour une observation qui ne cadre pas avec toutes les solutions des théories considérées à un instant donné. Si chacune des théories considérées a une solution univoque, une solution erronée peut appuyer une fausse théorie. Les différences possibles entre théories à succès rétrécissent avec le temps mais elles peuvent toujours coexister. Donc, même si l'on a une théorie avec une solution mathématiquement univoque, la théorie physique ne peut être univoque.

La réciproque de cette affirmation est qu'une théorie univoque ne peut avoir de solution univoque, compte tenu des petites différences entre univocités mathématique et physique. Une confirmation récente et intéressante est fournie par une théorie, la théorie des cordes, dont on avait proclamé l'univocité. En cherchant des solutions de cette théorie, qui auraient pu expliquer des propriétés simples de particules élémentaires connues, on a récolté une moisson de solutions très différentes — des solutions en nombre incroyable, supérieur au nombre de protons dans l'univers. Chacune de ces solutions est conforme à toutes les expériences menées jusqu'ici.

Cela rappelle un précédent tiré de la philosophie, où la morale remplaçait la gravitation quantique. Pendant des siècles, un certain nombre de philosophes ont cherché à mettre sur pied une théorie morale unique, fondée sur des principes judicieux. L'exemple le plus connu est celui de l'Impératif catégorique, en tant que principe général, dont on doit déduire des règles de comportement. C'est un problème semblable à celui de la théorie des cordes : les principes vénérables de la théorie permettent d'innombrables solutions sans que cela puisse venir en aide aux gens. Nietzsche le reconnaissait très clairement :

> [...] une perspective nouvelle, immense, s'ouvrira devant lui, la vision d'une possibilité le saisira comme un vertige, toutes espèces de méfiances, de soupçons, d'appréhensions se feront jour, la foi en la morale, en toute morale, chancellera, — enfin une exigence nouvelle élèvera la voix. Énonçons-la, cette *exigence nouvelle* : nous avons besoin d'une *critique* des valeurs morales, et *la valeur de ces valeurs doit tout d'abord être mise en question*[1]...

La façon qu'ont les physiciens d'aborder une telle situation est très différente de celle des moralistes.

1. NIETZSCHE, *La Généalogie de la morale*, trad. Henri Albert, *op. cit.*

Tandis que de nombreux physiciens théoriciens espèrent encore que de nouveaux développements théoriques restreindront les solutions, d'autres font de la misère une vertu : ils déclarent en bref que la recherche de cette quantité de solutions est en elle-même une discipline nouvelle. Comme on est incapable de faire des prédictions physiques, on recourt à des arguments probabilistes. Si l'on parvient à trouver suffisamment de solutions exhibant une propriété donnée, alors cette propriété est attribuée à notre univers. On fait donc une hypothèse supplémentaire, non sur la théorie elle-même, mais sur son exploitation, hypothèse selon laquelle notre univers doit être typique parmi tous ceux mathématiquement possibles. Cette hypothèse non plus ne peut être testée car nous ne connaissons qu'un univers, donc à quoi pourrions-nous le comparer ? De plus, ces arguments de probabilité, compte tenu du nombre gigantesque de solutions, ressemblent dangereusement au doute de Zénon : au lieu de compter, comme d'habitude, avec le cas concret de notre univers accessible, nous introduisons un nombre énorme de mondes possibles. Les problèmes de notre monde, qui est unique, disparaissent alors dans un océan d'utopies qui ne sont même pas résolues.

LES FRONTIÈRES DE LA SCIENCE ET LA SUPRÉMATIE DE LA NATURE

> Cette sublime illusion métaphysique est comme un instinct inséparable de la science, il la pousse toujours jusqu'à son terme où

> elle se métamorphose toujours en art ; et tel est en effet le but de ce mécanisme[1].
>
> Friedrich NIETZSCHE,
> *La Naissance de la tragédie.*

L'idée (ou l'utopie) de la théorie du tout est ancienne et a constitué le fondement de certaines sociétés secrètes, comme les pythagoriciens ou les rose-croix. Elle n'a fait son entrée dans la science que récemment, parce que l'opacité de la matière donne l'illusion d'une société secrète. Les affirmations de base de certaines théories prennent parfois la forme d'un épais réseau de suppositions qui s'engrènent (mais ne sont pas prouvées) et sont difficiles à suivre, même pour des initiés. C'est précisément dans ces cas-là que se trouve le danger que tout l'édifice s'écroule comme un château de cartes si quelqu'un se risquait à oser un examen.

D'après les représentations des pythagoriciens, les nombres entiers devaient jouer le rôle de grandeurs élémentaires. Il ne s'agissait pas d'une théorie du tout, mais d'un fil de pensée qui amenait à d'autres réflexions. Si cette hypothèse s'était révélée juste, alors tout dans le monde devrait pouvoir s'exprimer sous forme de nombres entiers, ou de leurs combinaisons, les fractions. À partir de ces prémisses, les pythagoriciens développèrent des résultats mathématiques impressionnants, même si l'attribution de certains résultats (le « théorème de Pythagore »)

1. Trad. Geneviève Bianquis, Paris, Gallimard, 1949. « *Dieser erhabene metaphysische Wahn ist als Instinkt der Wissenschaft beigegeben und führt sie immer wieder zu ihren Grenzen, an denen sie in Kunst umschlagen muss : auf welche es eigentlich, bei diesem Mechanismus, abgesehn ist.* »

n'est pas prouvée historiquement. Mais la théorie des pythagoriciens comportait un défaut fondamental : tout ne peut pas s'exprimer comme une combinaison de nombres entiers. Par exemple, la diagonale d'un carré d'un mètre de côté, soit la racine carrée de deux, n'est pas une combinaison d'entiers, mais un nombre irrationnel. Cela était déjà connu au temps des pythagoriciens — un choc dont leur école ne put jamais se relever, malgré de prétendues tentatives de conserver ce résultat secret.

Les hypothèses et les conjectures jouent un grand rôle en sciences car, si leur portée est suffisante, elles stimulent de nouvelles recherches. Même si elles se révèlent fausses, elles apportent une contribution essentielle au progrès des connaissances. Il n'est pas facile de démontrer l'irrationalité de la racine de deux — ni même de s'interroger sur sa représentation fractionnaire. C'est précisément la formulation de grands principes qui pousse les scientifiques ayant suffisamment d'esprit critique à les remettre en question. Il ne s'agit pas (du moins le plus souvent) d'une démarche agressive, mais d'un souhait de pousser les principes aussi loin que possible. C'est pourquoi nous avons besoin d'ouverture dans les différentes écoles, comme celles des théories de la gravitation quantique, pour donner la parole à des personnes extérieures et les informer de l'avancement de nos propres travaux. Les pythagoriciens n'avaient pas passé ce test scientifique et, au lieu de cela, par leur politique du secret, étaient restés cantonnés dans leur schéma dépassé. La révision de quelques principes, en réaction à de nouvelles connaissances sur la racine de deux, aurait peut-être un peu terni leur autorité mais permis à leur école de survivre grâce à la justesse d'une partie de leurs théories.

On trouve encore, si l'on regarde bien, ces spécificités dans la science moderne, selon les personnalités des chercheurs impliqués, car il ne faut certainement pas sous-estimer la composante humaine de la science. Notre perception et son exploitation sont nées dans une adaptation évolutive aux conditions régnant sur Terre, elles sont maintenant « mal » employées à une compréhension de tout l'univers, à petite comme à grande échelle. La compréhension humaine a apporté des succès imprévus, où les mathématiques ont joué le rôle décisif de force de mise en ordre, mais peut-on être sûr que cela n'est pas une voie de garage ou bien que les vrais composants du monde n'échappent pas à nos sens inadaptés ?

La science ne peut jamais exclure la possibilité d'une fausse route, mais elle peut en réduire la probabilité. Le moyen éprouvé est le rationalisme critique multifacettes, déjà vécu par les présocratiques : il est néfaste que l'ensemble des scientifiques d'un domaine, comme la gravitation quantique, travaille sans critique sur le même schéma. Des approches différentes doivent être non seulement admises, mais activement soutenues, en particulier quand aucune observation ne peut corroborer la justesse du chemin. La constitution — secrète ou publique — de clans scientifiques est certainement préjudiciable car il est facile d'opprimer les recherches individuelles. Au bout de la recherche, on trouvera la vérité, du moins l'espère-t-on. On peut le dire grâce aux récentes observations et confirmations de la nature, car la nature est incorruptible (malgré de nombreuses tentatives de corruption). Seule la vérité peut gagner, si on lui donne une chance.

Mais des clans se forment trop facilement dans le paysage scientifique, pour aller dans une direction ou une autre : si un axe de recherche acquiert une position influente, ce qui se produit souvent par hasard ou par effet de mode, alors cet axe capte les crédits et impose les recrutements. Les domaines marginaux de la recherche sont à peine abordés. De petits transferts de moyens entre tendances différentes peuvent avoir de fortes conséquences, alors que pour des équipes plus importantes dans des domaines mieux établis, cela s'égaliserait aisément. D'un point de vue de politique de la recherche, quand on travaille dans un domaine en développement, il est avantageux d'opprimer la concurrence qui suit d'autres chemins. Seules des commissions indépendantes et soucieuses de combattre le népotisme peuvent contrer cela.

Malgré les progrès grisants de la science, on doit rester convaincu de ses limites, qui apparaissent aux frontières de la recherche ; nous en avons vu des exemples : le large panorama des solutions dans une théorie qui se voulait univoque ou la possibilité de perte de mémoire cosmique en gravitation quantique à boucles, malgré une théorie poussée jusqu'avant le big-bang. Il se peut que ces limitations soient dépassées moyennant une méthode plus fine, mais, tant que ce ne sera pas le cas, il faut les prendre au sérieux. C'est un privilège indu de l'humanité que d'être parvenue à ce niveau de compréhension de la nature. Les limitations ne réduisent en rien, mais, au contraire, confirment ce que Kant identifiait déjà comme la suprématie de la nature. Partant de la nature humaine, il la caractérisait ainsi dans la *Critique de la raison pratique* :

> Cette idée de la personnalité qui éveille le respect, qui nous met devant les yeux la sublimité de notre nature (d'après sa détermination), en nous faisant remarquer en même temps le défaut d'accord de notre conduite avec elle, et en abaissant par cela même la présomption, est naturelle, même à la raison humaine la plus commune, et aisément remarquée[1].

Et, à la fin de sa *Critique*, il élargissait la nature humaine à l'ensemble de la nature :

> Le premier spectacle, d'une multitude innombrable de mondes, anéantit pour ainsi dire mon importance, en tant que je suis une créature animale qui doit rendre la matière dont elle est formée à la planète (à un simple point dans l'univers), après avoir été pendant un court espace de temps (on ne sait comment) douée de la force vitale *(Lebenskraft)*. [...] Mais l'admiration et le respect peuvent bien nous exciter à la recherche *(Nachforschung)*, ils ne peuvent en tenir lieu. Qu'y a-t-il donc à faire pour entreprendre cette recherche d'une manière utile et appropriée à la grandeur de l'objet ? Des exemples peuvent ici servir d'avertissement, mais aussi de modèle. [...] d'une part, l'erreur d'un jugement encore fruste et inexercé et, d'autre part (ce qui est beaucoup plus nécessaire), ces *extravagances géniales (Genieschwüngen)* qui, semblables à ce qui se produit pour les adeptes de la pierre philosophale, ont promis (en excluant toute recherche méthodique et toute connaissance de la nature) des trésors imaginaires et en ont gaspillé de véritables[2].

1. KANT, *Critique de la raison pratique*, trad. François Picavet, Paris, Félix Alcan, 1888.
2. *Ibid.*

Kant tente même de créer un enseignement moral dans toutes les disciplines. En cosmologie, il suffit déjà d'estimer correctement la portée des connaissances scientifiques sur l'ensemble du monde et de lui donner sa place dans un cadre adapté, mais pas au-delà. Les succès sont souvent éclatants, aujourd'hui comme avant l'apparition de la théorie de la relativité générale et de la mécanique quantique :

> […] est hybride notre position vis-à-vis de Dieu, je veux dire d'une espèce d'araignée d'impératif et de finalité et de la moralité qui se cache derrière la grande toile, le grand filet de la causalité…

La reconnaissance de la suprématie de la nature réclame aussi un regard sur l'incomplétude de notre description.

Qu'en est-il de la gravitation quantique ? La théorie des cordes impressionne par la magie de sa formulation mathématique peut-être univoque, mais, comme l'odeur de soufre de Méphistophélès, il subsiste un arrière-goût amer des vastes et incontournables solutions. Et la dynamique de la gravitation quantique à boucles est si complexe qu'elle a déjà repoussé plus d'un chercheur au premier coup d'œil, comme l'esprit de la Terre pour Faust. Peut-être entrevoyons-nous dans ces formes la vraie nature du monde, mais nous n'en savons rien et ne le saurons probablement jamais avec précision.

On a souvent parlé à propos de cette relation d'une fin de la physique — au sens positif d'une possibilité de tout connaître, comme au sens négatif d'une réalité inaccessible. On ne doit jamais oublier le chemin parcouru par la physique depuis ses débuts jusqu'à son état présent. De nouvelles connaissances seront acquises et des erreurs extirpées ; c'est cela, la vocation de la science — et non pas une domination complète de la nature, même si elle n'existe « que » sous la forme de lois naturelles toujours valables plutôt qu'une prise d'influence directe. Ici, on reconnaît l'incomplétude de la description, car elle est inévitable. L'incomplétude de la compréhension ne réduit en rien l'admiration pour la Nature, qui a certainement influencé la plupart des scientifiques dans leur choix de carrière et pousse les non-scientifiques à s'informer des résultats de la science.

On peut prévoir de spectaculaires gains de connaissances en gravitation quantique dans le futur. Le progrès théorique se poursuit sans répit, et des résultats très excitants sont apparus ces dernières années. Cela laisse espérer une analyse mathématique refondatrice montrant des résultats fiables. La cosmologie sera soutenue par une série de nouveaux satellites et autres moyens d'observation plus précis. Nous pourrons contempler l'univers toujours plus jeune et finalement assister à l'apparition de la gravitation quantique.

Jusqu'où pourrons-nous remonter le temps ? Verrons-nous un jour avec une exactitude scientifique la forme de l'univers avant le big-bang ? Ces questions sont encore ouvertes. Il existe certes un grand nombre d'indices et de modèles mathématiques sur ce qui s'est passé, et les différents résultats apportés par la gravitation quantique suggèrent des phénomènes importants lors du big-bang. Une extrapolation fiable nécessiterait de connaître les paramètres avec une précision inatteignable, et de loin, avec les moyens actuels, mais cela n'entraîne pas l'impossibilité de répondre à des questions sur la complète préhistoire de l'univers. La cosmologie tout comme les recherches théoriques progressent très activement en ce moment et mèneront à des connaissances insoupçonnées et, qui sait ?, il y aura peut-être aussi des éléments expérimentaux validés sur l'univers avant le big-bang.

APPENDICES

BIBLIOGRAPHIE

Martin BOJOWALD, « Follow the Bouncing Universe », *Scientific American*, octobre 2008, 44-51.

—, « Loop Quantum Cosmology », *Living Reviews in Relativity* 11 (2008) 4, disponible sur http://relativity.livingreviews.org/Articles/Irr-2008-4/

Claus KIEFER, *Der Quantenkosmos. Von der Zeitlosen Welt zum expandieren Universum*, Francfort-sur-le-Main, S. Fischer Verlag, 2008.

Mario NOVELLO et Santiago PEREZ-BERGLIAFFA, « Bouncing Cosmologies », *Physics Reports* 4 (2008) 006, disponible sur http://arxiv.org/pdf/0802.1634

Lisa RANDALL, *Verbogene Universen. Eine Reise in den extradimensionalen Raum*, Francfort-sur-le-Main, S. Fischer Verlag, 2006.

Lee SMOLIN, « An invitation to Loop Quantum Gravity », http://arxiv.org/pdf/hep-th/0408048

Thomas THIEMANN et Markus POESSEL, in *Spektrum der Wissenschaft*, juin 2007.

Rüdiger VAAS, in *Bild der Wissenschaft*, une traduction anglaise de l'article est disponible sur http://arxiv.org/pdf/physics/0401128,
http://arxiv.org/pdf/physics/0403112,
http://arxiv.org/pdf/physics/0407071

SITES INTERNET

Einstein-Online : http://www.einstein-online.info/de/
WMAP : http://map.gsfc.nasa.gov/
SDSS : http://www.sdss.org

ÉLÉMENTS DE BIBLIOGRAPHIE EN FRANÇAIS[1]

Alain BOUQUET, *Doit-on croire au big-bang ?*, Paris, Le Pommier, coll. « Les petites pommes du savoir », 2003.

Étienne Klein, *Discours sur l'origine de l'univers*, Paris, Flammarion, coll. « NBS », 2010.

Roland LEHOUCQ, Jean-Pierre LUMINET, Nathalie PALANQUE-DELABROUILLE, Nicolas PRANTZOS, *De la matière : du big-bang à l'univers contemporain*, Paris, Le Pommier, coll. « Essais, documents », 2008.

Jean-Pierre LUMINET, *Le Destin de l'univers. Trous noirs et énergie sombre*, Paris, Fayard, coll. « Le temps des sciences », 2006.

Alain MAZURE, Stéphane BASA, *L'Univers dans tous ses états : que se passe-t-il aux confins du cosmos ?*, Paris, Dunod, coll. « Quai des sciences », 2007.

Patrick PETER, Jean-Philippe UZAN, *Cosmologie primordiale*, Paris, Belin, 2006.

Hubert REEVES, Michel CASSÉ, Étienne KLEIN, Marc LACHIÈZE-REY, Steven WEINBERG, *Les trois premières minutes de l'Univers*, Paris, Le Seuil, coll. « Points sciences », 1988.

1. Liste établie par Christoph Kopper, enseignant-chercheur au Centre de physique théorique de l'école polytechnique.

INDEX

DANS LA COLLECTION FOLIO / ESSAIS

332 Sous la direction d'Henri-Charles Puech : *Histoire des religions II**.
333 Sous la direction d'Henri-Charles Puech : *Histoire des religions II***.
334 Sous la direction d'Henri-Charles Puech : *Histoire des religions III**.
335 Sous la direction d'Henri-Charles Puech : *Histoire des religions III***.
336 Didier Anzieu : *Beckett.*
337 Sous la direction de Brice Parain : *Histoire de la philosophie I, vol. 1.*
338 Sous la direction de Brice Parain : *Histoire de la philosophie I, vol. 2.*
339 Sous la direction d'Yvon Belaval : *Histoire de la philosophie II, vol. 1.*
340 Sous la direction d'Yvon Belaval : *Histoire de la philosophie II, vol. 2.*
341 Sous la direction d'Yvon Belaval : *Histoire de la philosophie III, vol. 1.*
342 Sous la direction d'Yvon Belaval : *Histoire de la philosophie III, vol. 2.*
343 Rémi Brague : *Europe, la voie romaine.*
344 Julien Offroy de La Mettrie : *L'Homme-Machine.*
345 Yves Bonnefoy : *Le nuage rouge.*
346 Carlos Castaneda : *La force du silence (Nouvelles leçons de don Juan).*
347 Platon : *Gorgias* suivi de *Ménon.*
348 Danilo Martuccelli : *Sociologies de la modernité (L'itinéraire du XXe siècle).*
349 Robert Castel : *Les métamorphoses de la question sociale (Une chronique du salariat).*
350 Gabriel Marcel : *Essai de philosophie concrète.*
351 J.-B. Pontalis : *Perdre de vue.*
352 Patrick Chamoiseau, Raphaël Confiant : *Lettres créoles.*

353 Annie Cohen-Solal : *Sartre 1905-1980.*
354 Pierre Guenancia : *Lire Descartes.*
355 Julia Kristeva : *Le temps sensible (Proust et l'expérience littéraire).*
357 Claude Lefort : *Les formes de l'histoire (Essais d'anthropologie politique).*
358 Collectif : *Narcisses.*
359 Collectif : *Bisexualité et différence des sexes.*
360 Werner Heisenberg : *La nature dans la physique contemporaine.*
361 Gilles Lipovetsky : *Le crépuscule du devoir (L'éthique indolore des nouveaux temps démocratiques).*
362 Alain Besançon : *L'image interdite (Une histoire intellectuelle de l'iconoclasme).*
363 Wolfgang Köhler : *Psychologie de la forme (Introduction à de nouveaux concepts en psychologie).*
364 Maurice Merleau-Ponty : *Les aventures de la dialectique.*
365 Eugenio d'Ors : *Du Baroque.*
366 Trinh Xuan Thuan : *Le chaos et l'harmonie (La fabrication du Réel).*
367 Jean Sulivan : *Itinéraire spirituel.*
368 Françoise Dolto : *Les chemins de l'éducation.*
369 Collectif : *Un siècle de philosophie 1900-2000.*
370 Collectif : *Genre et politique (Débats et perspectives).*
371 Denys Riout : *Qu'est-ce que l'art moderne ?*
372 Walter Benjamin : *Œuvres I.*
373 Walter Benjamin : *Œuvres II.*
374 Walter Benjamin : *Œuvres III.*
375 Thomas Hobbes : *Léviathan (ou Matière, forme et puissance de l'État chrétien et civil).*
376 Martin Luther : *Du serf arbitre.*
377 Régis Debray : *Cours de médiologie générale.*
378 Collectif : *L'enfant.*
379 Schmuel Trigano : *Le récit de la disparue (Essai sur l'identité juive).*
380 Collectif : *Quelle philosophie pour le XXIe siècle ?*
381 Maurice Merleau-Ponty : *Signes.*
382 Collectif : *L'amour de la haine.*
383 Collectif : *L'espace du rêve.*

384 Ludwig Wittgenstein : *Grammaire philosophique.*
385 George Steiner : *Passions impunies.*
386 Sous la direction de Roland-Manuel : *Histoire de la musique I, vol. 1. Des origines à Jean-Sébastien Bach.*
387 Sous la direction de Roland-Manuel : *Histoire de la musique I, vol. 2. Des origines à Jean-Sébastien Bach.*
388 Sous la direction de Roland-Manuel : *Histoire de la musique II, vol. 1. Du* XVIIIe *siècle à nos jours.*
389 Sous la direction de Roland-Manuel : *Histoire de la musique II, vol. 2. Du* XVIIIe *siècle à nos jours.*
390 Geneviève Fraisse : *Les deux gouvernements : la famille et la Cité.*
392 J.-B. Pontalis : *Ce temps qui ne passe pas* suivi de *Le compartiment de chemin de fer.*
393 Françoise Dolto : *Solitude.*
394 Marcel Gauchet : *La religion dans la démocratie. Parcours de la laïcité.*
395 Theodor W. Adorno : *Sur Walter Benjamin.*
396 G. W. F. Hegel : *Phénoménologie de l'Esprit, I.*
397 G. W. F. Hegel : *Phénoménologie de l'Esprit, II.*
398 D. W. Winnicott : *Jeu et réalité.*
399 André Breton : *Le surréalisme et la peinture.*
400 Albert Camus : *Chroniques algériennes 1939-1958 (Actuelles III).*
401 Jean-Claude Milner : *Constats.*
402 Collectif : *Le mal.*
403 Schmuel Trigano : *La nouvelle question juive (L'avenir d'un espoir).*
404 Paul Valéry : *Variété III, IV et V.*
405 Daniel Andler, Anne Fagot-Largeault et Bertrand Saint-Sernin : *Philosophie des sciences, I.*
406 Daniel Andler, Anne Fagot-Largeault et Bertrand Saint-Sernin : *Philosophie des sciences, II.*
407 Danilo Martuccelli : *Grammaires de l'individu.*
408 Sous la direction de Pierre Wagner : *Les philosophes et la science.*
409 Simone Weil : *La Condition ouvrière.*
410 Colette Guillaumin : *L'idéologie raciste (Genèse et langage actuel).*

411 Jean-Claude Lavie : *L'amour est un crime parfait.*
412 Françoise Dolto : *Tout est langage.*
413 Maurice Blanchot : *Une voix venue d'ailleurs.*
414 Pascal Boyer : *Et l'homme créa les dieux (Comment expliquer la religion).*
415 Simone de Beauvoir : *Pour une morale de l'ambiguïté* suivi de *Pyrrhus et Cinéas.*
416 Shihâboddîn Yahya Sohravardî : *Le livre de la sagesse orientale (Kitâb Hikmat al-Ishrâq).*
417 Daniel Arasse : *On n'y voit rien (Descriptions).*
418 Walter Benjamin : *Écrits français.*
419 Sous la direction de Cécile Dogniez et Marguerite Harl : *Le Pentateuque (La Bible d'Alexandrie).*
420 Harold Searles : *L'effort pour rendre l'autre fou.*
421 Le Talmud : *Traité Pessahim.*
422 Ian Tattersall : *L'émergence de l'homme (Essai sur l'évolution et l'unicité humaine).*
423 Eugène Enriquez : *De la horde à l'État (Essai de psychanalyse du lien social).*
424 André Green : *La folie privée (Psychanalyse des cas-limites).*
425 Pierre Lory : *Alchimie et mystique en terre d'Islam.*
426 Gershom Scholem : *La Kabbale (Une introduction. Origines, thèmes et biographies).*
427 Dominique Schnapper : *La communauté des citoyens.*
428 Alain : *Propos sur la nature.*
429 Joyce McDougall : *Théâtre du corps.*
430 Stephen Hawking et Roger Penrose : *La nature de l'espace et du temps.*
431 Georges Roque : *Qu'est-ce que l'art abstrait ?*
432 Julia Kristeva : *Le génie féminin, I. Hannah Arendt.*
433 Julia Kristeva : *Le génie féminin, II. Melanie Klein.*
434 Jacques Rancière : *Aux bords du politique.*
435 Herbert A. Simon : *Les sciences de l'artificiel.*
436 Vincent Descombes : *L'inconscient malgré lui.*
437 Jean-Yves et Marc Tadié : *Le sens de la mémoire.*
438 D. W Winnicott : *Conversations ordinaires.*
439 Patrick Pharo : *Morale et sociologie (Le sens et les valeurs entre nature et culture).*

440 Joyce McDougall : *Théâtres du je.*
441 André Gorz : *Les métamorphoses du travail.*
442 Julia Kristeva : *Le génie féminin, III. Colette.*
443 Michel Foucault : *Philosophie (Anthologie).*
444 Annie Lebrun : *Du trop de réalité.*
445 Christian Morel : *Les décisions absurdes.*
446 C. B. Macpherson : *La theorie politique de l'individualisme possessif.*
447 Frederic Nef : *Qu'est-ce que la métaphysique ?*
448 Aristote : *De l'âme.*
449 Jean-Pierre Luminet : *L'Univers chiffonné.*
450 André Rouillé : *La photographie.*
451 Brian Greene : *L'Univers élégant.*
452 Marc Jimenez : *La querelle de l'art contemporain.*
453 Charles Melman : *L'Homme sans gravité.*
454 Nûruddîn Abdurrahmân Isfarâyinî : *Le Révélateur des Mystères.*
455 Harold Searles : *Le contre-transfert.*
456 Le Talmud : *Traité Moed Katan.*
457 Annie Lebrun : *De l'éperdu.*
458 Pierre Fédida : *L'absence.*
459 Paul Ricœur : *Parcours de la reconnaissance.*
460 Pierre Bouvier : *Le lien social.*
461 Régis Debray : *Le feu sacré.*
462 Joëlle Proust : *La nature de la volonté.*
463 André Gorz : *Le traître* suivi de *Le vieillissement.*
464 Henry de Montherlant : *Service inutile.*
465 Marcel Gauchet : *La condition historique.*
466 Marcel Gauchet : *Le désenchantement du monde.*
467 Christian Biet et Christophe Triau : *Qu'est-ce que le théâtre ?*
468 Trinh Xuan Thuan : *Origines (La nostalgie des commencements).*
469 Daniel Arasse : *Histoires de peintures.*
470 Jacqueline Delange : *Arts et peuple de l'Afrique noire (Introduction à une analyse des créations plastiques).*
471 Nicole Lapierre : *Changer de nom.*
472 Gilles Lipovetsky : *La troisième femme (Permanence et révolution du féminin).*

473 Michael Walzer : *Guerres justes et injustes (Argumentation morale avec exemples historiques).*
474 Henri Meschonnic : *La rime et la vie.*
475 Denys Riout : *La peinture monochrome (Histoire et archéologie d'un genre).*
476 Peter Galison : *L'Empire du temps (Les horloges d'Einstein et les cartes de Poincaré).*
477 George Steiner : *Maîtres et disciples.*
479 Henri Godard : *Le roman modes d'emploi.*
480 Theodor W. Adorno/Walter Benjamin : *Correspondance 1928-1940.*
481 Stéphane Mosès : *L'ange de l'histoire (Rosenzweig, Benjamin, Scholem).*
482 Nicole Lapierre : *Pensons ailleurs.*
483 Nelson Goodman : *Manières de faire des mondes.*
484 Michel Lallement : *Le travail (Une sociologie contemporaine).*
485 Ruwen Ogien : *L'Éthique aujourd'hui (Maximalistes et minimalistes).*
486 Sous la direction d'Anne Cheng, avec la collaboration de Jean-Philippe de Tonnac : *La pensée en Chine aujourd'hui.*
487 Merritt Ruhlen : *L'origine des langues (Sur les traces de la langue mère).*
488 Luc Boltanski : *La souffrance à distance (Morale humanitaire, médias et politique)* suivi de *La présence des absents.*
489 Jean-Marie Donegani et Marc Sadoun : *Qu'est-ce que la politique ?*
490 G. W. F. Hegel : *Leçons sur l'histoire de la philosophie.*
491 Collectif : *Le royaume intermédiaire* (*Psychanalyse, littérature, autour de J.-B. Pontalis*).
492 Brian Greene : *La magie du Cosmos* (*L'espace, le temps, la réalité : tout est à repenser*).
493 Jared Diamond : *De l'inégalité parmi les sociétés* (*Essai sur l'homme et l'environnement dans l'histoire*).
494 Hans Belting : *L'histoire de l'art est-elle finie ?* (*Histoire et archéologie d'un genre*).
495 J. Cerquiglini-Toulet, F. Lestringant, G. Forestier et

rique encore inapprochable suivi de *Conditions nobles et ignobles* suivi de *Status d'Emerson).*
518 Frédéric Worms : *La philosophie en France au XXe siècle (Moments).*
519 Lucien X. Polastron : *Livres en feu (Histoire de la destruction sans fin des bibliothèques).*
520 Galien : *Méthode de traitement.*
521 Arthur Schopenhauer : *Les deux problèmes fondamentaux de l'éthique (La liberté de la volonté — Le fondement de la morale).*
522 Arthur Schopenhauer : *Le monde comme volonté et représentation I.*
523 Arthur Schopenhauer : *Le monde comme volonté et représentation II.*
524 Catherine Audard : *Qu'est-ce que le libéralisme? (Éthique, politique, société).*
525 Frédéric Nef : *Traité d'ontologie pour les non-philosophes (et les philosophes).*
526 Sigmund Freud : *Sur la psychanalyse.*
527 Sigmund Freud : *Totem et tabou.*
528 Sigmund Freud : *Conférences d'introduction à la psychanalyse.*
529 Sigmund Freud : *Sur l'histoire du mouvement psychanalytique.*
530 Sigmund Freud : *La psychopathologie de la vie quotidienne (Sur l'oubli, le lapsus, le geste manqué, la superstition et l'erreur).*
531 Jared Diamond : *Pourquoi l'amour est un plaisir (L'évolution de la sexualité humaine).*
532 Marcelin Pleynet : *Cézanne.*
533 John Dewey : *Le public et ses problèmes.*
534 John Dewey : *L'art comme expérience.*
535 Jean-Pierre Cometti : *Qu'est-ce que le pragmatisme?*
536 Alexandra Laignel-Lavastine : *Esprits d'Europe (Autour de Czeslaw Milosz, Jan Patočka, Istán Bibó. Essai sur les intellectuels d'Europe centrale au XXe siècle).*
537 Jean-Jacques Rousseau : *Profession de foi du vicaire savoyard.*
538 Régis Debray : *Le moment fraternité.*

539 Claude Romano : *Au cœur de la raison, la phénoménologie.*
540 Marc Dachy : *Dada & les dadaïsmes (Rapport sur l'anéantissement de l'ancienne beauté).*
541 Jean-Pierre Luminet : *Le Destin de l'Univers (Trous noirs et énergie sombre) I.*
542 Jean-Pierre Luminet : *Le Destin de l'Univers (Trous noirs et énergie sombre) II.*
543 Sous la direction de Jean Birnbaum : *Qui sont les animaux ?*
544 Yves Michaud : *Qu'est-ce que le mérite ?*
545 Luc Boltanski : *L'Amour et la Justice comme compétences (Trois essais de sociologie de l'action).*
546 Jared Diamond : *Le troisième chimpanzé (Essai sur l'évolution et l'avenir de l'animal humain).*
547 Christian Jambet : *Qu'est-ce que la philosophie islamique ?*
548 Lie-tseu : *Le Vrai Classique du vide parfait.*
549 Hans-Johann Glock : *Qu'est-ce que la philosophie analytique ?*
550 Helène Maurel-Indart : *Du plagiat.*
551 Collectif : *Textes sacrés d'Afrique noire.*
552 Mahmoud Hussein : *Penser le Coran.*
553 Hervé Clerc : *Les choses comme elles sont (Une initiation au bouddhisme ordinaire).*
554 Étienne Bimbenet : *L'animal que je ne suis plus.*
555 Sous la direction de Jean Birnbaum : *Pourquoi rire ?*
556 Tchouang-tseu : *Œuvre complète.*
557 Jean Clottes : *Pourquoi l'art préhistorique ?*
558 Luc Lang : *Délit de fiction (La littérature, pourquoi ?).*
559 Daniel C. Dennett : *De beaux rêves (Obstacles philosophiques à une science de la conscience).*
560 Stephen Jay Gould : *L'équilibre ponctué.*
561 Christian Laval : *L'ambition sociologique (Saint-Simon, Comte, Tocqueville, Marx, Durkheim, Weber).*
562 Dany-Robert Dufour : *Le Divin Marché (La révolution culturelle libérale).*
563 Dany-Robert Dufour : *La Cité perverse (Libéralisme et pornographie).*

Composition Nord Compo
Impression Maury-Imprimeur
45330 Malesherbes
le 5 février 2013.
Dépôt légal : février 2013.
Numéro d'imprimeur : 179577.

ISBN 978-2-07-044675-9. / Imprimé en France.

239795